"十四五"时期
国家重点出版物出版专项规划项目

航天先进技术研究与应用系列

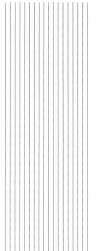

U0211758

无人机低空基站组网与优化

Networking and Optimization of UAV-Based Low-Altitude Base Stations

胡焰智　尹才华　洪利腾　田春元　著

哈尔滨工业大学出版社
HITP HARBIN INSTITUTE OF TECHNOLOGY PRESS

内 容 简 介

　　无人机低空基站组网是无人机通信的一种应用方式,也是近十年学术研究的热点领域,在一些特定行业和场景也有实际应用,展示了独特的组网优势和应用潜力。本书聚焦无人机低空基站组网问题,梳理无人机通信与组网应用相关现状,首先介绍无人机低空基站组网架构设计、无线信道建模和空地组网节点分布感知;然后基于模型分析单基站组网优化、多基站同频组网优化和多基站异频组网优化;接着考虑系留无人机低空基站的特点,对其组网和优化模型进行研究;最后提出并分析无人机低空基站可持续组网模型。

　　本书内容体系完整,兼顾理论探讨和应用分析,适合信息通信领域本科生、研究生和行业技术人员参考。

图书在版编目(CIP)数据

　　无人机低空基站组网与优化/胡焰智等著. —哈尔
滨:哈尔滨工业大学出版社,2024.11. —(航天先进
技术研究与应用系列). —ISBN 978 - 7 - 5767 - 1696 - 2

　　Ⅰ.V279

　　中国国家版本馆 CIP 数据核字 2024NC1686 号

策划编辑	许雅莹
责任编辑	韩旖桐　　左仕琦
封面设计	刘长友
出版发行	哈尔滨工业大学出版社
社　　址	哈尔滨市南岗区复华四道街 10 号　邮编 150006
传　　真	0451－86414749
网　　址	http://hitpress.hit.edu.cn
印　　刷	哈尔滨博奇印刷有限公司
开　　本	720 mm×1 000 mm　1/16　印张 18　字数 351 千字
版　　次	2024 年 11 月第 1 版　2024 年 11 月第 1 次印刷
书　　号	ISBN 978 - 7 - 5767 - 1696 - 2
定　　价	98.00 元

前言

无人机通信是一个很宽泛的概念,从早期的无人机控制链路到近年的蜂群网络都会涉及通信的问题,其中无人机基站组网是一类受到重点关注的通信应用。它通过无人机平台搭载基站为地面终端用户提供网络覆盖和无线接入,较传统地面固定基站在视距传输和灵活组网方面具有优势,从涌现的大量文献到不少特定行业、突发场景的实际应用案例都表明其重要性,在 3GPP 制定的 5G 标准中也涉及了机载无线接入点的规范描述。

我们在关注这一领域时,感觉到无人机基站组网的实际应用与理论模型有较大差距。一方面,大多数场景中无人机基站使用往往较为简单,在需要补盲覆盖的区域选择一个点位,升空无人机基站,重点是解决一个可用的问题,甚少考虑如何用得更好(优化问题);另一方面,大量理论工作在模型构建中,有比较理想化的假设前提,这也使得一些复杂而完美的网络模型仅仅具有理论意义。基于此,本书从使用的角度,阐述无人机基站组网与优化,从现状、需求和架构、传输链路、单基站组网、多基站同频和异频组网、系留无人机基站组网到可持续组网,进行了比较完整的介绍和分析,并在建模过程中考虑一些更现实的问题,如获知用户位置分布支持组网优化、有限频率资源使用与同频干扰影响、能耗受限与可持续组网等,希望通过尽可能简单的理论模型与仿真分析,为提升无人机基站组网实际应用效能提供支持。此外,本书着眼于无人机低空基站,即不去考虑固定翼平台的中高空基站(属于另外的范畴),而聚焦基于旋翼无人机的低空平台,它在辅助基站组网方面具有独特优势和应用前景。

希望通过本书在无人机低空基站组网研究与应用中给读者提供一些信息或启示,但是受限于作者的知识水平,本书难免有不足之处,期待理论观点的争鸣和交流,也敬请读者批评指正。

作 者
2024 年 5 月

目录

第 1 章

绪 论

近年来,随着信息通信技术快速发展和无人机(Unmanned Aerial Vehicle, UAV)应用逐步普及,人们对无人机通信相关概念和技术的关注日益增多。本章梳理无人机通信与组网相关内容,聚焦无人机低空基站组网问题,阐述其应用和研究现状,以及面临的挑战。

1.1 无人机通信与组网应用概述

无人机的起源可以追溯至上个世纪初,在这一发展过程中,有各种术语表示,如遥控空中系统、遥控飞行器等,现在对于它的表述逐步统一,即无人机是一种由无线电遥控设备或自身程序控制的无人驾驶飞行器[1]。简单的无人机系统往往配置一架微型或小型无人机、一个遥控器和相应的数据链,而一些复杂的无人机系统一般包括一架大型无人机或多架无人机、控制站和数据链,以及相应的支持设备。

当前无人机种类较多,可以从多个角度进行分类。例如,从构型上分为旋翼、固定翼无人机等,从尺寸上分为微型、小型、中型、大型无人机等,从飞行高度上分为高空、中空、低空无人机等,从任务上分为侦察、运输、通信无人机等。总的来看,一种无人机很难适应多种场景要求,它通常需要按照特定功能需求牵引、耦合应用场景进行选型或设计。

具体到无人机通信,这是一个宽泛的概念,目前是一个理论研究和实践应用的热点领域,涉及范围很广,比较典型的研究和应用方向有以下三大类。

1.1.1　无人机控制及数据通信

这类通信为地面操作人员或平台控制无人机飞行或无人机回传监测数据提供传输链路,分为控制链路和数据链路。在一个简单的应用场景中,地面人员操作遥控器,将指令通过控制链路发送至无人机,控制无人机飞行或调整姿态,无人机通过机载摄像设备获取任务地域图像或视频,并将这些信息通过数据链路回传至地面用户端。无人机控制及数据通信是当前无人机系统的基本功能配置,应用成熟,有多种实现方案。传统方式是采用专用的无线数据链路,但通信范围和容量有限,可能会限制无人机活动范围和应用规模。但是,随着无人机应用规模和领域日趋扩展,出现了新问题及对应的通信解决方案。无论是一架超出视距范围的无人机,还是多架无人机组成的无人机集群,在一些场景中,需要保证其接入基础设施和始终处于在线状态,从而支持操作人员进行管理与控制和实现无人机的数据回传。

泛在的移动通信网络提供了新的解决途径,无人机节点可作为地面蜂窝网络的低空移动用户,特别是第五代移动通信系统(5G)采用多天线技术,具备更强的波形垂直辐射能力,通过地面蜂窝网络为低空无人机无线接入提供了极具潜力的方案。移动通信的主要国际标准化组织 3GPP 在 5G 第一个版本 R15 中,就开始研究使用移动网络服务无人机系统①(UAS)的能力[2],并在 R16 中完成 UAV 潜在需求和远程识别的研究[3],在 R17 中进一步确定 5G 连接 UAV 的通信需求,梳理低空 UAV 一系列应用场景的服务要求与 KPIs[4],包括 UAV 指挥控制(C2)、数据负荷(如视频)传输和机载无线接入点(UxNB)等。在 UAV 的指挥与控制用例中,给出了四种应用模式,如图 1.1 所示。

图中,模式 A(直接 C2):UAV 和 UAV 控制器注册到 5G 网络,使用网络配置的无线资源建立直接通信的 C2 链路。模式 B(网络辅助 C2):UAV 和 UAV 控制器注册到 5G 网络,通过 5G 网络传输建立 C2 链路,在此模式下,UAV 和 UAV 控制器可能接入不同的基站节点,5G 网络需要在节点间建立可靠的信息路径。模式 C(网络辅助双重间接 C2):在模式 B 的基础上,需要建立冗余的 C2 通信链路,特别是当 UAV 飞行超出 UAV 控制器视距范围时,以此确保 C2 链路对 UAS 运行服务的可靠性。模式 D(UTM 导航 C2):UAV 按预规划飞行计划进行自动飞行,UTM 仍然需要维持一个对 UAV 的 C2 通信链路,以监控 UAV 和必要时对其进行导航。

通常在模式 A、B 和 C 中,操作人员通过 UAV 控制器直接指挥与控制 UAV

---

①　无人机系统是指无人机整个系统,包括无人机及其支持设备、人员。

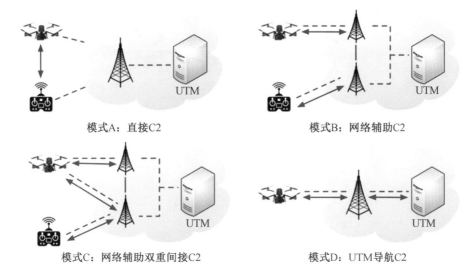

模式A：直接C2　　　　　　　　模式B：网络辅助C2

模式C：网络辅助双重间接C2　　　　模式D：UTM导航C2

图 1.1　四种 C2 通信模式（蓝色箭头表示 C2 通信链路）[4]

飞行，为了避免 UAV 失控的风险，确保 5G C2 通信链路的连接是极其重要的。模式 D 中 UTM 提供预规划飞行路径，对 UAV 飞行是非直接指挥与控制，UTM 需要有规则地监控飞行状态和必要时提供调整路径的更新。

1.1.2　无人机组(群)独立组网

无人机组(群)独立组网的核心问题是多架无人机之间如何组网通信以支持任务协作，主要面向无人机群体自身的网络构建，具有代表性的是面向无人机集群和基于自组织（Ad Hoc）网络技术提出的飞行自组网（Flying Ad Hoc Network，FANET）。自组织网络一直是无线通信领域的重要研究方向之一，它不依赖基础设施，可以实现无中心、动态组网，适应复杂的应用环境。当考虑通信节点移动、车载应用和机载应用不同场景时，会产生不尽相同的网络形态：移动自组网（Mobile Ad Hoc Network，MANET）[5]、车载自组网（Vehicular Ad Hoc Network，VANET）[6] 和 FANET[7, 8]。通过 FANET，无须通过外部链路，多架无人机之间可以协作通信，从而实现群组任务协同，如图 1.2 所示。由于 FANET 与一般的自组织网络相比，具有节点高动态、拓扑变化快的特点，对其资源分配、多址接入、路由协议等设计提出了挑战。

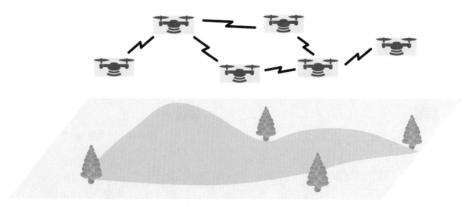

图 1.2　无人机群自组网示意图

1.1.3　无人机辅助地面通信

　　无人机辅助地面通信组网的核心问题是无人机作为空中节点如何优化通信网络。在通信网络或链路中,无人机加载通信设备载荷为地面通信节点提供中继、接入或交换功能,拓展地面节点间通信距离或改善链路质量。无人机辅助地面通信的典型应用,如表 1.1 所示。

表 1.1　无人机辅助地面通信的典型应用

序号	文献	应用场景	描述
1	文献［9］：UAV-aided wireless communications	UAV-aided ubiquitous coverage	部署 UAV 协助现有通信基础设施,在服务区域内提供无缝的无线覆盖,如灾后通信快速恢复和高热点地域负荷分担
		UAV-aided relaying	部署 UAV 为两个或多个远距离缺乏可靠直接连接的用户(群)提供无线连接,如应急场景中前线与指挥中心的连接
		UAV-aided information dissemination and data collection	UAV 用来向大量无线设备分发或收集信息

续表 1.1

序号	文献	应用场景	描述
2	文献［10］：UAV assistance paradigm	UAV data gathering	UAV 配置传感器和无线收发设备,可以对地面传感网和物联网的数据进行感知、收集和处理,还能将数据汇聚到远端中心服务器
		UAV monitoring	在空中部署一组配备摄像头和其他不同传感器的 UAV,对特定地理区域进行监测,并与各种地面实体进行实时协作
		UAV cellular communication	在 UAV 上安装不同类型的通信设备,扩大现有地面蜂窝网络的覆盖范围、为拥堵的地面网络用户提供服务、协助地面基站工作等
		UAV IoT networks	在应急场景、自然灾害、复杂环境等条件下,UAV 协助地面 IoT 网络提升连接能力
		UAV disaster management	在灾害管理过程中,支持现场信息获取、目标监测和应急通信网络构建
		UAV computing	UAV 协助地面基站实现 MEC,可作为雾节点和云平台为地面受限用户提供服务
3	文献［11］：UAV-based networking systems	UAVs as communication relay nodes	UAV 充当中继节点,将断开的 MANET 分簇连接起来,扩展 MANET 网络范围,提高其通信效率和灵活性
		UAVs as network gateways	UAV 作为网关,以快速部署和经济高效的方式,为偏远或受灾地区提供与骨干网络、通信基础设施和互联网的连接
		UAV-assisted sensing	多个 UAV 协作,使用一种或多种传感器来感知一个区域或检查一个基础设施
		UAV-based data storage	UAV 用于缓存收集的数据
		UAV-based data processing	UAV 配置高端计算单元,用于图像处理、模式识别、数据挖掘和在线任务规划等

续表 1.1

序号	文献	应用场景	描述
4	文献[12]：UAV-assisted wireless communications	UAV as aerial BS	作为空中通信平台(空中基站)，对地面通信进行补充，如泛在覆盖、灾后服务恢复、物联网和传感网中的信息传播和数据收集，以及通过无线电力传输为地面设备提供能源
		UAV as relay node	在紧急和临时事件中，可以快速部署 UAV 为地面用户提供单跳或多跳中继链路
		UAV as MEC server	UAV 可被视为需要执行计算任务的用户、帮助用户卸载计算任务的中继器或执行计算任务的 MEC 服务器
5	文献[4]：Enhancement for UAVs	Radio access node on-board UAV	UAV 配置基站设备构成机载无线接入点 UxNB，在区域悬停为用户提供基站接入和无线中继，并与核心网互连
		Isolated deployment of radio access through UAV	在偏远的孤立区域，UAV 配置网络设备，无回程连接，为地面用户提供短时间区域内的无线接入和通信服务
备注	第 5 项中仅描述文献中相关部分用例		

无人机应用场景较多，其中无人机中继通信和无人机基站组网是两类典型应用。基于无人机构建通信中继节点或基站节点具有独特优势：无人机具备快速移动能力，可以实现按需部署和灵活组网；无论是空地通信链路还是空空通信链路，都具有较好的视距传输条件等。因此，无人机中继通信和基站组网广泛应用于应急通信、灾害救援、盲区临时网络覆盖等场景。

1. 无人机中继通信

一是单跳链路中继。当通信源节点到目的节点因为距离远或地形遮挡无法建立直接通信链路时，无人机配置中继通信设备，在两点之间构建中继链路，如图 1.3(a)所示。二是多跳链路中继。在源节点和目的节点之间通过多个无人机中继节点构建传输链路，如图 1.3(b)所示。三是空地协作自组网。无人机平台配置自组网设备，代表一个通信节点，与地面节点具有相同的功能定位，但是它具有更好的无线传输环境和自由度，从而能够改善网络的连通性，如图 1.3(c)所示。在复杂环境中，依托无人机搭载自组网设备加入自组织网络是一个具有吸引力的解决方案,能够明显改善网络覆盖、传输性能和信息分发效率。

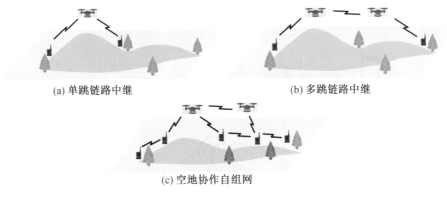

(a) 单跳链路中继　　　　　　　　　　(b) 多跳链路中继

(c) 空地协作自组网

图 1.3　无人机群内部自组网示意图

2. 无人机基站组网

无人机基站组网通信可供选择的 UAV 从平台类型看主要有固定翼和旋翼两类,从部署高度看主要分为高空和低空,各种类型都有自身的特色优势,UAV 选型取决于应用场景。对于旋翼无人机低空平台(Low-altitude Platform,LAP),其辅助地面通信有以下突出优势:旋翼无人机低空平台通常在离地面几千米高度范围内,常见的应用高度为数百米,在大多数场景中能够与地面终端建立近距离 LoS 链路,相较地面基站高概率的 NLoS 链路和高空平台(High-altitude Platform,HAP)中继的长距离 LoS 链路,具有性能上的优势[9, 13];旋翼 UAV 能够向各方向灵活移动,可以低速前行和空中悬停,这对于改善通信链路质量和近距离特定范围网络覆盖是有利的;多个旋翼 UAV 的 LAP 可以构建相对稳定的网络拓扑,支撑多(基站)节点组网,实现覆盖范围和网络容量的扩展;基于旋翼 UAV 的 LAP 具有较低的部署成本和操作简易性,具有更广泛的应用场景。对于其续航能力的不足,可以通过系留旋翼 UAV 和多个非系留旋翼 UAV 交替部署方式予以解决。在 3GPP 确定的 5G 标准 R17 中,UAV 飞行高度不超过 400 m,机载无线接入点 UxNB 高度通常约为 100 m,给 UEs 提供连接的无线接入点也能像正常地面基站一样连接到移动核心网,且具有灵活性和快速部署能力[4],其应用场景如图 1.4 和图 1.5 所示。

在通信网络构建中,应用 UAV 不需要昂贵的基础设施投资,可提供灵活的无线电和网络扩展[14],研究人员越来越关注将无人机平台集成到移动通信网络生态系统中[12],而无人机低空基站组网具有代表性。无人机基站能够为覆盖范围内的所有地面终端提供无线接入和信息中继转发,根据网系互连互通需求可能还要考虑无人机基站与地面通信设施互连的回程链路,单个无人机基站往往应用于小区域范围网络覆盖或热点高流量地区负荷分担。当覆盖更大的区域范

图 1.4　UxNB 用作基站 [4]

图 1.5　UxNB 用作中继 [4]

围和用户容量时,可能还需要构建多无人机基站网络。

近年来,结合宽带移动通信系统发展,涌现出一些新的无人机低空应用场景。自动驾驶、健康监测和虚拟现实(VR)等资源密集型新应用日益普及,导致移动用户设备中与此相关的应用程序不断增长,给移动用户设备有限的运行能力和能量供应带来了挑战。为此,移动边缘计算(MEC)[15]被提出,它将通信、计算和缓存(3C)资源推向网络边缘,在带来更好用户体验的同时,减轻用户端的计算存储压力。同时,未来的网络不仅要适应动态和异构环境,还要以按需可靠的方式支持热点区域和临时活动。传统的 MEC 依托固定基础设施,缺乏机动灵活性。因此,利用 UAV 的按需快速部署与动态调整能力,在 UAV 上部署边缘服务器被认为是一种潜在的解决方案[16, 17]。

无人机通信涉及方向较多,本书主要介绍无人机低空基站组网,针对区域覆盖场景,通过旋翼无人机平台配置基站为地面终端提供无线接入和通信中继,研究无人机通信节点部署、拓扑控制和频率资源分配,优化网络覆盖。

1.2　相关现状

1.2.1　应用现状

无人机具有快速响应、灵活部署、移动可控、易于建立视距链路的特点,因此它在很多领域具有应用潜力,并且已经发挥了重要作用,例如侦察监视、应急通信、交通监测、森林监控、空中救援等。

2021 年 7 月,河南暴雨致部分地区通信中断,应急管理部紧急调配搭载移动通信基站设备的翼龙无人机,从贵州安顺长途奔袭至河南省受灾严重的巩义米河镇,为灾区超过 50 km² 范围提供了 5 h 应急通信保障。本次应急通信组网采用大型固定翼无人机搭载 4G/5G 基站设备实现,同时通过卫星通信信道连接到地面移动通信核心网。

在这次灾害应急通信保障中,也应用了系留无人机基站。中国电信在米河镇灾区开通系留无人机基站,并利用 Ka 卫星便携站接入核心网,恢复了灾区 50 km² 区域范围的通信。这次应急保障的系留无人机净载荷为 15 kg,最大升空高度为 200 m,装载 4G/5G 基站设备,覆盖距离为 2～20 km,可 24 h 不间断提供网络覆盖。

2017 年 8 月,四川九寨沟发生地震,既有通信设施受损无法正常使用,中国移动紧急调运了一套无人机高空基站至地震灾区,为超过 30 km² 的受灾区域提供了移动通信网络覆盖。这次应急保障采用的是系留无人机(tethered UAV,tUAV)搭载基站设备,通过系留线缆从地面向空中的无人机提供信号传输和电力供应。

国外在无人机基站方面也出现一些设计和应用探索。美国波音公司开展了"耐久机载网络扩展"项目,对基于无人机的网络进行了测试评估[18]。德国波恩大学发展了 UAVNET 项目,它通过使用无人机的移动无线网状网络的原型实现,每架无人机配置轻型无线网状节点,并作为接入点(AP)工作,为 802.11 g 设备提供无线接入。日本运营商 KDDI 利用无人机平台搭载基站设计"雄蜂基站",该无人机基站采用电池供电,并通过地面基站实现无线回传,受限于电池续航时间,只能通过两组无人机基站交替部署来支持延长网络服务时间。诺基亚贝尔实验室推出了 F-Cell,它是集成太阳能电池模块的无人机基站,在可持续续航和部署成本方面进行探索。空客、Facebook 等多家公司利用太阳能无人机组成空中通信节点,实现长时间区域通信网络覆盖,如空客公司演示的 Zephyr 高空长航时无人机可实现 25 天持续保障。

1.2.2 研究现状

从应用现状可以看出,当前无人机基站通信主要还是解决一个可用性的问题,即面向应用场景提供可行的空中无线接入和通信中继解决方案,而如何实现无人机基站组网优化与规模化应用则涉及更多的理论研究与分析。

随着无人机技术不断成熟和普及,以无人机为平台的空中基站(UAV-BS)组网逐步得到应用,如 4G 和 5G 系统中应用 UAV-BS[19, 20]。由于空地传输具有更强的视距通信链路,UAV-BS 一般具有较好的信号传播条件,较之地面基站在通信覆盖范围上具有明显优势,同时具备快速移动能力,部署较为灵活,特别是在应急通信领域形成了一定应用需求[21, 22]。在发生自然灾害和公共安全事件时，利用 UAV-BS 可以迅速为地面终端提供无线接入。在实际应用中，一方面要设计如何利用 UAV-BS 的移动能力和灵活性来优化网络覆盖，另一方面为了应对较大的通信区域，要设计如何部署多个 UAV-BS 来临时构建区域通信网络。这种情况下，不仅需要考虑 UAV-BS 对地面终端的覆盖优化，还要考虑多 UAV-BS 之间骨干网连通性和干扰，这也是多 UAV-BS 定位优化面临的首要问题[11, 23]。

在 UAV 辅助的无线网络中，UAV-BS 定位或部署问题一直是研究热点[25,26]。从组网构成方面，分别研究了单个 UAV-BS 组网[27-29]和多个 UAV-BS 组网[30-32]的部署问题，其中多 UAV-BS 组网中考虑了基站间通过远程中继（如卫星链路等）[33, 34]和通过自组网[24, 35, 36]构建连通骨干网；从组网影响因素方面，分别考虑传输环境、干扰、能耗[37-39]等方面的影响；从组网的目标方面，分别考虑了覆盖所有用户、覆盖范围最大化、链路质量优化[37-42]等。UAV-BS 位置对网络覆盖范围影响较大且节点位置可调整，这为优化网络覆盖提供了基础。其中，一个具有挑战性的问题是，如何优化多 UAV-BS 对地面用户的网络覆盖，且通过自组网实现骨干网的连通，这对于快速构建较大规模的应急网络具有重要意义。

在已有的相关研究中，AI-HOURANI A 等人[27]针对低空平台 LAP 通信基站的部署高度进行了研究，以获得最大无线通信覆盖为目标，提出一种解析方法来优化基站高度，并且给出了预测低空平台基站与地面终端之间发生视线传输（Line of Sight，LoS）和非视线传输（Non Line of Sight，NLoS）概率的近似解析表达式，为后续相关研究提供了重要基础。BOR-YALINIZ R I 等人[43]对空中基站的三维部署问题进行了分析，目的是最大化网络收益。该网络收益用空中基站覆盖的用户数来表征，将该问题等效转换为二次约束混合整数非线性优化问题，并为该问题提供一种有效的数值解。ALZENAD M 等人[44]提出了一种 UAV-BS 位置优化算法，以最小发射功率最大化覆盖用户数量，他们在垂直和水平方向上解耦了 UAV-BS 部署问题，其中，将水平方向 UAV-BS 位置建模为圆覆盖问题。进一步，以接收端信噪比（SNR）表征不同用户服务质量（QoS）提出一种 UAV-BS 三维定位方法，能够覆盖最多的用户数且满足他们不同的 QoS 要求[45]。SUN X 等人[46]将 UAV-BS 作为地面宏基站热点区域覆盖的辅助接入节点，将 UAV-BS 定位与用户关联优化问题进行了形式化分析，从而提高了容量和频谱效率。WANG Lei 等人[37]提出了单个 UAV－BS 节能定位算法，并对算法在热点和非热点场景进行了性能仿真评估，使基站能够以最小发射功率为地面用户提供通信服务，该算法中通过对基站在水平和垂直维度布局进行分解来获得最优基站定位。WANG Zhe 等人[47]提出了一种无人机辅助通信网络的自适应部署方案，其中无人机调整其自身的位移方向和距离，以服务于目标小区中随机移动的用户瞬时流量，主要面向单个 UAV 应用场景。SHARMA V 等人[48]

采用优先级和熵方法,为 UAV 中继节点精确高效定位提供了一种智能解决方案,提高组网覆盖的范围和容量。CHEN J 等人[49]研究了无线网络中的无人机中继放置问题,提出了一种嵌套分段传播模型来模拟从无人机到可能被障碍物阻挡的地面用户的传播,开发并展示了一种搜索算法以找到全局最佳无人机位置,能够带来显著的吞吐量增益,其应用场景是为地面基站和被障碍物遮挡的用户提供优化的中继链路。在文献[50]中,他们进一步研究了三维空间中基站和地面用户之间连接的最佳无人机部署问题,但是该方法主要是针对无人机提供链路中继,难以扩展到空中基站对区域内多个用户的覆盖优化。

LYU Jiangbin 等人[34]研究了多 UAV-BS 定位优化,其假设 UAV-BS 飞行在预定高度,UAV-BS 之间通过卫星远程中继互联且空地信号传输为 LoS 链路,提出的定位方法能够以最少数量基站为通信区域内所有地面终端提供无线覆盖。REINA D G 等人[51]针对部署 UAV 中继节点来优化地面节点网络覆盖问题,利用随布局变化的不同子种群特征,提出了一种多子种群遗传算法来求解不同场景下 UAV 中继网络多目标覆盖问题。QIU Chen 等人[52]研究了联合资源分配、空中基站定位布局和用户关联问题,大幅提升用户吞吐量,同时在受限回程链路下提供用户之间的公平性。如何部署多 UAV-BS 进行按需覆盖,同时保持 UAV-BS 之间互连互通是一个具有挑战性的问题,ZHAO Haitao 等人[36]提出了集中部署算法和分布式控制算法。在集中部署算法中,针对需要最少数量的 UAV-BS 为已知地面用户提供所需服务的场景,考虑多 UAV-BS 同频干扰和骨干网连通性,基于规则设置的预先位置集合,通过多步迭代计算得到优化解。J. SABZEHALI J 等人[24]研究了多 UAV-BS 组网部署问题实现对地面终端全覆盖,考虑 UAV-BS 之间连通性,并假设各节点使用正交的信道资源避免干扰,通过区域网格化将无限的候选位置变成有限的候选位置集,通过循环迭代得到满足约束条件的优化解。HYDHER H 等人[26]研究了多 UAV 组网问题,构建非凸优化模型,以获得网络总的频谱效率最大化。但是,所提出的方法仅关注 UAV 到终端的通信链路,未考虑 UAV 间链路的连通性。LI Linpei 等人[32]分析了多 UAV 节能部署,以最大限度地提高所有地面用户的能耗效率,研究目标主要是多 UAV 组网时对用户覆盖的能耗优化,未关注同频干扰和基站间链路连通的问题。ZHANG Chen 等人[53]提出了一种部署多 UAV-BS 组网对地面终端覆盖的解决方案,构建混合整数规划(Mixed-integer Programming,MIP)模型,将 UAV-BS 位置、用户簇和频段分配联合优化,实现部署 UAV-BS 数量最小化和用户覆盖率优化,通过分步求解和迭代得到模型优化解。但是,该研究未关注 UAV-BS 之间链路连通问题。

从现状看,针对无人机基站组网通信的理论研究较为活跃,主要有以下结论与启示:理论分析和应用实践都表明无人机低空基站组网通信在视距传输、快速部署、灵活运用等方面具有优势。通过在多种场景运用无人机基站节点辅助地面移动通信网络,在出现突发情况时,可以快速恢复网络通信。在应用实践的基础上,研究人员根据不同的应用场景抽象了各种不同的理论模型及求解算法,通过对基站节点定位、网络拓扑控制、无线资源分配、干扰分析等优化网络覆盖。大部分模型更多关注通信组网层面的问题,考虑基站尺寸、重量和功耗限制(Size Weight and Power,SWAP)较少。在相关文献中,低空基站节点分为系留无人机和非系留无人机平台,前者理论研究较为多见,二者理论分析存在共性和少许差异。因此,由于应用场景的多样性和实际网络影响因素的复杂性,无人机低空基站组网研究是一个开放性议题,值得进一步探索分析。

1.3　面临的挑战

无人机低空基站组网,无论是理论研究还是实践应用,都面临一系列挑战,具体如下。

1. 位置部署

无人机具有灵活部署与受控移动的优势,但这种额外的自由度在具体场景中的应用出现了新的问题,如何确定无人机基站节点的部署位置,从而获得最优的网络覆盖,这一目标与很多因素相关,且当地面用户动态变化时,还要考虑如何对无人机基站的移动进行调整,实现更好地伴随覆盖。合适的位置部署需要感知用户与场景信息,在实现上也存在一定挑战。当上述问题扩展到多个无人机基站协作组网,以及与功率、频率等联合考虑时,问题将变得更加复杂。

2. 干扰管理

频谱资源紧张与业务需求增加一直是无线通信组网面临的关键问题,无人机基站与地面终端间能够有更大的概率建立 LoS 链路,在同频复用的组网场景中,基站之间存在更加严重的无线干扰。由于无人机平台不是静态固定的,且多基站之间难以保证稳定可靠的中继链路,相邻基站的干扰协调也存在更大的难度。此外,在一些场景中,存在无人机基站与地面蜂窝网络的频率共享和服务共存问题,因此,有效的干扰管理是无人机基站扩展应用范围和走向规模化必须解决的问题。

3. 组网控制

一个无人机基站从地面移动至预定的部署点位,通过人为操作和无人机控制链路是易于实现的。当参与组网的基站节点数量增加,会带来人为控制成本的增加。同时,多基站组网意味着部分无人机平台可能会在更广泛的地域进行部署,存在远离地面控制站和超过控制链路通信范围的可能性,即使是远程卫星链路也必须评估低空无人机平台载荷的局限性。此外,无人机基站组网的动态调整能力,也依赖于无人机间的协作控制,因此,如何保证高可靠低时延的动态组网控制,也面临较大挑战。

4. 能耗管理

除系留无人机可以获得较为持续的电能供应外,其他无人机都需要关注能耗管理问题,特别是许多应用场景中广泛使用非系留旋翼无人机平台。它采用机载电池供电,需要维持无人机移动与悬停,这是无人机主要的能耗部分。此外,无人机作为平台搭载的任务载荷(如通信设备)如果从平台获取电源,也会占用一部分能耗。尽管有各种新的电能供应方式,如无线能量传输(Wireless Power Transfer,WPT)、太阳能供电等,但是在效率和低空应用方面离实用还存在差距。因此,有限的电能供应制约了无人机的可持续运行,影响了其在许多场景中应用的效能。

5. 无人机基站优化设计

从可用性来看,选择或定制一架合适的无人机作为小(微)型基站的承载平台,通过简单的挂载组合可以实现通信组网。但是,仍有不少问题需要进一步研究。首先是机体遮挡的影响,无人机机体与通信载荷紧密贴合,需分析机体和旋翼转动对基站与地面用户(空地)链路、基站之间(空空)中继链路信号遮挡的影响,还需评估通信设备对无人机自身传感与控制是否产生影响;其次是天线共形设计,通信设备的天线是无线信号收发的关键,应结合平台结构综合考量天线尺寸、辐射方向、增益、极化方式等,特别是多天线通信制式,如何在无人机基站有限的平台空间和紧凑的结构中配置多天线,需要进行天线与机体的共形优化。最后,还要针对无人机应用的特点,分析平台抖动和移动对无线信号传输的影响,优化基站无线信号收发质量。因此,无人机基站仍有不少优化设计的空间。

6. 综合的安全性

对于无人机中继通信应用,安全性是多方面的,必须高度关注。首先,无人机平台在信息层面面临安全威胁,无人机可能面临第三方侵入的非法操作,以及对控制链路敌意或无意的干扰,导致失去对无人机基站的控制;其次,无人机物理实体受限于外部条件存在损毁风险,移动过程中无人机之间必须具有完善的防碰撞设计,还需评估复杂地形中异常障碍物(如山岳、树林、高层建筑物、高架线缆等)和多气象条件(如严寒酷热、刮风下雨等)对组网的影响。这是无人机基站实用的重要前提,需从技术、机制等方面进行体系设计和综合考量。

无人机基站通信组网面临的问题、挑战很多,本书重点关注无人机低空基站通信组网应用与网络覆盖优化,后续主要内容如下。

第 2 章分析无人机基站通信组网需求、频率使用及典型架构设计；第 3 章介绍无线信道建模，分析典型的空地传输信道模型和无人机抖动对通信的影响；第 4 章分析空地组网节点分布感知，分别提出面向分区域和面向区域采样点的无人机巡航感知，为组网优化建立基础；第 5 章研究单无人机基站组网及优化，包括无线传输链路分析、节点定位、覆盖评估、调整策略等；第 6 章研究多无人机基站同频组网及优化，分析两类基本的组网模型及同频干扰的影响；第 7 章研究多无人机基站异频组网及优化，提出基于频率复用和功率优化的多基站组网模型和面向规模化应用的多基站动态蜂窝网结构；第 8 章分析系留无人机基站组网，包括网络结构、典型应用和覆盖能力分析；第 9 章研究典型的系留无人机基站组网优化模型，包括最小平均路损、最优功率效益、最大有效覆盖的基站优化部署，并简要介绍多系留无人机基站组网问题；第 10 章分析无人机低空基站可持续组网问题。

本章参考文献

[1] 冯志勇. 无人机通信与组网[M]. 北京：科学出版社，2021.

[2] 3GPP. Study on enhanced LTE support for aerial vehicles[R/OL]. 3GPP TR 36.777 V15.0.0,2018. http://www.3gpp.org.

[3] 3GPP. Unmanned aerial system support in 3GPP[S/OL]. 3GPP TS 22.125 V16.0.0,2019. http://www.3gpp.org.

[4] 3GPP. Enhancement for unmanned aerial Vehicles [R/OL]. 3GPP TR 22.829 V17.1.0，2019. http://www.3gpp.org.

[5] DUNG L T, AN B. A modeling framework for supporting and evaluating performance of multi-hop paths in mobile ad-hoc wireless networks[J]. Computers & mathematics with applications，2012，64(5)：1197-1205.

[6] LUO F, WANG S C, GONG Y, et al. Geographical information enhanced cooperative localization in vehicular ad-hoc networks[J]. IEEE signal processing letters，2018，25(4)：556-560.

[7] KHAN M A, SAFI A, QURESHI I M, et al. Flying ad-hoc networks (FANETs)：A review of communication architectures, and routing protocols[C]//2017 First International Conference on Latest trends in Electrical Engineering and Computing Technologies (INTELLECT). November 15-16，2017. Karachi. IEEE，2017：1-9.

［8］KIM D Y，LEE J W. Topology construction for flying ad hoc networks (FANETs)［C］//2017 International Conference on Information and Communication Technology Convergence (ICTC). October 18-20，2017. Jeju. IEEE，2017：153-157.

［9］ZENG Y，ZHANG R，LIM T J. Wireless communications with unmanned aerial vehicles：Opportunities and challenges［J］. IEEE communications magazine，2016，54(5)：36-42.

［10］ALZAHRANI B，OUBBATI O S，BARNAWI A，et al. UAV assistance paradigm：State-of-the-art in applications and challenges［J］. Journal of network and computer applications，2020，166：102706.

［11］JAWHAR I，MOHAMED N，AL-JAROODI J，et al. Communication and networking of UAV-based systems：Classification and associated architectures［J］. Journal of network and computer applications，2017，84：93-108.

［12］GU X H，ZHANG G A. A survey on UAV-assisted wireless communications：Recent advances and future trends［J］. Computer communications，2023，208：44-78.

［13］FOTOUHI A，QIANG H R，DING M，et al. Survey on UAV cellular communications：Practical aspects，standardization advancements，regulation，and security challenges［J］. IEEE communications surveys & tutorials，2019，21(4)：3417-3442.

［14］LI B，FEI Z S，ZHANG Y. UAV communications for 5G and beyond：Recent advances and future trends［J］. IEEE Internet of Things journal，2019，6(2)：2241-2263.

［15］MAO Y Y，YOU C S，ZHANG J，et al. A survey on mobile edge computing：The communication perspective［J］. IEEE communications surveys & tutorials，2017，19(4)：2322-2358.

［16］ZHANG P Y，WANG C，JIANG C X，et al. UAV-assisted multi-access edge computing：Technologies and challenges［J］. IEEE Internet of Things magazine，2021，4(4)：12-17.

［17］CHENG N，XU W C，SHI W S，et al. Air-ground integrated mobile edge networks：Architecture，challenges，and opportunities［J］. IEEE communications magazine，2018，56(8)：26-32.

［18］纳莫杜里，肖梅特，金姆，等.无人机网络与通信［M］.刘亚威，闫娟，杜子亮，

等译. 北京：机械工业出版社，2019.

[19] SHARMA A, VANJANI P, PALIWAL N, et al. Communication and networking technologies for UAVs：A survey[J]. Journal of network and computer applications, 2020, 168：102739.

[20] ALSAMHI S H, AFGHAH F, SAHAL R, et al. Green Internet of Things using UAVs in B5G networks：A review of applications and strategies[J]. Ad hoc networks, 2021, 117：102505.

[21] MOZAFFARI M, SAAD W, BENNIS M, et al. A tutorial on UAVs for wireless networks：Applications, challenges, and open problems[J]. IEEE communications surveys & tutorials, 2019, 21(3)：2334-2360.

[22] ZHAO N, LU W D, SHENG M, et al. UAV-assisted emergency networks in disasters[J]. IEEE wireless communications, 2019, 26(1)：45-51.

[23] ARANI A H, MAHDI AZARI M, MELEK W, et al. Learning in the sky：Towards efficient 3D placement of UAVs[C]//2020 IEEE 31st Annual International Symposium on Personal, Indoor and Mobile Radio Communications. August 31-September 3, 2020. London, United Kingdom. IEEE, 2020：1-7.

[24] SABZEHALI J, SHAH V K, FAN Q, et al. Optimizing number, placement, and backhaul connectivity of multi-UAV networks[J]. IEEE Internet of Things journal, 2022, 9(21)：21548-21560.

[25] XU X P, DUAN L J, LI M M. Strategic learning approach for deploying UAV-provided wireless services [J]. IEEE transactions on mobile computing, 2021, 20(3)：1230-1241.

[26] HYDHER H, JAYAKODY D N K, HEMACHANDRA K T, et al. Intelligent UAV deployment for a disaster-resilient wireless network[J]. Sensors, 2020, 20(21)：6140.

[27] AL-HOURANI A, KANDEEPAN S, LARDNER S. Optimal LAP altitude for maximum coverage [J]. IEEE wireless communications letters, 2014, 3(6)：569-572.

[28] AL-HOURANI A, CHANDRASEKHARAN S, KAANDORP G, et al. Coverage and rate analysis of aerial base stations [Letter][J]. IEEE transactions on aerospace and electronic systems, 2016, 52 (6)：3077-3081.

[29] CHEN Y F, FENG W, ZHENG G. Optimum placement of UAV as relays[J]. IEEE communications letters, 2018, 22(2): 248-251.

[30] HELMY M, ANKARALI Z E, SIALA M, et al. Dynamic utilization of low-altitude platforms in aerial heterogeneous cellular networks[C]//2017 IEEE 18th Wireless and Microwave Technology Conference (WAMICON). April 24-25, 2017. Cocoa Beach, FL, USA. IEEE, 2017:1-6.

[31] MOZAFFARI M, SAAD W, BENNIS M, et al. Efficient deployment of multiple unmanned aerial vehicles for optimal wireless coverage[J]. IEEE communications letters, 2016, 20(8): 1647-1650.

[32] LI L P, WEN X M, LU Z M, et al. Energy-efficient multi-UAVs deployment and movement for emergency response [J]. IEEE communications letters, 2021, 25(5): 1625-1629.

[33] SONG H Y. A method of mobile base station placement for high altitude platform based network with geographical clustering of mobile ground nodes[J]. Journal of telecommunications and information technology, 2009(2): 22-33.

[34] LYU J B, ZENG Y, ZHANG R, et al. Placement optimization of UAV-mounted mobile base stations[J]. IEEE communications letters, 2017, 21(3): 604-607.

[35] WANG H J, ZHAO H T, ZHOU L, et al. Deployment algorithm for minimum unmanned aerial vehicles towards optimal coverage and inter-connections[C]//2018 IEEE Wireless Communications and Networking Conference Workshops (WCNCW). April 15-18, 2018. Barcelona. IEEE, 2018:272-277.

[36] ZHAO H T, WANG H J, WU W Y, et al. Deployment algorithms for UAV airborne networks toward on-demand coverage[J]. IEEE journal on selected areas in communications, 2018, 36(9): 2015-2031.

[37] WANG L, HU B, CHEN S Z. Energy efficient placement of a drone base station for minimum required transmit power [J]. IEEE wireless communications letters, 2020, 9(12): 2010-2014.

[38] ALZENAD M, EL-KEYI A, LAGUM F, et al. 3-D placement of an unmanned aerial vehicle base station (UAV-BS) for energy-efficient maximal coverage[J]. IEEE wireless communications letters, 2017, 6

(4): 434-437.

[39] ZHANG X, DUAN L J. Energy-saving deployment algorithms of UAV swarm for sustainable wireless coverage [J]. IEEE transactions on vehicular technology, 2020, 69(9): 10320-10335.

[40] RAHMAN S U, CHO Y Z. UAV positioning for throughput maximization[J]. EURASIP Journal on Wireless Communications and Networking, 2018, 2018(1):31.

[41] MUNAYE Y Y, LIN H P, ADEGE A B, et al. UAV positioning for throughput maximization using deep learning approaches[J]. Sensors, 2019, 19(12): 2775.

[42] XU Y, XIAO L, YANG D C, et al. Throughput maximization in multi-UAV enabled communication systems with difference consideration[J]. IEEE access, 2018, 6: 55291-55301.

[43] BOR-YALINIZ R I, EL-KEYI A, YANIKOMEROGLU H. Efficient 3-D placement of an aerial base station in next generation cellular networks [C]//2016 IEEE International Conference on Communications (ICC). May 22-27, 2016. Kuala Lumpur, Malaysia. IEEE, 2016.

[44] ALZENAD M, EL-KEYI A, LAGUM F, et al. 3-D placement of an unmanned aerial vehicle base station (UAV-BS) for energy-efficient maximal coverage[J]. IEEE wireless communications letters, 2017, 6 (4): 434-437.

[45] ALZENAD M, EL-KEYI A, YANIKOMEROGLU H. 3-D placement of an unmanned aerial vehicle base station for maximum coverage of users with different QoS requirements [J]. IEEE wireless communications letters, 2018, 7(1): 38-41.

[46] SUN X, ANSARI N, FIERRO R. Jointly optimized 3D drone mounted base station deployment and user association in drone assisted mobile access networks[J]. IEEE transactions on vehicular technology, 2020, 69 (2): 2195-2203.

[47] WANG Z, DUAN L J, ZHANG R. Adaptive deployment for UAV-aided communication networks [J]. IEEE transactions on wireless communications, 2019, 18(9): 4531-4543.

[48] SHARMA V, SRINIVASAN K, CHAO H C, et al. Intelligent deployment of UAVs in 5G heterogeneous communication environment

for improved coverage[J]. Journal of network and computer applications, 2017, 85: 94-105.

[49] CHEN J T, GESBERT D. Efficient local map search algorithms for the placement of flying relays [J]. IEEE transactions on wireless communications, 2020, 19(2): 1305-1319.

[50] CHEN J T, MITRA U, GESBERT D. 3D urban UAV relay placement: Linear complexity algorithm and analysis [J]. IEEE transactions on wireless communications, 2021, 20(8): 5243-5257.

[51] REINA D G, TAWFIK H, TORAL S L. Multi-subpopulation evolutionary algorithms for coverage deployment of UAV-networks[J]. Ad hoc networks, 2018, 68: 16-32.

[52] QIU C, WEI Z Q, YUAN X, et al. Multiple UAV-mounted base station placement and user association with joint fronthaul and backhaul optimization[J]. IEEE transactions on communications, 2020, 68(9): 5864-5877.

[53] ZHANG C, ZHANG L Y, ZHU L P, et al. 3D deployment of multiple UAV-mounted base stations for UAV communications [J]. IEEE transactions on communications, 2021, 69(4): 2473-2488.

第 2 章

无人机低空基站组网架构设计

与地面基站相比,无人机低空基站的突出优势是具有动态部署能力,这种能力使其能够支持各种灵活的组网应用。本章首先介绍无人机低空基站组网功能要求和典型组网形式,再阐述基站频率使用与链路设计,最后区分系留和非系留无人机分析基站组网架构。

2.1 组网分析

2.1.1 功能分析

1.基本功能

从通信组网层面看,无人机低空基站的基本功能是为地面用户终端提供无线接入和中继交换服务,关注的是网络覆盖和传输性能,并能根据业务需求变化进行受控调整,管控网络资源以优化网络性能。

(1)覆盖。

利用无人机的移动性,可以将基站快速配置到缺乏固定通信设施支持的地域上空,为地面用户终端提供网络接入;利用无人机的高度优势,低空基站能够极大地消除复杂地形下网络覆盖的盲区。较之地面基站,在同等条件下无人机低空基站可以显著提升与地面用户终端之间的通信距离和拓展网络覆盖范围。

(2)传输。

无人机低空基站对地面传输具有视距传播路径概率高的特征,可极大地消除地形地物对空地通信链路的影响,并且能够根据地面终端用户位置分布,通过优化模型合理确定部署定位点,优化低空基站对地面终端的总体传输性能。

(3)受控移动。

无人机低空基站具有更好的移动自由度,根据覆盖区域大小、用户分布、场景需求等,可以通过人为控制或策略控制快速部署至预期组网点位,并能针对用户变化实时调整点位,维持网络覆盖优化。

(4)管控。

根据覆盖区域大小、终端分布和网络拓扑,对一个或多个无人机低空基站频率、功率等资源进行有效规划,实现网络性能优化或更好地融入地面网络。

以上阐述的是基本功能,但在实际应用中,由于组网灵活性、网络覆盖与传输等多方面的制约,以及应用场景和优化目标的多样性和差异性等影响,实现这些方面的优化仍是一个具有挑战性的问题。

2. 扩展功能

当无人机低空基站扩展更多功能,如网络感知、自主优化和自动调整等,可以构建智能通信节点,在智能化组网方面具有较大潜力。

(1)网络感知。

无人机低空基站具有较好的移动自由度和对地视距传输优势,采用定点或巡航能够实现对网络节点分布的感知,从而为节点调整和网络拓扑优化建立基础。

(2)自主优化。

无人机低空基站具有计算存储资源,单个或多个节点可以基于网络感知信息,面向网络和链路优化模型自主计算决策,并驱动节点定位、拓扑控制、资源配置等。

(3)自动调整。

可以根据场景和业务需求变化,调整基站点位、网络资源等,并能及时重构链路。

2.1.2　组网形式

无人机低空基站可以实现灵活的组网应用,主要包括单基站组网、多基站联网、动态组网、自主智能组网等。

1. 单基站组网

单基站组网配置相对简单,易于操作实现,是当前各种实际应用中最为常见的组网形式,其网络结构主要由一个无人机低空基站和若干覆盖范围内的地面用户终端组成。在一些应急场景下,需要单基站独立组网应用,此时无人机低空基站可配置交换功能,以支持接入基站的终端用户入网并实现系统内部的各终端之间的语音和数据业务。同时,根据需要为无人机低空基站配置落地回传链路,以支持基站网络与地面网络互联,如图 2.1(a)所示。有的场景仅需要无人机低空基站提供网络覆盖和接入,而交换功能则不是必需的,但此时往往需要与附近的地面基站互联,作为辅助接入节点起到用户分流或远距离中继的作用,如图2.1(b)和(c)所示。值得说明的是,这里提到的低空基站对地面设施的回传链路并不一定总是无线通信方式,当采用系留无人机平台时,可以通过有线方式连接至地面基站或交换中心。

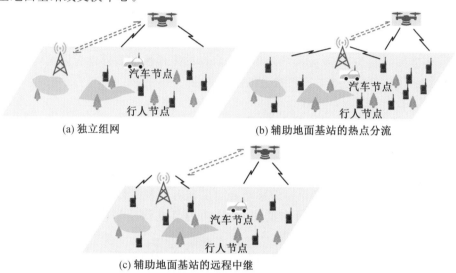

(a) 独立组网　　　(b) 辅助地面基站的热点分流

(c) 辅助地面基站的远程中继

图 2.1　单基站组网典型应用场景

在应急通信场景中,单基站定点组网是一种常见运用方式。在缺乏固定通信接入设施的区域提供网络覆盖,部署无人机低空基站可以为多个移动用户提供无线接入,根据无人机类型可以分为两类。

(1)单个系留无人机低空基站长时间定点组网。

当需要在特定地域构建通信网络,而地形较为复杂,地面视距通信链路性能不佳时,为改善链路质量,可以在该地域配置开通一套系留无人机中继通信系统,大大扩展网络覆盖和信息传输可靠性,为地面终端提供无线接入和交换服务,实现系统内部各终端间的语音和数据业务。根据需要,还可以在地面控制站配置便携式卫星信道设备,支持该基站区域网络通过卫星信道连接到远程的地面网络。

(2)单个非系留无人机低空基站临时定点组网。

当需要在特定地域快速构建区域网络,可以以携行方式配置开通一套轻量化的非系留无人机中继通信系统,迅速移动至靠近待覆盖区域中心上空的特定点位,为该区域地面终端提供无线接入。在该模式下,非系留无人机节点可以通过信息交互和巡航感知获得地面移动终端的位置分布,并实时调整自身部署的位置,从而优化网络性能。该模式操作简易,是解决复杂环境下临时紧急通联的一种有效手段。但是,由于非系留无人机滞空时间有限,若要维持可持续的通信网络覆盖,则需要配置两套或两套以上系统进行轮替部署;或者配置一套系统(包含多个电池模块),在电能即将耗尽时,将无人机飞回更换再行部署,电池模块更换期间伴有短暂的网络中断。根据覆盖需要,还可以为空中节点配置无线落地回传链路,以支持其与地面网络互联。

2. 多基站联网

多基站联网主要适用于需要覆盖的地域较大,超过单个基站的覆盖半径,可以用两套以上的无人机低空基站进行组网连接,构成多基站通信网络。多基站联网可以是独立开设的多基站区域通信网,网内地面用户终端在整个覆盖区域内可以择优选择低空基站接入,也能发起对网内其他终端用户的直接呼叫,或者接收其他用户的呼叫,形成跨基站的通信连接,如图 2.2 所示。在一些应用场景下,也可以将多基站构成的区域网络作为地面网络的延伸,这时需要将至少一个低空基站与地面网络互联。根据跨基站通信的需求,多个低空基站间应配置无线中继链路,如图 2.2(a) 所示的自组网和图 2.2(b) 所示的卫星中继网络,形成

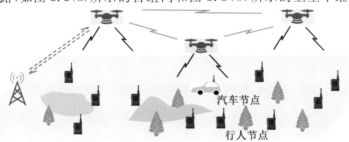

(a) 基于自组网中继的多基站网络

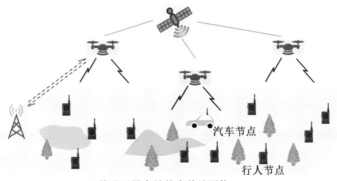

(b) 基于卫星中继的多基站网络

图 2.2 多基站联网示意图

一个连通的骨干网,这种网络结构类似于无线 mesh 网络。

多基站联网在实际运用中,需要特别关注以下两个问题。

(1)要合理使用频率。

由于需要配置多个基站频率,并尽量在有限的工作频段内满足用户覆盖需求,因此可能带来一些基站间的相互干扰。在本书后续内容中,从理论模型上研究了同频和异频组网相关问题,相应地提出部署方法。但是,对于动态的无人机基站,在频率资源允许时,应优先采用异频组网;必要时进行频率复用。因可用频率受限而考虑同频组网时,应优化各基站定位点和功率,以尽可能降低同频干扰对网络性能的影响。

(2)要构建合理的网络拓扑。

多基站网络应构成一张网,多基站联合实现对地面移动终端的网络覆盖优化,还必须在节点之间形成连通的骨干网,其网络拓扑可以是链状网、环形网或栅格网。考虑骨干网连通性,可在基站之间提供中继链路和迂回路由,从而增强网络的健壮性。多机区域覆盖可以独立组网,还可以根据无人机基站就近的地面资源配置,选择节点通过回程链路落地,从而实现与地面网系的互联,支持网络扩展与远程互联。

3. 动态组网

传统地面基站设施构建完毕,其位置是难以变更的,对应着固定的网络覆盖地域。而无人机低空基站是一种受控节点,除了能定点悬停,对特定区域提供网络覆盖,还能实现动态组网,即时调整点位和对应的网络覆盖范围。无人机低空基站能够跟踪地面用户位置变化与分布,调整自身部署点位,保持对地面用户的网络覆盖及优化。

当地面用户沿特定路线移动时,开始部署无人机基站为地面用户提供网络覆盖,一段时间后,地面用户位置变化沿目标路线整体向前移动,无人机基站通过网络感知能够获知这种变化,基于新的网络节点分布自主决策新的空中定位点,并移动至该部署点位。当进入下一个变化场景时,无人机基站类似调整点位,在移动过程全周期维持对地面用户的近距离覆盖,如图 2.3 所示。因此,对于无人机平台,无论是单基站组网还是多基站联网应用,完成网络布局后,并不意味着组网完成,地面用户终端可能发生变化,从而改变网络应用场景,无人机低空基站能伴随终端用户快速移动,适应网络覆盖的动态变化。

非系留基站虽然在单个节点的可持续运行方面存在劣势,但它在快速部署和灵活性方面具有特色优势,可以支持实时按需组网。在某地域覆盖时,配置非系留基站设备,一般情况下可以为地面移动终端直通或多跳转发直接提供通信链路。随着区域内地面终端移动和场景变化,可能面临一些通信受限的情况,如

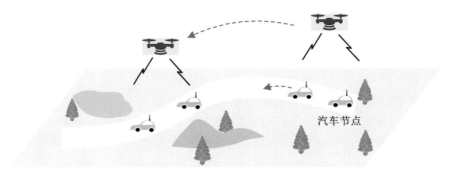

图 2.3　动态组网示意图

距离过远、复杂地形阻隔、网络节点故障、出现覆盖盲区等。此时,可以通过业务请求,即时驱动其他无人机基站升空移动,实现链路按需构建,如图 2.4 所示。

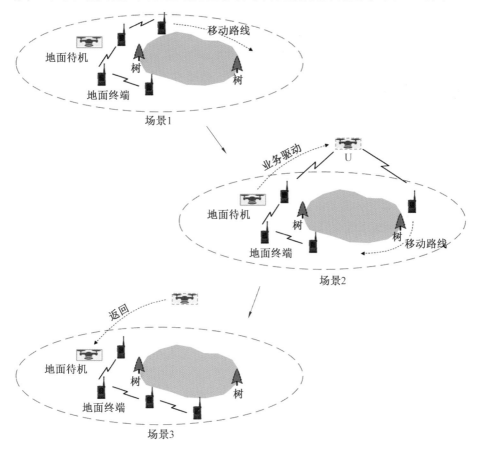

图 2.4　实时按需建链应用示意图

4.自主智能组网

自主智能组网是无人机低空基站升空后,无须人为控制而基于自身感知、计算决策和配置优化的自主组网形式。每个无人机低空基站均作为智能体节点存在,它可以是一个节点组网,也可以是多个节点协作组网。无人机低空基站具有较大的空间自由度、快速的移动能力和较好的受控特性,支持基站节点在区域范围内感知终端用户分布、链路质量等信息,实现基站节点自动定位布局和拓扑优化,并通过集中式或分布式决策,协商基站节点的频率、功率等资源分配使用,驱动网络自主调整与迭代优化。

2.2 频率使用

2.2.1 概述

无人机低空基站组网的频率使用是一个较为复杂的问题,它与网络运行过程中的链路相关。一般的无人机系统都配置无线通信链路①,作为整个系统的重要组成部分,其主要任务是建立空地双向传输通道,支持地面控制站与无人机之间远距离遥控、遥测和信息传输。其中,遥控实现对无人机平台的远程控制操作,遥测用于监测无人机状态,信息传输是向地面控制站传送由机载任务载荷获取的图像、视频等信息。遥控对应空地无线传输的上行链路,遥测、信息传输对应下行链路。尽管从技术角度看,可以优选无线频段来支持空地传输,如兼顾可用带宽和传输性能优势的 UHF(300 MHz 以上)频段,但实际上无人机无线频率使用具有行业通用规则或条例约束。

无人机系统在发展早期,也采用非授权频段,主要是面向工业、科学和医疗(ISM)领域应用的 2.4 GHz 和 5.8 GHz。这一时期无人机应用规模较小,普及程度不高。随着无人机技术发展及在各领域应用日益广泛,特别是无人机飞行从相对独立的空域(隔离空域)扩散至与有人驾驶航空器同一空域(非隔离空域),非授权频段已经无法满足需求,有必要针对无人机规划统一频谱以提供其运行安全相关用频。2007 年世界无线电通信大会(WRC-07)通过决议,要求国际电联(ITU)牵头并联合国际民航组织及各国研究无人机频谱问题:一是研究

---

① 2024 年 1 月工业和信息化部施行《民用无人驾驶航空器无线电管理暂行办法》,将其称为民用无人驾驶航空器通信系统,是指民用无人驾驶航空器以及实现与其有关的遥控、遥测、信息传输功能的地面设备组成的通信系统。

无人机需要多少频谱资源；二是寻找无人机工作频段。通过研究明确，无人机视距指控链路频谱使用需求为 34 MHz，合适的工作频段是 5 030～5 091 MHz[①]；需要卫星中继的无人机超视距指控链路频谱使用需求为 56 MHz。2012 年，在 WRC－12 上，对 5 030～5 091 MHz 频段新增航空移动业务划分，专门支持无人机视距控制应用。2015 年，在 WRC－15 上，进一步新增卫星航空移动业务划分，以支持无人机超视距指控链路频率使用。此外，ITU 也将 960～1 164 MHz 规划用于无人机业务的陆地视距通信，该频段传播特性适合无人机指控链路使用，但是大部分频段已被许多导航系统占用，只有少量频段（如 960～976 MHz 和 1 151～1 156 MHz）可以被利用来支持无人机业务[1]。实际上，由于延续早期频率使用方法加之频率资源紧张，在非授权频段上运行无人机仍是常见方式。美国的无人机一直以来使用无须申请牌照的工作频段（需要遵守低功率无线通信监管要求），直到 2023 年，美国联邦通信委员会（FCC）公布了一个拟议中的政策，为逐渐普及的无人机提供需申请使用牌照的频率资源，该频率位于 5 GHz 频段。

2015 年以前，我国没有针对无人机规定专用频段，在行业发展初期，使用非授权频段，如 2.4 GHz、5.8 GHz、433 MHz 和 900 MHz 频段。由于 2.4 GHz 解决方案相对比较成熟，大多数无人机都是采用 2.4 GHz 频段的无线电遥控。为推进民用无人机无线电管理及促进发展应用，2015 年工业和信息化部发布了《关于无人驾驶航空器系统频率使用事宜的通知》，规划 840.5～845 MHz、1 430～1 444 MHz 和 2 408～2 440 MHz 频段用于无人驾驶航空器系统，以满足应急救灾、森林防火、环境监测、科研试验等对无人驾驶航空器系统的需求[2]。2023 年 6 月，根据无人机发展形势，国家发布《无人驾驶航空器飞行管理暂行条例》。条例中明确："民用无人驾驶航空器系统使用国家无线电管理机构确定的特定无线电频率，且有关无线电发射设备取得无线电发射设备型号核准的，无须取得无线电频率使用许可和无线电台执照[3]。"紧接着，工业和信息化部印发《民用无人驾驶航空器无线电管理暂行办法》。结合通信技术发展，区分多种方式和无人机类型，对无人机用频进行了更为具体细致的规划[4]：一是通过直连通信方式实现遥控、遥测、信息传输功能的民用无人机通信系统，应当使用 1 430～1 444 MHz、2 400～2476 MHz、5 725～5 829 MHz 频段的全部或部分频率；二是规范了通过地面公众移动通信系统频率和卫星通信系统频率实现上述功能的方式；三是规

---

①　除了为无人机指控划分的航空移动业务，5 030～5 091 MHz 频段内有航空无线电导航业务（ARNS）和卫星航空移动业务（AMS(R)S）划分，在用的 ARNS 系统为微波着陆系统（MLS），尚无在用的 AMS(R)S 系统。

定了微型民用无人机只能使用 2 400～2 476 MHz、5 725～5 829 MHz 两个频段实现上述功能;四是规定了无人机通过雷达实现探测、避障等功能使用 24～24.25 GHz 频段。从无人机使用频率的变化历程看,非授权频率始终发挥重要作用,规划给无人机的专用频率资源也越来越多,这适应了有/无人机融合飞行的新形态,也将支持无人机应用创新和高质量发展。

2.2.2 控制链路

上述无人机频率使用主要是面向平台运行,维持无人机的飞行控制和状态监测,而无人机低空基站组网除了涉及这部分频率,还需要考虑面向网络运行的频率规划,实现基站组网的信息交互。因此,对于无人机低空基站组网,频率支持的链路分为两类。

(1)控制链路。

无人机系统一般都具有严格延迟和安全要求的控制与无负荷通信(control and non-payload communications,CNPC)链路,支持无人机平台实时控制、碰撞避免等关键安全功能。

(2)数据链路。

数据链路支持一个或多个基站与地面用户终端或地面通信设施的信息传输。

虽然无人机可以依靠程序自主飞行,但是 CNPC 链路也是必要的,支持紧急情况下的人为干预。根据无人机系统的控制信息流交互关系,可以将 CNPC 链路分为三类[8]:从地面控制站到无人机;从无人机到地面控制站;无人机与无人机之间。CNPC 链路承载简短的控制信息,对于传输速率没有要求,一般采用较低速率。但由于其对系统安全可靠运行至关重要,必须在交互节点间实现高可靠、低时延和安全双向通信。正是考虑这一点,CNPC 链路优先考虑在受保护的工作频段运行,还要考虑完善的认证技术和物理层安全技术,以防止未经授权的第三方通过 CNPC 链路对无人机进行欺骗控制。

在无人机低空基站组网中,CNPC 链路的频率使用方式有五种:一是根据无线电管理的约束,使用 1 430～1 444 MHz、2 400～2 476 MHz、5 725～5 829 MHz 频段的部分频率,通过直连方式实现对同一区域内少量无人机运行的监测与控制;二是采用卫星通信及相应频段,适用于远程超视距控制;三是采用地面移动通信系统及相应频段,适用于蜂窝网络设施较为完善的区域;四是采用 WiFi 及相应频段,抗干扰和安全性没有保障,距离范围有限;五是采用一些特定的无线电台及相应频段,一般采用私有协议和波形,适用于特定的解决方案。

上述频率使用方案对于单个或一定区域内少量几个无人机低空基站的运行可以提供灵活有效的支撑。但是,一个需要进一步思考的问题是:当需要部署更多或更远的无人机低空基站来满足用户容量或覆盖范围的要求,或者是较大区域内运行着无人机集群而其中部分为低空基站节点,现有方式在应对这种情况时均存在一定局限性,如何针对多基站组网实现对无人机集群的 CNPC 链路构建,这仍然是一个开放性问题。在理论研究层面上,研究者认为地面蜂窝网络为无人机集群提供控制链路是具有潜力的解决方案[5-7]。当前从 4G 到 5G 具有较为完善的网络覆盖和足够的带宽资源,但是仍然存在一些挑战需要克服:一是传统蜂窝网络是面向地面用户进行无线信号传播的,基站天线都具有下倾角度,对低空的信号辐射效果有待评估,需要控制无人机平台飞行高度;二是空地传播与地地传播具有差异性,面向地面用户终端覆盖,地面基站优化频率、功率、天线等配置以消除或控制无线干扰,在增加对低空覆盖调整后,会带来新的干扰问题;三是地面蜂窝网络在覆盖边缘可能存在网络信号的薄弱环节,特别是在偏僻山区、偏远海岛等地域,无法确保可靠的控制;四是无人机低空基站组网的重要应用是面向灾害救援场景,此时所在区域地面蜂窝网络设施是否有效运行具有不确定性。尽管如此,依托地面蜂窝网络仍是有力的控制方法,应在地面基站天线阵和频率使用上进一步优化,兼顾对地面和低空覆盖,同时降低干扰。

无线自组网是另一个极具潜力的控制链路构建方案,在每个无人机低空基站节点配置自组网链路,能够适应各种场景需求。主要是因为它具有以下特性:一是每个无人机节点都具有无线通信和路由转发功能,可以实现点对点(地面控制站对无人机节点)视距控制功能,还能通过路由自动优选和节点中继转发,实现超视距和复杂环境中的控制;二是自组网支持各种网络拓扑结构(如链状网、星状网、网状网等),并能适应网络节点移动和拓扑变化,从而满足无人机低空基站节点对地面覆盖和各种组网布局及动态调整的要求;三是自组网能够实现网络自配置和自优化,支持无线信道资源动态分配和网络节点数量增减,无须复杂的人为规划与干扰,也适合场景变化时低空基站组网对无人机节点调度和组网规模调整;四是自组网运行不依赖地面基础设施,可快速动态组网,少部分节点损毁,也能自愈合,适合灾害救援和其他应急场景对无人机节点构建控制链路。但是,考虑到控制链路对无人机平台运行至关重要,自组网多跳分组存储转发的机制在安全可靠方面仍需要进一步评估和强化。此外,自组网大量采用私有协议和系统设计,如何标准化以促进推广应用也是面临的挑战。

综合来看,无人机平台控制链路构建涉及多种系统及频段资源,应根据具体的低空基站组网场景需求,合理配置一种或多种链路资源,确保安全可靠的网络平台运行。同时也要看到,无人机除了作为低空基站的承载平台,还作为勘查监测、搜索救援、货物运输等多种应用的平台,将不可避免地面临一些新的问题:未来无线设备和无人机规模不断增长,开放和共享频段使用日趋紧张;无人机使用逐步拓展普及,规划的专用频段也难以满足日益多样化和规模化的应用需求。

因此,针对日益扩大的需求,如何在有限的频谱资源中构建安全可靠的控制链路面临诸多挑战。

2.2.3 数据链路

数据链路在安全可靠和延迟方面的要求低于CNPC链路,它尽可能实现更大范围内的终端接入和支持更多样化的业务。因此,无人机低空基站组网数据链路的目标主要是更大覆盖范围和更高传输带宽。无人机低空基站组网数据链路采用与地面基站网络相同的制式,如LTE或5G,但它还需要新增两种数据链路:基站节点间中继链路和低空基站对地回传链路。因此,数据链路分为以下三种。

1. 基站与终端之间的数据链路

无人机低空基站网络制式与地面基站相同,可以共享相同的频段,这又分两种场景。一是无人机低空基站在缺乏基础设施的地域独立组网,若仅有一个无人机低空基站,则从共享频段中选择使用频率即可;若多个低空基站组网,则需要考虑低空基站频率分配及组网干扰,根据共享频段资源可采用同频组网和异频复用组网,这必然带来同频干扰,后续内容中将深入阐述该问题。二是无人机低空基站作为地面基站的辅助,需要低空基站与地面基站共存组网,同一地域两类基站的同频组网将导致干扰,影响网络性能,低空基站三维部署和临时动态特性使得减少干扰存在难度,还可以在共享频段对两类基站用频进行隔离区分,以降低不同类基站间干扰协调的复杂度,如图2.5所示。

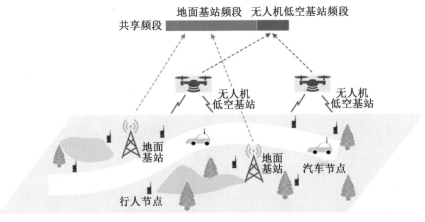

图 2.5 无人机低空基站与地面基站共存组网频率使用示意图

2. 基站间中继的数据链路

多基站组网必须考虑基站间如何构建连通的骨干网络,以支持跨基站区域的终端通信。传统地面基站网络间可以依托光纤网络和交换中心进行中继,而无人机低空基站则需要配置无线中继链路,较为常见的是卫星中继和自组网中继,需按照相应系统频率分配使用。

3. 低空对地回传的数据链路

在无人机低空基站组网应用中,一个需要关注的应用场景是无线链路回传。无人机低空基站在完成区域临时网络覆盖时,可以通过卫星或自组网链路与地面基站及交换中心互联,从而支持区域内终端用户接入移动通信核心网。

2.3　组网架构设计

2.3.1　非系留无人机低空基站组网架构设计

在承载基站节点时,固定翼无人机和旋翼无人机各有优劣。这里所述无人机低空基站设备针对旋翼平台无人机基站系统,包括系留方式和非系留方式,区分为基站节点和移动终端。

非系留无人机低空基站(以下简称非系留基站)组网架构设计主要关注基站设计问题。非系留基站采用一体化基站设计,即基带、中频、射频、天馈等均集成在一个基站设备中(还可进一步集成交换功能,以支持独立组网),挂载于无人机平台上。其供电可以采用两种方式:一是由基站自带电池供电;二是由无人机平台统一供电。前者不消耗无人机平台的电能,但是基站电池会增加无人机平台载荷,后者会消耗无人机平台一部分电能,但是减少了载荷。

整个基站网络主要由无人机低空基站、地面控制站、地面终端和传输链路(包括控制链路和数据链路)组成,如图 2.6 所示。其中,无人机低空基站包括无人机和基站设备;地面控制站可以是车载的,也可以是便携的,甚至是手持的遥控器,它通过控制链路与无人机低空基站进行控制信息交互,能够控制无人机平台飞行和移动,将基站部署到空中定位点和实时调整;无人机低空基站通过数据链路为区域内地面终端提供接入和通信中继。

在非系留基站网络中,几个特别的构建要求如下。

(1)基站设备应尽可能轻型化和低能耗。

除了旋翼无人机平台对载荷和形态大小的限制要求,过大的载荷会增加无人机维持移动和悬停的耗能,从而缩短滞空时间,基站设备轻型化和通信耗能最小化都能够降低无人机的整体能耗。

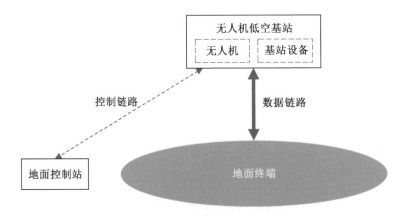

图 2.6　非系留无人机中继通信组网架构

　　(2)控制链路应尽可能实现远距离和高可靠控制。

　　在基站组网中,控制链路主要传输遥控、遥测信息,对传输带宽要求低,一般为窄带信号,但需提高可靠性和增加距离。考虑延迟因素,一般无人机都专设控制链路且优选地面控制站和无人机间的直连链路,同时可备份其他链路,能够确保无人机平台在更大范围内均能处于地面控制站的有效控制中。

　　(3)数据链路应尽可能实现更大覆盖范围和更高传输带宽。

　　数据链路一般采用各种成熟的无线宽带通信技术制式,如 LTE、5G 等。在设备层面仍需必要的改造,除了轻量化集成,重点是针对天线进行定制设计以改善对地面终端电磁辐射并减少无人机机体带来的影响。需要指出的是,基站空中定位点、多基站组网的频率和功率规划等都会对覆盖效果产生影响。

　　如图 2.7 所示,当需要采用多个无人机低空基站构建更大范围的区域通信网时,随着基站数量增加,无人机的控制逐步变得复杂:一是需要在更大范围控制无人机;二是同时要控制多架无人机;三是多无人机对安全性要求更高。这些都对控制链路设置提出挑战,可以从两个方面进行设计考虑:一是预设多条控制链路,图 2.7 中配置了控制链路 1~3,相互备份,增加可靠性;二是采用多样化控制链路,如传统常用的直连控制链路、自组网链路和远程卫星中继,适应多种场景应用要求。此外,基站之间还需要配置中继链路,可以采用卫星中继和自组网中继。

　　构建低空基站网络时,还需考虑与移动通信核心网或其他网系互连,如图 2.8 所示。无人机基站的回程连接是无人机低空基站组网设计中的另一项关键问题。由于低空基站临时部署于空中,需要利用无线回程把它们连接到一个地面网络,WiFi 是一种常见的解决方案,WiFi 链路有成本和时延优势。卫星技术也是可选的无线回程方式,相比 WiFi 链路,卫星链路可以提供更广的回程覆盖。其他具有应用前景的无线回程解决方案有毫米波和自由空间光通信(FSO)。但是一些区域场景中,采用自组网链路(也可以作为空地基站间的中继链路)也是一种可行的方案。

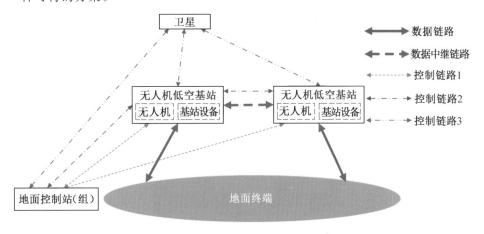

图 2.7　多个非系留基站组网架构①

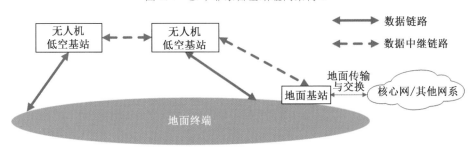

图 2.8　非系留基站与地面网系互联组网架构

2.3.2　系留无人机低空基站组网架构设计

系留无人机低空基站(以下简称系留基站)采用一体化基站和分体基站设计均可。当采用一体化基站设计时,系留线缆仅为供电线缆,为地面控制站向无人机平台供电提供通道。它的好处是可以与非系留基站采用相同的通信设备形态。尽管如此,采用分体基站设计是系留基站较为常见的方式,主要原因:一是分体设计在移动通信领域具有广泛成熟的参考,从第三代移动通信系统(3G)开始,基站就通过射频拉远的方式进行了分体设计,到现在基站分体设计得到广泛

---

① 该图参考了文献[8],修改完善了两点:一是增加了直连控制链路,从而完整地呈现组网中三种典型的控制链路(直连控制链路、自组网链路和远程卫星中继);二是将数据链路区分为数据链路(面向地面终端)和数据中继链路(支持无人机基站之间数据中继)。

应用;二是能够充分利用系留线缆,同时进行供电和信号传输,从而能够将一部分基站功能模块从无人机平台分流卸载到地面控制站,明显降低无人机的负载要求;三是分体基站设计易于通过有线方式实现无人机低空基站网络与地面网络互连。

下面对分体基站设计进行重点介绍,参考移动通信系统射频拉远、中频拉远和基带拉远,根据无人机平台上基站功能单元配置,有三种方式进行分体设计,如图2.9所示。

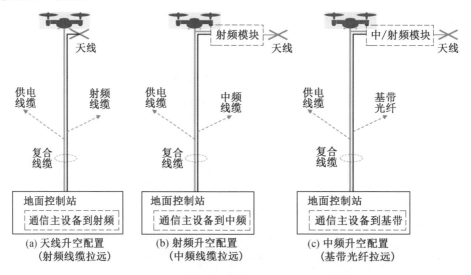

图 2.9　系留基站结构示意图

1.天线升空配置

天线升空配置可以仅将基站天线挂载于无人机平台上,而将通信主设备放置于地面控制站,空地之间通过复合线缆(供电和射频馈线)相连,无人机与地面控制站之间通信传输的是射频信号,该方案的优势是空中载荷轻且无须供电。但是,存在明显不足:一是射频馈线损耗大,典型场景下无人机平台与地面设备之间一般都超过100 m,限制了无人机平台的部署高度;二是基站设备功耗大,为了弥补馈线损耗,基站需要输出更大的功率,同时基站内部射频功放的效率受限,使得基站整体的功耗增加。

2.射频升空配置

射频升空将天线和射频模块配置于无人机平台上,天线和射频模块之间的射频线缆极短,显著降低了两者之间信号传输损耗。无人机平台与地面控制站通过复合线缆相连,供应电源和传输通信信号,无人机与地面控制站之间通信传输的是中频信号,相对于同等条件的射频传输,可以降低空地有线信号传输损耗,但无人机平台上增加了射频模块载荷且需供电。

3.中频升空配置

中频升空将基带部分置于地面控制站,而将中频、射频和天线配置在无人机平台上,空中复合线缆传输的信号为基带信号,信号线缆能够进一步减小线径和质量,采用轻型光纤,信号线缆长度可以超过 1 000 m。

该配置与当前在 3G 和 4G 移动通信应用较为广泛的"BBU＋RRU"的分体设计是一致的。RRU(Radio Remote Unit,射频拉远单元)配置于外部天线塔上,高架 RRU 与天线就近配置,它们之间就可以采用非常短的射频线缆,极大减少信号损耗,由射频馈线引入的信号衰减可以忽略。基于此,RRU 的发射功率可以适当降低,普遍设计成类似暖气片的形态,自然散热性能好,可靠性更高。BBU(Base Band Unit,基带处理单元)位于地面,它是基站的基带处理单元,提供对外接口,完成系统的资源管理、操作维护和状态监测等功能。RRU 和 BBU 之间通过光纤连接,可以采用分布式基站架构,一个 BBU 可以支持多个 RRU,实现更加灵活的组网应用。

以上三种配置方式,综合考虑线缆拉远应用灵活性和载荷,系留基站选择第三种方式为最佳。在这种架构下,根据通联需要,还可能考虑与地面移动通信网络的接入互联,它主要是通过地面控制站互联接入,如图 2.10 所示。

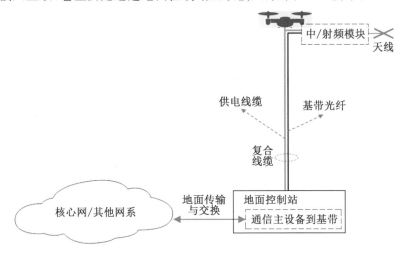

图 2.10　系留基站互联核心网/其他网系组网架构

在 5G 移动通信中,对第三种方式的分体设计有了进一步发展。AAU(Active Antenna System,有源天线单元)成为 5G 基站的主要设备,它从架构上融合了 RRU 和 Antenna Unit(天线单元),可以通过多通道发射多通道接收(mTmR)、三维波束赋形(3D Beamforming)、软件定义频谱(SDB)等技术提升网络性能。

需要说明的是,无论是系留基站还是非系留基站,在无人机平台上加装通信设备载荷时,需要评估附加设备的质量,尽可能采用轻量化和小型化设计,必要时在质量、结构与网络性能方面进行折中,以满足平台搭载负载的要求。此外,还需要评估无人机平台与通信设备集成的结构,一是新增结构对无人机稳定性造成影响或影响机载传感器;二是无人机机体对天线信号辐射的影响。因此,基于无人机基站覆盖优化的目标,合理的结构集成设计是必要的,同时实际测试也应该受到关注。

本章参考文献

[1] 丁鲜花,方箭,刘艳洁,等. 无人机通信链路频率划分研究[J]. 无线电工程,2015,(5):76-80.

[2] 工业和信息化部. 关于无人驾驶航空器系统频率使用事宜的通知[EB/OL]. [2024-01-05]. http://www. yzcity. gov. cn/jxw/0603/201607/dda375223 fe 547a5887b5a0e9dd0986d. shtml.

[3] 国务院,中央军委. 无人驾驶航空器飞行管理暂行条例[EB/OL]. [2024-01-05]. http://www. gov. cn/zhengce/zhengceku/202306/content_6888800. htm.

[4] 工业和信息化部. 民用无人驾驶航空器无线电管理暂行办法[EB/OL]. [2024-01-05]. http://www. miit. gov. cn/jgsj/wgj/wjfb/art/2024/art_lc3a092d3 bcd4d41abe69c369ba6. html.

[5] CUI Z Z, GUAN K, GUVENC I, et al. Coverage analysis of cellular-connected UAV communications with 3GPP antenna and channel models [C]//2021 IEEE Global Communications Conference (GLOBECOM). December 7-11, 2021. Madrid, Spain. IEEE, 2021:1-6.

[6] FOTOUHI A, QIANG H R, DING M, et al. Survey on UAV cellular communications: Practical aspects, standardization advancements, regulation, and security challenges[J]. IEEE communications surveys & tutorials, 2019, 21(4): 3417-3442.

[7] AZARI M M, ROSAS F, POLLIN S. Cellular connectivity for UAVs: Network modeling, performance analysis, and design guidelines[J]. IEEE transactions on wireless communications, 2019, 18(7): 3366-3381.

[8] ZENG Y, ZHANG R, LIM T J. Wireless communications with unmanned aerial vehicles: Opportunities and challenges[J]. IEEE communications magazine, 2016, 54(5): 36-42.

第 3 章

无线信道建模

无人机基站设计、组网与定位优化分析的一个重要理论基础就是空地传输信道模型,它具有一般无线信道的共性特征,仍然需要考虑自由空间路径损耗和传播环境中多径信号的影响,也存在一些差异。无人机通信相关研究近十年才开始发展和日益受到关注,低空无人机与地面间的无线传输信道研究也是一个新课题和研究热点。

3.1　无线信道特征

早期关注较多的无线信道模型是针对地面通信的,它受地形和障碍物影响较为明显。而空地信道特性与地面节点间的信道显然存在差异,它虽然也受传播环境影响,但是空地信道的特性取决于无人机部署高度和终端到无人机的仰角,还会与无人机的移动和扰动有关。同时,有人驾驶飞机对地信道也是一个可以参考的依据,然而低空无人机对地传输有所不同,它通常要面临更复杂的操作环境。总的来看,虽然无人机基站与地面终端之间具有更高概率存在 LoS 链路,但有时受地形、地物或机身遮挡等影响,空地信道也可能出现多径传播。

1. 无线电波的传播方式

在无人机基站与地面终端收发天线之间,无线电波的传播方式包括直射、反射、衍射、散射和吸收等,如图 3.1 所示。

(1)直射。

无线电波在传播过程中,如果收发天线之间无任何障碍遮挡,那么电磁波将从发射天线沿直线路径直接传播至接收天线,这种传播方式称为直射传播(简称

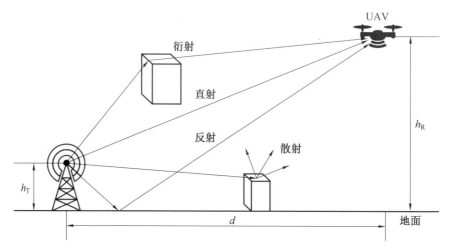

图 3.1　无线电波传播示意图

直射）。直射形成的电磁波，称为直射波。在 LoS 路径中，电磁波的传播方式就是直射。

（2）反射。

无线电波在传播过程中，如果遇到障碍物，而且障碍物表面比较光滑，那么电磁波将在物体表面发生反射现象，这种传播方式称为反射传播（简称反射）。在 NLoS 路径中，反射是最主要的传播方式，占据着主导地位。

（3）衍射。

无线电波在传播过程中，如果遇到障碍物边沿，而且障碍物的尺寸与电磁波的波长接近时，那么电磁波将在障碍物边缘发生弯曲，从而绕到障碍物后面，这种传播方式称为衍射传播（简称衍射，又称绕射）。在 NLoS 路径中，衍射也是重要的一种传播方式，在能量中占据重要分量。

（4）散射。

无线电波在传播过程中，如果遇到障碍物，而且障碍物的表面较为粗糙，从而电磁波向着不同方向进行反射，这种传播方式称为散射传播（简称散射）。在 NLoS 路径中，散射也是重要的一种传播方式，往往不可忽视。

（5）吸收。

无线电波在传播过程中，如果遇到障碍物，其能量会被障碍物吸收而造成损失的一种现象，称为吸收。电磁波因障碍物的吸收而产生衰减（能量损失）的大小主要取决于障碍物的材料、大小和电磁波的波长。例如，穿透玻璃幕墙的损耗远比穿透水泥墙的损耗小，低频电磁波容易穿过墙体，但是 60 GHz 的毫米波则容易被大气吸收。

无线信道在无线通信中至关重要,对技术开发、链路设计、系统运用等都有重大影响。由于 UAV 可以升空部署,其可视范围、传播距离都将随着其高度的增加而扩大。此时,基于 UAV 的通信组网,通常存在三种类型的无线信道:一是空地(Air to Ground,AG)信道,是指空中发射机与地面接收机之间的无线信道;二是空空(Air to Air,AA)信道,是指空中发射机与空中接收机之间的无线信道;三是地地(Ground to Ground,GG)信道,是指地面发射机与地面接收机之间的无线信道。

2. 空地信道的信道特征

与地面传输信道相比,空地信道具有一些独特的信道特征,具体如下[1]。

(1)UAV 部署高度影响信道特征。

无线通信质量高低很大程度上取决于发射天线与接收天线的高度。不同类型的 UAV,其体积、质量、飞行高度等均不相同。当 UAV 飞行高度在地面站高度之下时,现有的地面无线通信信道模型大多可以适用。当 UAV 飞行高度远高于地面站高度时,可以使用自由空间路径损耗模型或双径模型来表征。当 UAV 飞行高度适中,介于前两者之间时,信道模型就较为复杂,LoS 路径和 NLoS 路径可能交替存在,对 UAV 无线通信造成较大影响。此外,同一类型的 UAV 在不同飞行阶段,其飞行高度也不尽相同。文献[2][3]从高度上将飞行分为了停放与滑行、起飞与着陆、飞行途中三个阶段,并对使用的数字航空链路(空地、空空)信道特征进行了分析表征。文献[4]则区分停放与滑行、起飞与着陆两个阶段,对使用 5 GHz 频段的空地信道特征进行了研究,对路径损耗和衰落信道进行了建模。3GPP[5]也对 UAV 在城市宏站(UMa)、城市微站(UMi)和乡村宏站(RMa)三种场景下的不同高度(300 m 以下)的信号传播的 LoS 概率、路径损耗和衰落特征等进行了研究和评估。这样的高度场景也适合 UAV 通信组网(特别是对于 tUAV,线缆长度通常小于 300 m[6])。可见,由于高度依赖性,UAV 通信组网时应当依据不同的部署高度采取不同的信道模型和参数。

(2)LoS 传输概率高。

与地面无线信道相比,空中障碍物更少甚至没有,空中无线信道具有更高的 LoS 概率。特别是空空信道,收发天线均位于较高的空中,视线良好,无障碍物存在。对于空地信道,无线链路的一端位于空中,另外一端位于地面(或近似地面的高度),其无线信道的 LoS 概率通常会随着空中一端的高度增加而增加。这一点在文献[5]中得到证实。例如,针对乡村宏站场景,区分三个高度区间(1.5～10 m、10～40 m 和 40～300 m),分别采用了不同的 LoS 概率模型,特别是飞行高度大于 40 m 时,空地信道 LoS 概率为 100%;而在城市宏站场景下,受城市建筑物高度影响,则需飞行至 100 m 以上高度,才能确保空地信道 LoS 概率达到 100%。

(3)机身遮挡和抖动影响无线传输。

受周围建筑物遮挡的影响,地面无线信道会产生阴影衰落。受 UAV 机身遮蔽的影响,空中无线信道也会产生阴影衰落,称为机身阴影[7]。例如,当 UAV 倾斜转弯以变换部署位置时,机身可能遮挡住接收天线与发射天线之间的 LoS 路径,造成信号衰落。机身阴影取决于 UAV 的结构、材料、飞行姿态与特性等。文献[7]对机身阴影及其特征进行了分析研究,指出在 5 GHz 频段机身阴影衰落最大可达 35 dB,持续时间最长可达 74 s。文献[8]则指出在 5.7 GHz 频段即使是线性飞行航路机身阴影衰落最大也可达 9.5 dB。因此,需要采取适当措施,减少或消除机身阴影的影响,确保 UAV 在悬停、飞行、转弯等各种飞行姿态下通信不中断。此外,机身抖动也会影响无线传输的质量。

(4)仍可能存在多径传播现象。

3GPP 相关研究[5]指出,UAV 飞行达到一定高度时,其空地信道 LoS 概率可达 100%。即使在这种情况下,受城市建筑物的影响,接收机在接收到的 LoS 路径信号的同时,仍然可能会接收到来自周围建筑物反射、衍射等产生的其他路径信号,接收信号多径现象会随着 UAV 飞行高度的增加而减少。在接收信号中存在 LoS 路径信号时,LoS 路径信号能量与 NLoS 路径信号能量之比,称为 K 因子。随着 K 因子的增大,空地信道更具确定性。文献[9]针对山区环境空地信道特征进行了研究,指出在 C 波段上 K 因子平均为 29.4 dB,在 L 波段上 K 因子平均为 12.8 dB。文献[10]针对郊区和近郊环境空地信道特征进行了研究,指出在 C 波段上 K 因子平均为 28.5 dB,在 L 波段上 K 因子平均为 14 dB。

(5)组网干扰影响增加。

在地面无线通信系统中,发射天线的部署主要是为地面用户服务的,基站天线通常向下倾斜安装,以确保地面用户处于天线的最大辐射范围。但是,由于 UAV 所处位置较高,具有较好的通视条件,LoS 概率较大,路径损耗较小。也正是由于 UAV 位于空中,在接收地面站发送信号的同时,也会接收到相邻地面站发送的其他信号,从而接收到的干扰信号也更多。同时,也会对其他地面基站和地面用户造成干扰。天线配置相关问题在文献[11]得到了证实。因此,在 UAV 通信组网中,天线配置显得尤为重要,会对空中信道建模产生重大影响。

3.2　路径损耗模型

3.2.1　自由空间路径损耗模型

自由空间路径损耗是指无线电波在无任何遮挡的自由空间中传播,由于传播扩散而造成的无线电波功率损耗。它是无线信道路径损耗建模与分析的基础。

自由空间电磁波传播的模型最早由 Harald T. Friis 提出[12]。如图 3.2 所示,在自由空间中,发射天线位于点 A,接收天线位于点 B,点 A 和点 B 之间的距离为 d。

图 3.2　自由空间电磁波传播示意图

假设发射天线和接收天线均为各向同性天线,即无论是在水平平面上,还是在垂直平面上,抑或是在其他方向平面上,天线对无线电波的辐射能力和接收能力都是相同的,其方向图呈球状分布。由此,认为天线的发射增益 G_T 和接收增益 G_R 均为 1(0 dBi)。用 A_T 表示发射天线的有效面积(单位 m^2),用 A_R 表示接收天线的有效面积(单位 m^2),用 P_T 表示发射天线的全向发射功率(单位 W),用 d 表示接收天线与发射天线之间的距离(单位 m)。那么,在接收天线处,功率通量密度,即单位面积上的功率通量 P_0(单位 $\dfrac{W}{m^2}$)可表示如下:

$$P_0 = \frac{P_T}{4\pi d^2} \tag{3.1}$$

对于各向同性天线,文献[12]给出了其有效面积的定义,如下所示:

$$A_{Ti} = A_{Ri} = \frac{\lambda^2}{4\pi} \tag{3.2}$$

式中,λ 是无线电波的波长,其与无线电波的频率 f 的关系可以表示为 $\lambda f = c$(c 是无线电波的传播速度)。

那么,在接收天线处,接收到的无线电波功率为:

$$P_R = A_{Ri}P_0 = \frac{A_{Ri}P_T}{4\pi d^2} = P_T\left(\frac{\lambda}{4\pi d}\right)^2 \tag{3.3}$$

自由空间传播损耗（即自由空间路径损耗）PL 定义为发射功率 P_T 与接收功率 P_R 的比值，如下所示：

$$PL = \frac{P_T}{P_R} = \left(\frac{4\pi d}{\lambda}\right)^2 \tag{3.4}$$

可见，自由空间路径损耗 PL 正比于收发天线之间的距离 d 的平方，与无线电波波长 λ 的平方成反比。即随着收发天线之间的距离 d 增加，自由空间路径损耗 PL 也增加；随着无线电波频率 f 增加（波长 λ 减小），自由空间路径损耗 PL 也增加。

采用对数形式表示自由空间路径损耗 PL，可表示为：

$$PL(dB) = 10\lg PL = 10\lg\left(\frac{4\pi d}{\lambda}\right)^2 = 20\lg\left(\frac{4\pi d}{\lambda}\right) \tag{3.5}$$

若使用频率 f 代替波长 λ，则可进一步表示为[13]：

$$PL(dB) = 32.45 + 20\lg f + 20\lg d \tag{3.6}$$

式中，f 是无线电波的频率，单位 MHz；d 是接收天线与发射天线之间的距离，单位 km。

例如，2.4 GHz 无线电波和 61 GHz 毫米波[14]相比较，后者的自由空间路径损耗就比前者高出约 28.1 dB。这个简单示例表明：与低于 6 GHz 的频段相比，如果 UAV 通信组网使用毫米波频段，则需要克服频率升高带来的这一额外路径损耗。

在实际工程应用中，天线往往是非各向同性的，如鞭状天线、双极天线、抛物面天线等。即使是全向天线，也只是在某一个平面（如水平平面）上，对于任意方向角，天线的方向图是圆形的（全向的）。但是，在其垂直方向上则呈现出主瓣、旁瓣的区分。此时，在天线的最强辐射方向上，远场上的某一点接收到的无线电波功率密度比各向同性全向辐射时接收到的功率密度大，呈现出一定的增益，称为发射增益，用 G_T 表示。依据天线的对称性原理，对于接收天线，则称为接收增益，用 G_R 表示。

考虑到实际天线的发射增益 G_T 和接收增益 G_R，式（3.3）可改写为：

$$P_R = P_T G_T G_R\left(\frac{\lambda}{4\pi d}\right)^2 \tag{3.7}$$

通常，为了计算和使用的方便，用对数形式来表示式（3.7），如下所示：

$$P_R = P_T + G_T + G_R - PL \tag{3.8}$$

式中，P_R 和 P_T 的单位为 dBm 或 dBW；G_T、G_R 和 PL 的单位为 dB。

假设 $u(t)$ 是发射机的复基带信号，f_c 是载波频率，那么对应的带通信号可表示为：

$$s(t) = \Re\{u(t)\mathrm{e}^{\mathrm{j}2\pi f_c t}\} \tag{3.9}$$

由于发射天线与接收天线之间的距离为 d，所以信号的传播时延 $\Delta t = \dfrac{d}{c}$。由式(3.7)可以获得接收信号 $r(t)$，如下所示：

$$r(t) = \Re\left\{\frac{\lambda}{4\pi d}\sqrt{G_T G_R}\, u(t - \Delta t)\, \mathrm{e}^{\mathrm{j}2\pi f_c (t - \Delta t)}\right\} \tag{3.10}$$

可见，发射信号不但产生了传播时延 Δt，而且经历了缩放因子 $\dfrac{\lambda}{4\pi d}\sqrt{G_T G_R}$（当天线各向同性时，$G_T = G_R = 1$）的缩放。这正是由天线的发射增益、接收增益和自由空间路径损耗引起的。

3.2.2　双径模型

对于实际的无线通信系统，在收发天线视线路径上或其周围，总是存在建筑物、树木、山丘等，即使在收发天线之间存在 LoS 路径，同时也会接收到来自地面或周围物体的反射波、衍射波或散射波等其他路径信号。双径模型中的双径指的就是收发天线之间的直射波和来自地面(或其他物体)的反射波。经典的双径模型如图 3.3 所示。

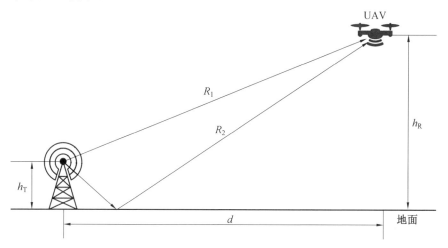

图 3.3　双径模型示意图

位于地面之上彼此可视的两副天线(发射天线 T 和接收天线 R)，其地面以上高度分别用 h_T 和 h_R 表示，两者之间的距离用 d 表示。接收天线会接收到来自 LoS 路径 R_1 的直射波和来自地面反射路径 R_2 的反射波。

针对该模型，文献[15]给出了一种近似表示：

$$\mathrm{PL}_{2\mathrm{ray}} \approx \frac{1}{4}\left(\frac{4\pi d}{\lambda}\right)^2 \arcsin^2\left(\frac{2\pi\, h_T h_R}{\lambda d}\right) \tag{3.11}$$

当 $d \gg h_T$、h_R 时，可简化如下：

$$\mathrm{PL}_{2\mathrm{ray}} \approx \frac{d^4}{h_T^2 h_R^2} \qquad (3.12)$$

$$\mathrm{PL}_{2\mathrm{ray}}(\mathrm{dB}) = 10\lg \mathrm{PL}_{2\mathrm{ray}} \approx 40\lg d - 20\lg h_T - 20\lg h_R \qquad (3.13)$$

可见，双径模型路径损耗 $\mathrm{PL}_{2\mathrm{ray}}$ 正比于收发天线之间距离 d 的四次方，与收发天线各自高度的平方成反比。值得注意的是双径模型路径损耗与无线电波频率 f 无关。

文献[16]基于路径损耗与仰角的相关性[17]，给出了一种依赖天线高度的空地信道双径模型：

$$\mathrm{PL}_{2\mathrm{ray}_{\mathrm{HD2}}}(\mathrm{dB}) = -20\lg \frac{\lambda}{4\pi} - 10\gamma(h) \left| \frac{G_1(h)}{R_1} + \frac{\Gamma G_2(h)}{R_2} \mathrm{e}^{\mathrm{j}\Delta\varphi} \right| \qquad (3.14)$$

式中，λ 是无线电波波长；$\gamma(h)$ 是与高度有关的衰减系数；$G_1(h)$ 是 LoS 路径 R_1 上与高度有关的天线增益；$G_2(h)$ 是反射路径 R_2 上与高度有关的天线增益；$\Delta\varphi$ 是 LoS 路径 R_1 与反射路径 R_2 的相位差；Γ 是地面反射系数。同时，文献[16]中还给出了三个不同的高度区域及模型参数。

3.2.3 对数距离路径损耗模型

无线电波传播大尺度效应的本质就是传播路径损耗随收发天线的距离呈指数增长，增长的速率称为路径损耗指数。例如，自由空间路径损耗指数为 2，双径模型路径损耗指数为 4。对数距离路径损耗模型是对自由空间路径损耗模型和双径模型的发展和推广。它将路径损耗指数作为模型参数来考量，并根据所处环境来确定。它抓住了无线电波传播大尺度效应的本质，同时考虑到阴影衰落的实际，应用非常广泛。对此，文献[18]做了系统梳理和研究。

1. 基本对数距离路径损耗模型

基本对数距离路径损耗模型如下所示[18]：

$$\mathrm{PL}_{\mathrm{LD}}(\mathrm{dB}) = 10\alpha\lg \frac{d}{d_0} + \beta_{d_0} + X_{\mathrm{LD}} \qquad (3.15)$$

式中，d_0 是参考距离；d 是收发天线之间的实际距离；α 是路径损耗指数，可以通过最小化均方误差来确定，依据不同环境通常取值 $1.5 \sim 4$；β_{d_0} 是参考距离 d_0 处的路径损耗实际测量值或自由空间路径损耗值；X_{LD} 是表征阴影衰落变化的随机变量。

2. 浮动截距对数距离路径损耗模型

在基本对数距离路径损耗模型的基础上，文献[19]给出了一种改进模型——浮动截距对数距离路径损耗模型，如下所示：

$$\mathrm{PL}_{\mathrm{FI}}(\mathrm{dB}) = 10\alpha\lg d + \beta + X_{\mathrm{FI}} \qquad (3.16)$$

式中，α 是路径损耗指数（斜率）；β 是 $d=1\ \text{m}$ 时的路径损耗（截距）；X_{FI} 是表征阴影衰落变化的随机变量。

浮动截距对数距离路径损耗模型忽略了基本模型中的参考距离 d_0 及与其相关的参数 β_{d_0}。

3. 双斜率对数距离路径损耗模型

基本对数距离路径损耗模型和浮动截距对数距离路径损耗模型是基于单斜率的，都适用于信道特征没有急剧变化的场合。受天线近场效应影响，基本对数距离路径损耗模型通常只适用于 $d>d_0$ 的远场[1]。浮动截距对数距离路径损耗模型，在近距离上会出现路径损耗低估的情况，在远距离上会出现路径损耗高估的情况[20]。然而，在一些具有 NLoS 路径或由于反射或衍射导致的复合几何环境中，单斜率模型就会产生大量错误[18]。因此，一种双斜率模型——双斜率对数距离路径损耗模型得以推广应用[18,21]，如下所示：

$$PL_{\text{DS}}(\text{dB}) = \begin{cases} 10\,\alpha_{d_1}\lg d + \beta_{d_1} + X_{\text{DS}} & d \leqslant d_1 \\ 10\,\alpha_{d_1}\lg d_1 + \beta_{d_1} + 10\,\alpha_{d_2}\lg\dfrac{d}{d_1} + X_{\text{DS}} & d > d_1 \end{cases} \tag{3.17}$$

双斜率对数距离路径损耗模型实际上是对经验测量值的分段线性近似，每段都有不同的斜率。在该模型中，路径损耗随着距离增大而以 α_{d_1} 为斜率呈指数增长，直至距离增加到 d_1（即双斜率模型距离分界值）；而后又以 α_{d_2} 为斜率呈指数增长。在实际应用中，可根据具体的环境，由双斜率对数距离路径损耗模型拓展推广至多斜率对数距离路径损耗模型[22]。

3.2.4　LoS 概率路径损耗模型

在无线通信中，如果接收信号中 LoS 路径信号处于支配地位，接收信号质量将得到极大改善。例如，在 UAV 参与的通信组网中，无论是市区、郊区或乡村地区，理论上 UAV 飞行越高，其空地信道存在 LoS 路径的概率就越大。因此，在设计时，确保收发天线之间彼此是可视的（存在 LoS 路径）将是一个重要因素。基于上述考量，LoS 概率建模和基于 LoS 概率的路径损耗建模获得了 ITU[23]、3GPP[24] 及其他研究团队[1,11-22,25-33] 的关注及应用。

1. LoS 概率模型

ITU 推荐的统计模型[23]描述了无线电波传播路径上存在建筑物的情况下，发射天线与接收天线之间存在 LoS 路径的可能性。如图 3.4 所示[23]，发射天线 Tx 与接收天线 Rx 之间存在 LoS 路径的条件是 Tx 与 Rx 之间的视线连接线上的所有建筑物的高度均不能超过该视线连接线。

发射天线的高度用 h_{Tx} 表示，接收天线的高度用 h_{Rx} 表示，接收天线与发射天

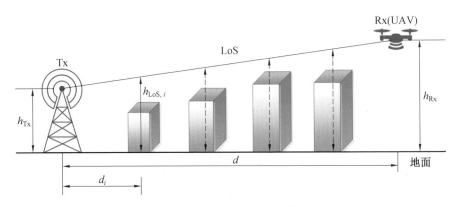

图 3.4　收发两端 LoS 路径示意图

线的水平距离用 d 表示，第 i 栋建筑物的高度用 h_i 表示，第 i 栋建筑物的最高点垂直向上与 LoS 路径的交叉点的高度用 $h_{\mathrm{LoS},i}$ 表示，第 i 栋建筑物到发射天线的水平距离用 d_i 表示。

假设位于收发天线之间的建筑物数量为 b_r 栋，那么在收发天线之间存在 LoS 路径的概率就可以表示如下：

$$P_{\mathrm{LoS}} = \prod_{i=1}^{b_r} P(h_i < h_{\mathrm{LoS},i}) \qquad (3.18)$$

针对该模型，文献[23]给出了以下三个基本参数。

α：建筑物覆盖土地面积与总土地面积之比（无量纲）。

β：单位面积平均建筑物数量（栋/km^2）。

γ：决定建筑物高度分布（瑞利分布）的变量。

在不同的环境下，α、β 和 γ 取值不同[29]，如表 3.1 所示。

表 3.1　不同的环境下，α、β 和 γ 取值

环境	郊区	市区	密集市区	高楼市区
α	0.1	0.3	0.5	0.5
β	750	500	300	300
γ	8	15	20	50

由此，建筑物高度 h（单位 m）的概率分布密度函数可表示如下：

$$P(h) = \frac{h}{\gamma^2} \exp\left(-\frac{h^2}{2\gamma^2}\right) \qquad (3.19)$$

在该模型中，假设建筑物被均匀地排列在一个规则的网格上，那么 1 km 长的射线将穿过 $\sqrt{\beta}$ 栋建筑物。考虑到地面建筑物面积覆盖系数为 α，因此每千米分布的建筑物数量将修正为：

$$b_1 = \sqrt{\alpha\beta} \tag{3.20}$$

所以,对于长为 $d(\mathrm{km})$ 的 LoS 路径,穿过的建筑物数量为:

$$b_r = \lfloor d\, b_1 \rfloor \tag{3.21}$$

式中,$\lfloor \cdot \rfloor$ 表示向下取整运算,以确保建筑物的数量是整数。

基于建筑物在收发天线之间均匀分布的假设,第 i 栋建筑物到发射天线的距离 d_i 表示为:

$$d_i = \left(i - \frac{1}{2}\right)\delta_r \quad (i = 1, 2, \cdots, b_r) \tag{3.22}$$

式中,$\delta_r = \dfrac{d}{b_r}$ 表示相邻建筑物之间的距离。

针对每个间距 d_i,可以计算每栋建筑物对应的 $h_{\mathrm{LoS},i}$,如下所示:

$$h_{\mathrm{LoS},i} = h_{\mathrm{Tx}} + \frac{d_i(h_{\mathrm{Rx}} - h_{\mathrm{Tx}})}{d} \tag{3.23}$$

第 i 栋建筑物高度 h_i 小于 $h_{\mathrm{LoS},i}$ 的概率可表示为:

$$P_i = P(h_i < h_{\mathrm{LoS},i}) = \int_0^{h_{\mathrm{LoS},i}} P(h)\,\mathrm{d}h = 1 - \exp\left(-\frac{h_{\mathrm{LoS},i}^2}{2\,\gamma^2}\right) \tag{3.24}$$

因此,在收发天线之间存在 LoS 路径的概率就可以表示如下:

$$P_{\mathrm{LoS}} = \prod_{i=1}^{b_r} P_i = \prod_{i=1}^{b_r}\left[1 - \exp\left(-\frac{h_{\mathrm{LoS},i}^2}{2\,\gamma^2}\right)\right] \tag{3.25}$$

将式(3.22)、(3.23)带入式(3.25),得

$$P_{\mathrm{LoS}} = \prod_{i=1}^{b_r}\left[1 - \exp\left(-\frac{\left[h_{\mathrm{Tx}} + \dfrac{\left(i - \frac{1}{2}\right)(h_{\mathrm{Rx}} - h_{\mathrm{Tx}})}{b_r}\right]^2}{2\,\gamma^2}\right)\right] \tag{3.26}$$

可见,上述模型是从几何光学的视角来考量 LoS 路径的生成及其概率的计算,其 LoS 概率与无线电波频率无关。因此,此处的 LoS 称为几何 LoS 或光学 LoS。

在研究式(3.26)曲线特性时,文献[26]认为该表达式较为复杂,不便用于解析运算,因此采用 Sigmoid 函数(S 曲线)对其进行了近似表示,如下所示:

$$P_{\mathrm{LoS}}(\theta) = \frac{1}{1 + a\exp[-b(\theta - a)]} \tag{3.27}$$

式中,θ 是 LoS 路径的仰角;a 和 b 称为 S 曲线参数,并不具有实际物理意义。但是,a、b 可以由 α、β、γ 计算映射得出,表达式如下:

$$z = \sum_{j=0}^{3}\sum_{i=0}^{3-j} C_{ij}(\alpha\beta)^i\,\gamma^j \tag{3.28}$$

其中,z 代表 a、b,由 α、β、γ 分别计算映射得到,但其系数 C_{ij} 是不同的,具体请参考文献[26]。

典型的地形环境有郊区(suburban)、市区(urban)、密集市区(dense urban)、高楼市区(highrise urban)等,其对应的 a 和 b 的典型值如表 3.2 所示。

表 3.2　参数 a 和 b 的典型值

环境	郊区	市区	密集市区	高楼市区
a	4.88	9.61	12.08	27.23
b	0.43	0.16	0.11	0.08

在研究式(3.26)模型的基础上,文献[29]给出了 LoS 概率的另一种近似表示,如下所示:

$$P_{LoS}(\theta) = c\,(\theta - \theta_0)^d \tag{3.29}$$

式中, θ 是 LoS 路径的仰角, θ_0 取值 15°; c 和 d 是与频率和环境有关的参数。

同时,通过分析研究,文献[29]还给出了不同频率(700 MHz、2 000 MHz 和 5 800 MHz)和不同环境(郊区、市区、密集市区、高楼市区)下参数 c 和 d 的典型值,如表 3.3 所示。

表 3.3　参数 c 和 d 的典型值

频率	700 MHz				2 000 MHz				5 800 MHz			
环境	郊区	市区	密集市区	高楼市区	郊区	市区	密集市区	高楼市区	郊区	市区	密集市区	高楼市区
c	0.77	0.63	0.37	0.06	0.76	0.6	0.36	0.05	0.75	0.56	0.33	0.05
d	0.05	0.09	0.21	0.58	0.06	0.11	0.21	0.61	0.06	0.13	0.23	0.64

2.基于 LoS 概率的路径损耗模型

在分析研究低空平台空地信道传播特性的基础上,文献[26]将低空平台所处高度以下的传播环境分为自由空间传播和城市传播两部分,如图 3.5 所示。

无线电波从 LAP(UAV)发射,到达城市上空;而后在城市环境中传播,会出现反射、散射、衍射、吸收等现象,从而造成空地信道传播除自由空间路径损耗之外的附加路径损耗,称为额外路径损耗。当无线传播路径为 LoS 路径时,平均额外路径损耗用 η_{LoS} 表示;当无线传播路径为 NLoS 路径时,平均额外路径损耗用 η_{NLoS} 表示。因此,两种情况下路径损耗可分别表示为:

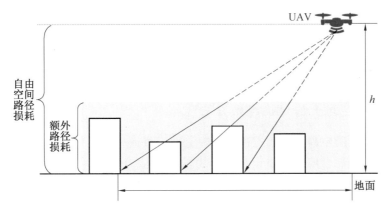

图 3.5　LAP(UAV)无线电波传播示意图[26]①

$$PL_{LoS}(\theta) = FSPL + \eta_{LoS} \tag{3.30}$$

$$PL_{NLoS}(\theta) = FSPL + \eta_{NLoS} \tag{3.31}$$

式中,FSPL 是自由空间路径损耗。上述观点在文献[29]中也得到了印证。

因此,UAV 至地面用户的空地无线信道路径损耗可表示为:

$$PL = PL_{LoS}(\theta)P_{LoS}(\theta) + PL_{NLoS}(\theta)P_{NLoS}(\theta) \tag{3.32}$$

式中,$P_{NLoS}(\theta) = 1 - P_{LoS}(\theta)$,是 NLoS 路径的概率。

通过研究和近似拟合,文献[29]给出了不同频率(700 MHz、2 000 MHz 和 5 800 MHz)和不同环境(郊区、市区、密集市区、高楼市区)下平均额外路径损耗(η_{LoS} 和 η_{NLoS})的经验值(单位 dB),如表 3.4 所示。

表 3.4　平均额外路径损耗(η_{LoS} 和 η_{NLoS})的经验值(单位 dB)

频率	700 MHz				2 000 MHz				5 800 MHz			
环境	郊区	市区	密集市区	高楼市区	郊区	市区	密集市区	高楼市区	郊区	市区	密集市区	高楼市区
η_{LoS}	0.0	0.6	1.0	1.5	0.1	1.0	1.6	2.3	0.2	1.2	1.8	2.5
η_{NLoS}	18	17	20	29	21	20	23	34	24	23	26	41

①　参考文献[26],本书认为图中自由空间传播损耗应贯穿空地两端收发全程,而非无遮挡的高空部分,修改之后能更准确表示文中内容。

3.3　无人机平台抖动对空地信道的影响

3.3.1　空地无线信道建模方法

目前,典型的空地无线信道模型有确定性信道模型和随机性信道模型,也有两者的结合(即混合随机信道模型),其中随机性信道模型可以分为几何随机信道模型和统计性随机信道模型,如图 3.6 所示。

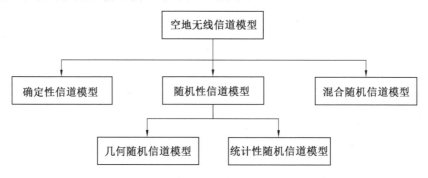

图 3.6　典型无线信道建模方法

1.确定性信道模型

确定性信道模型,通过实际测量获取信号传播环境的地理信息和信号状态,获得在特定地理环境下的空地信道冲击响应,以此得到无线信道传播模型。常用的构建确定性信道模型的方法有射线追踪和时域有限差分(Finite-Difference Time Domain,FDTD)。

基于射线追踪的信道建模方法基于几何光学原理,通过模拟射线的传播路径来确定反射、折射和阴影等,确定多径信道中所有可能的射线路径,根据电波传播理论来计算每条射线的幅度、相位、延时,然后结合天线方向和系统带宽就可得到接收点的所有射线的相干合成结果。文献[34]对 UAV 作为中继通信节点的蜂窝移动通信网络进行了建模,采用射线追踪方法模拟了 30～60 GHz 频段毫米波在城市环境中的无线信道传播特性。文献[35]解决了信号射线与特殊凹状地形的交点问题,该方法能应对某些特殊环境下构建高精度信道模型。文献[36]构建的模型信号工作频率在 200 MHz～5 GHz,分析了路径损耗与机载平台的仰角的函数关系,并针对局部建筑物几何形状基于刀口衍射理论提出了一种新的理论模型来确定空地信道的视距概率[37],该模型考虑了关键的统计参数,如建筑高度、建筑尺寸、建筑覆盖率、街道宽度和街道角度分布。

基于 FDTD 的信道建模方法的基本思想是对空间中传播的电磁波进行偏微分方程计算,对微分算子进行近似,精准地复现电磁波的传播特性,从而得到信道状态信息。文献[38]采用 FDTD 方法对通信对抗无人机甚高频干扰天线进行了分析,计算了其辐射方向图。为了评估无人机的干扰能力,引入了通信抑制区,并提出了一种在飞行姿态为兼性条件下的通信抑制区计算方法。

确定性信道模型本质上是特定于某种场景,所以需要大量的数据来表征特定真实环境。面对时变的复杂环境,确定性信道模型需要调整参数以适应环境。这种确定性信道建模方法在用于时变信道建模时也非常复杂,无法适应平台抖动对信道带来的影响。

2. 随机性信道模型

对于随机性信道模型,利用几何或数据统计性特征来评估信号在环境中的传播状态,从而构建无线信号传播模型,该方法不拘泥于特定环境,无须对环境提前感知,因此该建模方法普适性强、复杂度低,受到许多研究者的青睐。常见的随机性信道建模方法有几何随机信道建模方法和统计性随机信道建模方法。

几何随机信道建模,利用信号在传播环境的直射和反射等多径信号,刻画和传播多径几何关系的推导,计算信号传输的功率、相位、时延、角度等参数,进而对信道传输过程进行模拟仿真与特性分析。不同于确定性信道建模,几何随机信道建模将传输环境中的散射体抽象为服从一定随机分布的散射簇,虽然一定程度上降低了模型的精确性,但同时大大提高了模型的通用性并降低了仿真复杂度。几何随机信道模型可以进一步细分为规则几何随机信道模型与非规则几何随机信道模型,二者的模型结构是相同的。

规则几何随机信道模型侧重于使用二维的圆、椭圆,三维的球、圆柱、椭球等几何形状表征散射区域,进而推导出信道的空时频域自相关函数、互相关函数,以及其他统计特征,适用于实测数据不足的情况下仿真和推测信道特性。文献[39]针对宽带无人机 MIMO 通信,采用多层柱体的规则几何建模方法,建立了毫米波频段几何三维非平稳信道模型,并采用具有连续时间马尔科夫模型对信号簇的动态特性进行建模,推导出簇的生存概率的闭合表达式,基于空时频相关函数、准平稳间隔和多普勒功率谱统计特性表征非平稳空地信道。文献[40]针对无人机与地面散射体之间的关系,建立了多径簇和散射体分布模型。针对无人机阵列的几何特性,提出了一种适用于空地通信环境的三维几何信道模型,推导了时间延迟、方位角和仰角的概率密度函数来分析空地信道变化。

非规则几何随机信道模型侧重于参数估计,提取空地信道的多径参数和统计特性参数,通过调整模型仿真机制和参数可以适用于不同频段与场景下的信道仿真,具有较强的泛化能力。

统计性随机信道建模以概率论为基础,采用数学统计方法建立模型,分析无线信号在传输过程中信道参数的统计分布,然后将信道建模为具有特定相关性和统计分布的随机过程,该方法不需要基于传输场景对信道的传播机制进行仿真,具有较高的普适性。

在文献[39][41][42]中,提出了一种基于无人机的毫米波宽带通信三维非平稳信道模型,分析了该模型的时间相关函数和多普勒功率谱。文献[40]考虑了无人机周围的散射体,假设了散射体分布,建立了基于多径聚类的空地信道模型。在文献[43]中,采用不同的随机过程对无人机摆动俯仰角进行建模,并对信道时间自相关函数(Auto Correlation Function,ACF)进行了表征。不同信道模型比较如表3.5所示。

表3.5　不同信道模型对比

信道模型	优点	缺点
确定性信道模型	与实际场景相似度高	计算复杂度高,通用性低
几何随机信道模型	与实际场景相似度中等	计算复杂度较高,通用性中等
统计性随机信道模型	与实际场景相似度低	精确性低,通用性高

3. 混合随机信道模型

混合随机信道建模是基于测量和分析的组合建模方法,采用确定性信道模型去测量特定环境中信号的传播特性,设置指定测量特征(如环境中所有障碍物的大小、形状和位置)、电特性(电导率和介电常数),将上述参数输入随机性信道模型中用于估计LoS和NLoS的信道冲击响应,从而获得更为精准的无线信道模型。

文献[44]采用双频段的射线追踪方法对开放的水上环境进行测量,根据环境数据计算传播路径损耗、均方根延迟扩展、小尺度莱斯因子和多天线之间相关性信道传输特征,从而构建水上环境的无线信道传输模型。

文献[8][9]中的模型,基于几何随机信道建模方法对视距路径和多径信道进行随机性建模,并基于大量测量数据获取环境的信道传播特征,比如多径信道的幅度、延迟和持续时间。

3.3.2　非平稳信道建模分析

空地无线信道呈现非平稳衰落特性,信道的非平稳性主要由两个原因造成:一是无人机机身受风力影响产生摆动,导致信道变化;二是无人机快速移动,导致信道快速变化。所以随机性信道建模方法更适合非平稳信道,常见的非平稳信道建模方法主要有几何随机信道建模和统计性随机信道建模。

几何信道建模方法需要将收发端天线阵列的位置和散射簇的分布用几何体表示出来,一般使用圆柱体或球体表示,再选择仿真场景(城市或郊区等),根据选择的无人机通信场景设置环境参数,建模过程较为复杂。文献[45]针对无人机抖动引起的天线阵列响应以及用户位置的不确定性、无人机蜂窝网络资源分配问题,建立联合优化固定高度无人机的二维位置和下行波束形成器,推导出最小化无人机的总发射功率。相较于规则几何随机信道模型,非规则几何随机信道模型可扩展性更强,文献[41]提出了一种基于 6G 信号的 MIMO 毫米波无人机不规则几何随机信道模型,为了更好地表征无人机场景中的时空非平稳性,提出了一种无人机时空聚类进化算法。文献[46]提出了一种无人机相关 MIMO信道的三维几何极化模型,运用 MIMO 和极化几何理论,采用天线间距和极化分集技术来分析子信道之间的空间相关性的方法,讨论了无人机倾斜旋转中对无人机 MIMO 信道容量、频谱效率的影响。

统计性随机信道建模,采用信道之间的相关特性描述信道特征,与几何随机信道模型相比,统计性随机信道模型不受几何图形的限制,可更好地应对非平稳信道时变的特性。文献[35]研究了无人机自身抖动对毫米波空地无线信道的影响,对悬停无人机在阵风和螺旋桨、旋翼高振动频率作用下的摆动过程进行了建模,对空地信道时间自相关函数和多普勒功率谱密度进行了研究。文献[47]针对无人机悬停时随机波动导致发射端和接收端天线增益不匹配的问题,提出了在不同通信场景下无人机统计性随机信道模型,并采用蒙特卡洛方法验证该信道模型的可靠性,得到无人机在不同稳定程度下的最优天线方向性增益。

3.3.3　无人机平台抖动影响分析

无人机在飞行过程中常受到各种环境因素的干扰,如空气湍流、风力和风切变等。这些干扰会导致无人机平台产生抖动,进而影响到无人机与地面设备之间的通信质量。根据研究,无人机平台的抖动会对空地信道的时延、幅度、相位产生影响[48]。研究无人机平台抖动对空地信道的影响,有助于深入理解无人机通信中的信号传输特性,并提供技术支持以应对抖动带来的挑战。

此外,无人机通信的应用场景多样化和复杂化,需要满足不同的通信要求和性能指标。例如,在物流运输中,无人机需要在高速移动状态下进行数据传输,而在监测与勘察中,无人机需要实时传输高清图像和视频。抖动对这些应用场景的通信性能将产生直接影响。因此,研究无人机平台抖动对空地信道的影响,可以为不同应用场景下的无人机通信系统设计和优化提供参考和指导。

与传统通信的通信信道相比,无人机通信特征有以下几点。一是由于无人机的速度快,空地和空空传播时所面临的是高动态通信信道特性。这意味着无人机通信需要应对频繁的信道衰落、多普勒频移[49]等问题。二是由于空中基站和地面用户的移动,无人机通信面临着频繁的时空变化,以及地面散射体的影响。这种非固定信道条件会导致信号衰落、多径干扰和时延扩展等问题[17]。三是由于受到低空环境的影响,无人机在与地面用户通联时会受到天气的影响,导致无人机平台抖动,这可能导致通信性能的降低。

综上所述,无人机在实际使用中容易受到风力扰动,从而产生抖动对空地通信造成影响的问题。接下来,分析无人机平台抖动对空地信道的影响,提出适应风力扰动的空地信道建模方法,为提高无人机通信的性能和可靠性提供技术支持。

3.3.4 无人机抖动平台模型

无人机平台的抖动会引起信道参数的变化,从而影响无人机通信系统的性能。首先,抖动会导致信号功率的变化。当无人机平台发生抖动时,信号在传输过程中会受到多径效应的影响,导致信号功率的衰落。其次,抖动会导致信号的时延变化。由于无人机平台的抖动,信号的传播路径长度会发生变化,从而导致信号的传播时延的变化。最后,抖动还会引起信号的频率偏移。无人机平台的抖动会引起信号的多普勒频移,进而影响接收信号的频率。通过建模的方法对信道进行估计,分析无人机平台抖动对信道的影响。

1. 实际场景模型

由于无人机和地面用户的移动性,空地信道产生频繁的时空变化,也会导致无线信道衰落,影响通信质量。由于无人机具有升空的特点,所以当其上升到某一高度时,基本无遮挡物,大部分属于视距环境。但是在实际情况中,无人机为发射信号端,接收端位于地面,而接收机的附近则有数量较多、高度高于接收机的散射体存在,发射信号经过直射、反射、散射信号在接收端叠加,原信号也会在幅度、角度、相位上产生变化。

该场景的散射体可以分为两类:一类是来自地面和远处山体建筑的远场散射体,另一类是接收机周围的近场散射体。所以根据实际情况传输信号既有视距信号又有非视距信号。发射端和接收端之间存在障碍物而存在阴影,说明在信号传输的过程中存在多径效应,如图 3.7 所示,传输信号分为 LoS 路径和 NLoS 路径两部分。无人机和地面接收端之间有一条 LoS 链路、多条 NLoS 路径。虽然 LoS 路径只有一条,但是由于其不受多径传播的损耗,所以大部分的信号传输都依赖 LoS 链路,该模型包含空中无人机发射端、地面接收端和散射体三个部分,其中散射体通常为地面的建筑物或开阔环境的高山等。

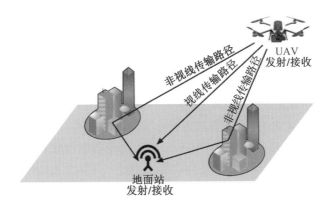

图 3.7　无人机空地通信信道的多径效应

2. 无人机抖动形态模型

无人机为旋翼无人机,单个无人机部署在任意可以与地面用户通信的位置,无人机配备了一个收发天线,该天线位于无人机平台下方,位置为 $(0, 0, a_D)$, a_D 为无人机收发天线的长度,如图 3.8 所示。

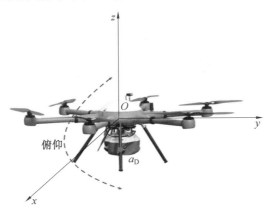

图 3.8　受风力扰动无人机角度的变化

在理想情况下,无人机在空中可以实现稳定的悬停。然而,在实际应用中,无人机的运动受到其尺寸、质量和平衡性能的限制,同时外部环境因素也会对其运动产生一定的影响。例如,风力扰动会导致无人机发生摇摆,而风切变则可能突然改变无人机的偏航方向,这种情况下可能导致无人机与遥控器信号断联,进而对信号传输信道产生重大影响。

假设无人机为旋翼无人机,其抖动的几何结构如图 3.9 所示。$\theta(t)$ 是在 t 时刻时 UAV 端天线的角度变化量,θ_m 是天线俯仰角变化的最大角度。用随机过程来模拟这种抖动,并研究它们对终端接收信号的影响。

假设地面用户、散射体是静态的,并位于 xy 平面,空中端的无人机位于 yz

平面。根据场景模型,已知空地信道模型受多径效应的影响,产生 LoS 路径和 NLoS 路径。当 $t=0$ 时为初始状态,如图 3.9 所示,无人机的初始位置保持在 $h=z_D$,坐标为 $P_D(0)=(0,0,z_D)$,地面接收端的位置为 $P_U=(x_U,y_U,0)$,假设第 n 个散射体的坐标为 $P_{S_n}=(x_{S_n},y_{S_n},z_{S_n})$,若不存在散射体 $n=0$,则 $P_{S_0}=P_U$。初始状态下,无人机与基站之间的 LoS 路径的距离为 $d_0(0)$、无人机与散射体之间的 NLoS 路径的距离为 $d_n(0)$。当风力扰动使无人机摆动,在 t 时刻,无人机与地面接收端之间的 LoS 路径的距离为 $d_0(t)$、无人机与散射体之间的 NLoS 路径的距离为 $d_n(t)$。散射体与地面用户之间的距离为 $d_{S_n,U}$,从无人机信号发射至地面接收端的离开角为 φ_0,从无人机到第 n 个散射体的离开角为 φ_n,无人机的 NLoS 路径的投影与 x 轴夹角用 ω_n 表示。

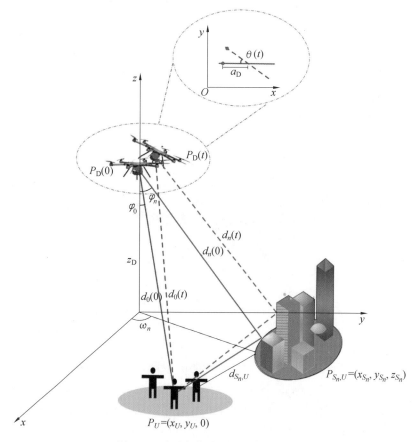

图 3.9 受风力扰动的空地信道模型

无人机在时刻 t 的接收信号 $r(t)$ $(d_{S_n,U}=0)$ 可表示为[50]:

$$r(t)=\sum_{n=0}^{N}\alpha_n\,\mathrm{e}^{-\mathrm{j}\frac{2\pi}{\lambda}(d_n(t)+d_{S_n,U})} \tag{3.33}$$

式中，$\lambda = \dfrac{c}{f_c}$ 是接收信号的波长；c 是光速；f_c 是载波频率；α_0 是 LoS 链路的幅度；α_n 为第 n 条多径信道的幅度。信号的载波频率 f_c 越高，波长越短，微小波动就可以导致空地信道相位偏移[51]，这种效应在毫米波通信中较为明显。

3. 信道统计特性

无人机在执行指定任务过程中，受环境、飞行速度和周围散射环境的影响，空地通信信道随时间推移存在非平稳性和随机性，需要有切合实际情况的信道统计特性去表征时变非平稳空地通信信道。

倘若无人机悬停在指定位置并受风力扰动，此时空中发射天线产生小幅度偏移，会导致空地传输信道发生时间选择性衰落，虽然不会产生断联，但是会对地面接收端收到的信号误码率有明显影响。由于空地传输信号受多径效应影响，可以计算接收信号 $r(t)$ 的信道自相关函数 $R = E[r(t)r^*(t+\tau)]$，运用信道自相关函数去衡量多径信号在相关时间 τ 内信道特性是否存在变化，采用归一化信道自相关函数，无人机抖动的信道相干时间表达式如下[43]：

$$T_c = \min\left\{\tau : \frac{R(\tau)}{\max R(\tau)} \leqslant \gamma\right\} \tag{3.34}$$

可简化为 $T_c = \min\{T_c(\tau)\}$。

信道相干时间本质上是由于无人机抖动导致空地信道变化，无人机抖动越剧烈，相干时间就越小。

3.4　受风力扰动的无人机空地信道模型

3.4.1　场景设置

场景设置相关参数如表 3.6 所示。

表 3.6　相关参数

参数	定义
P_D	无人机位置
$\theta(t)$	在 t 时刻，UAV 端天线的角度变化
θ_m	天线俯仰角变化的最大角度
a_D	收发天线的长度
P_{S_n}	第 n 个散射体的位置
φ_0	无人机信号发射至地面用户的离开角
φ_n	无人机到第 n 个散射体的离开角

续表 3.6

参数	定义
ω_n	无人机的 NLoS 路径的投影与 x 轴夹角
$d_n(t)$	无人机与散射体之间的距离
$r(t)$	无人机在时刻 t 的接收信号
$d_{S_n,U}$	散射体与地面用户之间的距离
T_c	相干时间
σ	拉普拉斯变换的尺度参数
f_D	多普勒频移

无人机的初始位置为 $P_D(0)=(0,0,z_D)$，受风力扰动无人机的位置发生偏移，收发天线发生 $\theta(t)$ 的角度偏转，无人机位置变化为 $P_D(t)=(0,a_D(1-\cos\theta(t)),z_D+a_D\sin\theta(t))$。悬停时无人机与散射体之间的距离为 $d_n(0)$，扰动后无人机与散射体之间的距离为 $d_n(t)$。

$$d_n(0)=\sqrt{x_{S_n}^2+y_{S_n}^2+(z_{S_n}-z_D)^2} \tag{3.35}$$

$$d_n(t)=\sqrt{x_{S_n}^2+(y_{S_n}-a_D(1-\cos\theta(t)))^2+(z_{S_n}-(z_D+a_D\sin\theta(t)))^2} \tag{3.36}$$

根据实际情况，无人机抖动的角度是微小的，存在 $\theta(t)\ll 1$ rad，可以推导出

$$d_n(t)\approx\sqrt{x_{S_n}^2+y_{S_n}^2+(z_{S_n}-z_D)^2-2a_D(y_{S_n}(1-\cos\theta(t))+(z_{S_n}-z_D)\sin\theta(t))}$$
$$=\sqrt{d_n(0)-2a_D(y_{S_n}(1-\cos\theta(t))+(z_{S_n}-z_D)\sin\theta(t))} \tag{3.37}$$

天线的长度远小于无人机与地面用户之间的距离，即 $a_D\ll d_n(t)$，近似可得[43,50]

$$d_n(t)\approx d_n(0)-\frac{a_D(y_{S_n}(1-\cos\theta(t))+(z_{S_n}-z_D)\sin\theta(t)}{d_n(0)} \tag{3.38}$$

根据图 3.9，可计算出 $d_n(t)=(z_{S_n}-z_D)/\cos\varphi_n$，代入上述公式，计算得到

$$d_n(t)-d_n(0)=\frac{a_D\cos\varphi_n}{z_{S_n}-z_D}((z_{S_n}-z_D)\sin\theta(t)-y_{S_n}(1-\cos\theta(t))) \tag{3.39}$$

存在 $y_{S_n}/(z_{S_n}-z_D)=\tan\varphi_n\sin\omega_n$，$\cos\varphi_n\tan\varphi_n=\sin\varphi_n$，代入上述公式，由于 θ 为微小的抖动角，可以使用 $\sin\theta(t)\approx\theta(t)$ 简化计算

$$d_n(t)-d_n(0)=a_D\cos\varphi_n\sin\theta(t)-a_D\sin\omega_n\sin\varphi_n(1-\cos\theta(t))$$
$$\approx a_D\cos\varphi_n\theta(t) \tag{3.40}$$

假设 $\theta(t)$ 是一个具有平稳增量的随机过程，即 $\theta(t+\tau)-\theta(t)$ 与 $\theta(\tau)$ 具有相同的分布[43]，则上述结果可以简化为 $d_{D,n}(\tau) := d_{D,n}(t,t+\tau)\approx a_D\cos\varphi_n\theta(\tau)$，其中 ": =" 是定义符号。

3.4.2　受风力扰动的无人机偏移角度建模

根据文献[52]，受扰动的无人机空地信道时域自相关函数为：

$$R(t,t+\tau)=\sum_{n=0}^{N}E\left[\mid\alpha_n\mid^2 e^{\frac{j2\pi}{\lambda}d_{D,n}(t+\tau)}\right] \tag{3.41}$$

1. 维纳过程

维纳过程是连续时间随机过程，具有独立增量。维纳过程的当前值就是做出其未来预测中所需的全部信息。该过程在任意时间区间上变化的概率分布独立于其在任意其他时间区间上变化的概率。抖动角在任何时间上的变化服从正态分布，$E(B_t)=0$，$\mathrm{Var}(B_t)=bt$，b（单位 $\mathrm{rad}^2/\mathrm{s}$）可以作为调优参数。对于具有任意非随机离开角 φ_0 的 LoS 信道（$N=0$）中的维纳过程，信道自相关函数为[43]：

$$R(\tau)=E\left[\mid\alpha_0\mid^2 e^{-(\frac{2\pi^2}{\lambda^2}a_D^2\cos^2\varphi_n)b\tau}\right]=\mid\alpha_0\mid^2 e^{-(\frac{2\pi^2}{\lambda^2}a_D^2\cos^2\varphi_n)b\tau} \tag{3.42}$$

由于式（3.42）是 τ 的单调递减函数，所以当 $\tau=0$ 时，可以得出 $\max R(\tau)$，代入公式（3.34）可以得到 T_c。

$$T_c=\frac{\lambda^2}{2b\pi^2 a_D^2\cos^2\varphi_0}\lg\left(\frac{1}{\gamma}\right) \tag{3.43}$$

2. 正弦过程

假设俯仰角服从正弦分布 $\theta(t)=A\sin(2\pi Ft)$，其中俯仰角变化幅度 $A\sim U[-\theta_m,\theta_m)$，频率 $F\sim p_F(f)$，$p_F(f)$ 是某个给定的概率密度函数，信道自相关函数表示为[43]：

$$R(\tau)=\sum_{n=0}^{N}E\left[\mid\alpha_n\mid^2\int_{-\infty}^{+\infty}\sin c(\frac{2}{\lambda}a_D\cos(\varphi_n)\theta_m\sin(2\pi ft))p_F(f)df\right] \tag{3.44}$$

对于正弦过程没有闭式解，需要数值求解上式来获得信道相干时间。空地信道受多径效应影响，多径分量服从拉普拉斯分布，第 n 个多径分量的功率可以表示为：

$$\mid\alpha_n\mid^2=\frac{1}{2\sigma}e^{-\frac{\mid\varphi_n-\varphi_0\mid}{\sigma}},\quad 1\leqslant n\leqslant N \tag{3.45}$$

式中，σ 为拉普拉斯变换的尺度参数。

3.4.3　模型仿真与结果

为了证明无人机抖动对相干时间的影响，设定旋翼无人机到达指定位置并保持悬停，地面散射体的数量 $N=10$，莱斯因子 $K=11.5\ \mathrm{dB}$[48]，无人机信号发射至地面接收端的离开角 $\varphi_0=20°$ 和拉普拉斯变换的尺度参数 $\sigma=1$，无人机搭载天

线长度 $a_D = 40\ \text{cm}$，对于正弦过程，假设抖动角的幅度和频率都遵循均匀分布，$A \sim U[-\theta_m, \theta_m)$，$F \sim U[5, 25)\text{Hz}$，阈值 $\gamma = 0.5$，通过仿真验证风力扰动下无人机产生的抖动角对信道相干时间的影响。仿真结果如图 3.10~3.12 所示[①]。

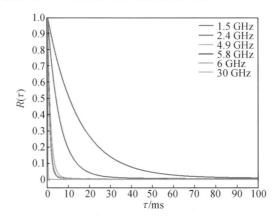

图 3.10　服从维纳分布的信道自相关函数

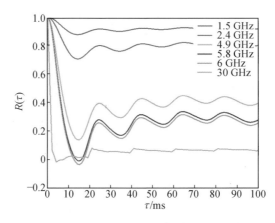

图 3.11　服从正弦分布的信道自相关函数

1. 不同频率下抖动对无人机信道相干时间的影响

假设天线俯仰角变化的最大角度为 $\theta_m = 5°$，当载波频率 f_c 分别为 1.5 GHz、2.4 GHz、4.9 GHz、5.8 GHz、6 GHz 时，讨论频率对信道相干时间的影响。图 3.10 和图 3.11 分别展示了无人机抖动角服从维纳分布和正弦分布的信道自相关函数。理论上，摆动角度越大或频率越高会导致更快的信道变化和更短的相

---

① 图 3.10~3.12 在复现文献[43]结果的基础上，对载波频率和抖动角度讨论了更多情况。

干时间。从图 3.10 和 3.11 中可以看出，无论是服从维纳分布还是服从正弦分布，载波频率的增加都会导致信道自相关函数的降低。较高的载波频率使得信道自相关函数快速去相关，信道相干时间快速缩短。

对比不同的随机分布，由于服从维纳分布的抖动角具有独立增量，因此相比服从正弦分布的抖动角，自相关函数呈平滑稳定，无峰值变化，具有平稳的增量。由于维纳过程简单，且信道与无人机的变化可以具有去相关性，所以可以产生非常短的相干时间，但是在实际情况中，这个结果过于理想化。正弦过程具有起伏变化，相干时间呈波动，自相关函数有较大变化，更符合实际风力干扰情况，但是代价是无固定增量。

2. 抖动角度对无人机信道相干时间的影响

从式(3.46)中可以看出服从维纳分布的信道自相关函数与最大抖动角度无关，所以只考虑服从正弦分布的信道自相关函数与最大抖动角度之间的关系。当载波频率 f_c 分别为 1.5 GHz、2.4 GHz、4.9 GHz、5.8 GHz、6 GHz 时，分析无人机抖动角度对信道相干时间的影响。假设无人机天线最大抖动角度分别为 3°、5°、7°、10°，分析在不同频率下空地信道自相关函数。理论上，更大的抖动角度或更高的频率(更小的波长)导致更快的信道变化和更短的相干时间。从图 3.12 中可以看出，无论载波频率如何变化，随着摆动角度幅值的增加，信道相干时间会缩短。当抖动角度 $\theta_m = [5°, 7°, 10°]$，载波频率大于 4.9 GHz 时，通道的相干时间小于 10 ms，可以证明，随着载波频率的增加，信道相干时间迅速缩短。当抖动角度为 $\theta_m = 3°$ 时，相干时间始终大于 10 ms，具有较强相关性，由此可以证明较大的摆动角度导致较短的相干时间。

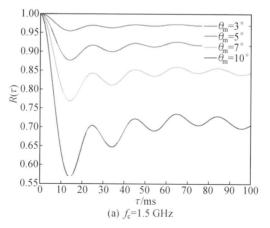

(a) f_c=1.5 GHz

图 3.12　载波频率为 1.5 GHz、2.4 GHz、4.9 GHz、5.8 GHz、6 GHz，
抖动角度为 3°、5°、7°、10°的信道自相关函数

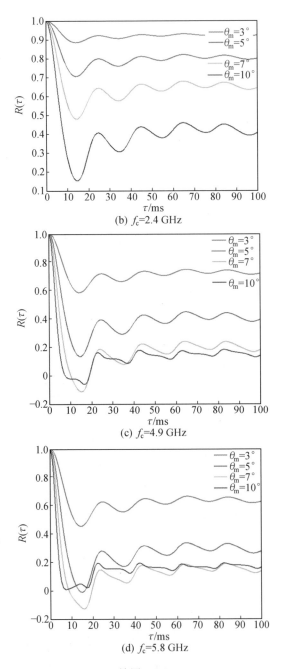

(b) f_c=2.4 GHz

(c) f_c=4.9 GHz

(d) f_c=5.8 GHz

续图 3.12

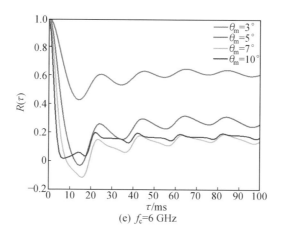

(e) f_c=6 GHz

续图 3.12

考虑到由于风力变化对无人机产生扰动,将无人机的俯仰角拟合为维纳过程和正弦过程,并采用相干时间作为特征值来表征信道变化,仿真结果表明,就算信道变化很微小,相干时间也会受到影响。这项工作的意义在于考虑到了环境对无人机的影响,以及采取了相干时间作为特征值来衡量信道的变化,在未来的工作中,会结合真实的地形地貌对无人机的信道进行分析。

本章参考文献

［1］萨德,本尼斯,莫扎法里,等.无人机组网与应用:基于 5G 移动通信网络［M］.刘文雯,刘琛,译.北京:机械工业出版社,2022.

［2］ HAAS E. Aeronautical channel modeling［J］. IEEE transactions on vehicular technology,2002,51(2):254-264.

［3］HOEHER P,HAAS E. Aeronauticalchannel modeling at VHF-band［C］// Gateway to 21st Century Communications Village. VTC 1999-Fall. IEEE VTS 50th Vehicular Technology Conference (Cat. No. 99CH36324). September 19-22, 1999. Amsterdam, Netherlands. IEEE, 1999: 1961-1966.

［4］ TU H D, SHIMAMOTO S. Aproposal of wide-band air-to-ground communication at airports employing 5-GHz band［C］//2009 IEEE Wireless Communications and Networking Conference. April 5-8, 2009. Budapest, Hungary. IEEE,2009:1-6.

［5］3GPP. Study on enhanced LTE support for aerial vehicles［R/OL］. 3GPP

TR 36.777 V15.0.0, 2018. http://www.3gpp.org.

[6] 郎为民，邹力，王振义，等. 系留无人机通信系统部署问题研究[J]. 电信快报：网络与通信，2021(11)：1-7.

[7] SUN R，MATOLAK D W，RAYESS W. Air-ground channel characterization for unmanned aircraft systems—Part IV：Airframe shadowing[J]. IEEE transactions on vehicular technology，2017，66(9)：7643-7652.

[8] MENG Y S, LEE Y H. Study of shadowing effect by aircraft maneuvering for air-to-ground communication[J]. AEU - international journal of electronics and communications，2012，66(1)：7-11.

[9] SUN R Y，MATOLAK D W. Air-ground channel characterization for unmanned aircraft systems part II：Hilly and mountainous settings[J]. IEEE transactions on vehicular technology，2017，66(3)：1913-1925.

[10] MATOLAK D W，SUN R Y. Air-ground channel characterization for unmanned aircraft systems：Part III：The suburban and near-urban environments[J]. IEEE transactions on vehicular technology，2017，66(8)：6607-6618.

[11] LIN X Q，YAJNANARAYANA V，MURUGANATHAN S D，et al. The sky is not the limit：LTE for unmanned aerial vehicles[J]. IEEE communications magazine，2018，56(4)：204-210.

[12] FRIIS H T. A note on a simple transmission formula[J]. Proceedings of the ire，1946，34(5)：254-256.

[13] ITU. Calculation of free-space attenuation[R/OL]. ITU-R rec. P. 525-4，2019. https://www.itu.int/rec/R—REC—P.525/recommendation.asp?lang=en&parent=R—REC—P.525-4-201908-I.

[14] AL-HOURANI A，CHANDRASEKHARAN S，KANDEEPAN S. Path loss study for millimeter wave device-to-device communications in urban environment [C]//2014 IEEE International Conference on Communications Workshops (ICC). June 10-14，2014. Australia. IEEE，2014：102-107.

[15] PARSONS J D. The Mobile Radio Propagation Channel[M]. Hoboken：Wiley，2001.

[16] GODDEMEIER N，DANIEL K，WIETFELD C. Role-based connectivity management with realistic air-to-ground channels for cooperative UAVs [J]. IEEE journal on selected areas in communications，2012，30(5)：

951-963.

[17] FENGQ X, MCGEEHAN J, TAMEH E K, et al. Path loss models for air-to-ground radio channels in urban environments[C]//2006 IEEE 63rd Vehicular Technology Conference. Melbourne, Australia. IEEE, 2006: 2901-2905.

[18] KHAWAJA W, GUVENC I, MATOLAK D W, et al. A survey of air-to-ground propagation channel modeling for unmanned aerial vehicles[J]. IEEE communications surveys & tutorials, 2019, 21(3): 2361-2391.

[19] AMORIM R, NGUYEN H, MOGENSEN P, et al. Radio channel modeling for UAV communication over cellular networks[J]. IEEE wireless communications letters, 2017, 6(4): 514-517.

[20] SUN S, RAPPAPORT T S, THOMAS T A, et al. Investigation of prediction accuracy, sensitivity, and parameter stability of large-scale propagation path loss models for 5G wireless communications[J]. IEEE transactions on vehicular technology, 2016, 65(5): 2843-2860.

[21] CAIX S, GONZALEZ-PLAZA A, ALONSO D, et al. Low altitude UAV propagation channel modelling[C]//2017 11th European Conference on Antennas and Propagation (EUCAP). March 19-24, 2017. Paris, France. IEEE, 2017.

[22] FEUERSTEIN M J, BLACKARD K L, RAPPAPORT T S, et al. Path loss, delay spread, and outage models as functions of antenna height for microcellular system design [J]. IEEE transactions on vehicular technology, 1994, 43(3): 487-498.

[23] IUT. Propagation data and prediction methods required for the design of terrestrial broadband radio access systems in a frequency range fram 3 GHz to 60 GHz[R/OL]. ITU-R rec. P. 1410-6, 2023. https://www. itu. int/rec/R－REC-P. 1410/recommendation. asp? lang＝en&parent＝R－REC－P. 1410-6-202308-I.

[24] 3GPP. Study on channel model for frequencies from 0. 5 to 100 GHz [R/OL]. TR 38. 901 V17. 0. 0, 2022. https://www. 3gpp. org/ftp/Specs/archive/38_series/38. 901/38. 901－hoo. zip.

[25] KISHK M A, BADER A, ALOUINI M S. On the 3-D placement of airborne base stations using tethered UAVs[J]. IEEE transactions on communications, 2020, 68(8): 5202-5215.

[26] AL-HOURANI A, KANDEEPAN S, LARDNER S. Optimal LAP

altitude for maximum coverage[J]. IEEE wireless communications letters, 2014, 3(6): 569-572.

[27] FENG Q X, TAMEH E K, NIX A R, et al. WLCp2-06: Modelling the likelihood of line-of-sight for air-to-ground radio propagation in urban environments[C]//IEEE Globecom 2006. November 27-December 1, 2006. San Francisco, CA, USA. IEEE, 2006.

[28] ALZENAD M, EL-KEYI A, LAGUM F, et al. 3-D placement of an unmanned aerial vehicle base station (UAV-BS) for energy-efficient maximal coverage[J]. IEEE wireless communications letters, 2017, 6 (4): 434-437.

[29] AL-HOURANI A, KANDEEPAN S, JAMALIPOUR A. Modeling air-to-ground path loss for low altitude platforms in urban environments [C]//2014 IEEE Global Communications Conference. December 8-12, 2014. Austin, TX, USA. IEEE, 2014.

[30] LIU L. A downlink coverage scheme of tethered UAV[C]//2020 International Wireless Communications and Mobile Computing (IWCMC). June 15-19, 2020. Limassol, Cyprus. IEEE, 2020.

[31] BOR-YALINIZ R I, EL-KEYI A, YANIKOMEROGLU H. Efficient 3-D placement of an aerial base station in next generation cellular networks [C]//2016 IEEE International Conference on Communications (ICC). May 22-27, 2016. Kuala Lumpur, Malaysia. IEEE, 2016.

[32] MOZAFFARI M, SAAD W, BENNIS M, et al. Mobile unmanned aerial vehicles (UAVs) for energy-efficient Internet of Things communications [J]. IEEE transactions on wireless communications, 2017, 16 (11): 7574-7589.

[33] ALZENAD M, EL-KEYI A, YANIKOMEROGLU H. 3-D placement of an unmanned aerial vehicle base station for maximum coverage of users with different QoS requirements [J]. IEEE wireless communications letters, 2018, 7(1): 38-41.

[34] PEREZ A, FOUDA A, IBRAHIM A S. Ray tracing analysis for UAV-assisted integrated access and backhaul millimeter wave networks[C]// 2019 IEEE 20th International Symposium on "A World of Wireless, Mobile and Multimedia Networks" (WoWMoM). June 10-12, 2019. Washington, DC, USA. IEEE, 2019.

[35] LV N, SHI D, GAO Y G. The research on high accuracy reflection ray

tube generation for ray tracing on concave terrains[C]//2017 IEEE 5th International Symposium on Electromagnetic Compatibility (EMC-Beijing). October 28-31，2017. Beijing. IEEE，2017：1-4.

[36] FENG Q X，MCGEEHAN J，TAMEH E K，et al. Path loss models for air-to-ground radio channels in urban environments[C]//2006 IEEE 63rd Vehicular Technology Conference. Melbourne，Australia. IEEE，2006：2901-2905.

[37] FENG Q X，TAMEH E K，NIX A R，et al. WLCp2-06：Modelling the likelihood of line-of-sight for air-to-ground radio propagation in urban environments[C]//IEEE Globecom 2006. November 27-December 1，2006. San Francisco，CA，USA. IEEE，2006：1-5.

[38] 蒋鹏，张建华，周晓辉. 基于 FDTD 方法的通信对抗无人机干扰能力分析[J]. 电子信息对抗技术，2006，21(5)：44-48.

[39] MA Z F，AI B，HE R S，et al. A non-stationary geometry-based MIMO channel model for millimeter-wave UAV networks[J]. IEEE journal on selected areas in communications，2021，39(10)：2960-2974.

[40] TANG Q P，WEI Z X，CHEN S B，et al. Modeling and simulation of A2G channel based on UAV array[C]//2020 IEEE 6th International Conference on Computer and Communications (ICCC). December 11-14，2020. Chengdu，China. IEEE，2020.

[41] BAI L，HUANG Z W，ZHANG X，et al. A non-stationary 3D model for 6G massive MIMO mmWave UAV channels[J]. IEEE transactions on wireless communications，2022，21(6)：4325-4339.

[42] HUANG Z W，CHENG X. A general 3D space-time-frequency non-stationary model for 6G channels[J]. IEEE transactions on wireless communications，2021，20(1)：535-548.

[43] MORTEZA B，DHILLON HARPREET S，MOLISCH ANDREAS F. Impact of UAV wobbling on the air-to-ground wireless channel[J]. IEEE transactions on vehicular technology，2020，69(11)：14025-14030.

[44] MATOLAK D W，SUN R Y. Air-ground channel characterization for unmanned aircraft systems：Part I：Methods，measurements，and models for over-water settings[J]. IEEE transactions on vehicular technology，2017，66(1)：26-44.

[45] XU D F，SUN Y，NG D W K，et al. Robust resource allocation for UAV systems with UAV jittering and user location uncertainty[C]//2018 IEEE

Globecom Workshops (GC Wkshps). December 9-13, 2018. Abu Dhabi, United Arab Emirates. IEEE, 2018:1-6.

[46] GE C L, ZHANG R N, ZHAI D S, et al. UAV-correlated MIMO channels: 3-D geometrical-based polarized model and capacity analysis[J]. IEEE Internet of Things journal, 2023, 10(2): 1446-1460.

[47] DABIRI M T, SAFI H, PARSAEEFARD S, et al. Analytical channel models for millimeter wave UAV networks under hovering fluctuations [J]. IEEE transactions on wireless communications, 2020, 19(4): 2868-2883.

[48] YANG X B, ZHAI D S, ZHANG R N, et al. Temporal correlation characteristics of air-to-ground wireless channel with UAV wobble[J]. IEEE transactions on intelligent transportation systems, 2023, 24 (10): 10702-10715.

[49] KHUWAJA A A, CHEN Y F, ZHAO N, et al. A survey of channel modeling for UAV communications[J]. IEEE communications surveys & tutorials, 2018, 20(4): 2804-2821.

[50] YANG X B, ZHAI D S, ZHANG R N, et al. Impact of UAV 3D wobbles on the non-stationary air-to-ground channels at sub-6 GHz bands[C]// GLOBECOM 2022 - 2022 IEEE Global Communications Conference. December 4-8, 2022. Rio de Janeiro, Brazil. IEEE, 2022.

[51] GE C L, ZHAI D S, JIANG Y, et al. Pathloss and airframe shadowing loss of air-to-ground UAV channel in the airport area at UHF- and L-band [J]. IEEE transactions on vehicular technology, 2023, 72(6): 8094-8098.

[52] DHILLON H S, CAIRE G. Wireless backhaul networks: Capacity bound, scalability analysis and design guidelines[J]. IEEE transactions wireless communications, 2015, 14(11): 6043-6056.

第 4 章

空地组网节点分布感知

感知是指利用某种方式感受环境或物体的某种信息,以满足关联计算和控制的要求。本章所阐述的节点分析感知,是基于无人机平台辅助获知网络节点位置分布态势,为组网优化提供基础条件。

4.1　网络节点分布及位置感知的必要性

4.1.1　传统蜂窝移动通信网用户分布及位置感知

在传统蜂窝移动通信网络的地面基站布局中,主要目标是全域覆盖,各基站通过分区拼接完成这一目标,理论上的区域覆盖如图 4.1 所示。但是,受到无线传播环境、移动用户分布及流量的影响,实际上各个基站覆盖范围是不规则且大小不一的,如图 4.2 所示。对于后者,较为常见的情形是:移动用户分布稀疏的地方,配置宏蜂窝小区;而移动用户分布稠密的地方,配置微蜂窝小区,满足更多的用户需求。因此,移动用户分布及流量特征是基站资源配置的重要参考依据,这种用户分布特征是人为预判分析和面向中长期的,而不是短时或实时的。

从 2G 系统开始,基站通过信号功率强度判断其离移动用户的远近差异,并调节上下行链路发射功率,这种经典的功率控制技术被用来优化系统功耗并减少干扰。从中也能看出移动用户位置对网络的影响,这种位置感知是实时的,但只是粗略地判断远近。从 3G 系统开始,由于智能天线和多天线 MIMO 的应用,基站能够实时感知移动用户的方位[1,2],进一步优化通信链路和系统干扰。上述系统对移动用户的位置感知,不会对已有基站布局产生影响。

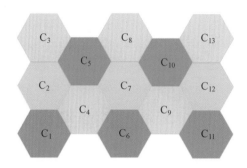

图 4.1　理想区域覆盖

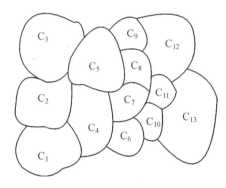

图 4.2　实际区域覆盖

从 5G 开始,对日益紧张的频谱资源产生了更大的需求,工作频段不断向上迁移,从 Sub6G 到毫米波,更短的波长使感知能力不断增强,提出通信感知一体化(Integrated Sensing and Communication, ISAC)[3,4]。无线通信系统与雷达在硬件架构和信号处理方面具有共性,未来还可能与雷达共享频谱,提高频谱效率,通信与感知能够相互赋能,可以利用感知的用户和环境信息,优化网络性能。可以预期,感知功能将成为通信网络具有的基本能力,辅助网络认知物理环境,支撑各种新的应用方式,给未来网络带来更多可能。

4.1.2　无人机基站对用户分布及位置的感知

当无人机基站仅作为地面设施的一个补盲手段时,如某个地面基站故障或被毁时采用无人机空中基站提供替代接入服务,这种概略的小区覆盖对用户分布及位置的感知,就类似传统蜂窝系统,并没有特殊的要求。但是,无人机基站可以动态按需组网,该基站是一种动态可控节点,具有较高的部署灵活性,可以实时调整基站位置和布局,这种独特能力依赖于网络(基站)对其他节点分布及位置的实时感知,这种感知与传统蜂窝移动通信网地面基站有较大差异。

在理论研究层面,关于无人机通信节点布局及网络优化的研究很多,绝大部分理论数学模型有一个共性假设,就是假设地面终端(节点)位置已知,然而对于获知网络中地面节点分布及位置并没有提及。这个问题似乎易于实现,如图 4.3 所示。无人机基站 U 通过波束和信号强度感知覆盖范围内地面终端的位置,当它发现地面终端向一个特定区域聚集时,U 可以自主调整至新的区域中心,能够优化基站发射功率和改善链路质量。

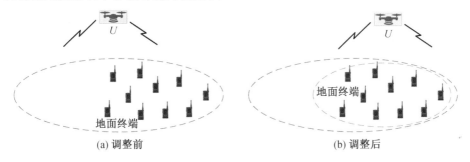

(a) 调整前　　　　　　　　　　　　　(b) 调整后

图 4.3　基站覆盖范围内位置感知驱动的基站调整

图 4.3 所展示的是一个较为简单的位置感知场景及由其驱动的无人机基站调整。实际上,一个无人机基站在部署时由于覆盖范围限制或初始位置是概略性的,很可能无法获知所有终端的位置信息,当需要多个无人机基站来覆盖更大区域和更多用户时,这个问题会进一步凸显,大量无人机基站的优化布局和定位必须依赖于先期获知用户位置及分布。此外,用户移动使得位置及分布不断变化,可能移出当前无人机基站覆盖之外,同时特定场景的信号阻塞总是会造成一些用户位置难以及时有效获取。

4.2　网络节点分布及位置感知方式

对于无人机基站,除了继承地面基站的感知能力与用途,一个独特而基本的需求是实时或近实时感知网络其他节点的位置或分布。有两种基本实现方式:一是射频信号探测,无人机基站可以基于接收信号强度(RSSI)、到达时间(TOA)、到达角度(AOA)等估算到其他节点的距离和方位,以获知具体用户位置,定位精度较为粗略;二是位置信息报告,其他节点主动报告或基于无人机基站请求报告自己的位置信息,这种方式下节点一般会预置卫星定位功能,位置精度较高,这种方式需要交互位置信息的传输通道,如利用当前业务通道和第三方通道。

无论哪种实现方式,因为初始部署时对用户分布未知,以及信号探测和位置信息交互通信范围受限,大部分情况下无人机基站都难以仅在一个随机的静态点获知完整度较高的用户分布信息。基于此,利用无人机的快速移动能力,构建巡航感知机制成为一种可行的解决方案。对于单个无人机,它需自己承担巡航感知和基站功能,而对于多无人机,它可以由全部无人机进行协作巡航感知并承担基站功能,也可以由少部分无人机承担。

4.3 面向分区域的无人机巡航感知

4.3.1 场景描述

当地面用户在区域内随机分布时,可以将用户界定在一个方形或圆形区域内,对区域进行划分,从而构建面向分区域的无人机巡航感知模式。场景如下:网络由空中的无人机节点和地面节点两部分组成。升空后的无人机节点将会对网络节点位置信息感知、共享位置信息、存储其他节点位置信息,为此构建了一个多无人机协同的分布式巡航感知模型,如图 4.4 所示。

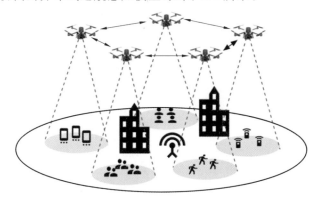

图 4.4　UAV 分布式巡航感知模型

不限定对场景条件的要求,提出一种"花瓣式"多无人机分区域巡航模型,如图 4.5 所示。在该模型中,将目的区域进行 k 等分,每个子区域由一架 UAV 进行巡航,无人机集合表示为 $K=\{1,2,\cdots,k\}$,多架无人机升空到预定高度,每架无人机对应一个折线轨迹进行巡航,然后悬停于折线的实心点处形成多无人机连通网络和共享信息。它具有以下特征:一是围绕区域中心实现对节点分布区域的全面覆盖;二是避免无人机之间的航迹冲突与碰撞;三是无人机之间能够形成的连通的网络,以共享位置感知信息;四是能够适应巡航无人机数量的变化,具有可扩展性。

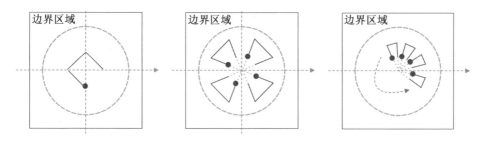

图 4.5　巡航区域水平面划分示意图

4.3.2　模型分析

本质上该模型是基于预定规则的轨迹规划,但仍有优化的空间:以区域中心尽可能向外扩展,以覆盖更大的范围,并考虑多无人机连通性和巡航时限的约束。为了使无人机之间的巡航轨迹不重合,以区域中心原点处 O 为中心将目标区域划分为 k 等份,第 1 架无人机的巡航区域为 ID_1,第 2 架无人机的巡航区域为 ID_1 逆时针方向旋转 $2\pi/k$,为 ID_2,依此类推,巡航区域划分为 $ID = \{ID_1, ID_2, \cdots, ID_k\}$,如图 4.6 所示。在空中平面第 k 个 UAV 巡航路线的点位可以用 $H_m(m=1,2,3,4)$ 来表示,UAV 巡航速度为 v,感知巡航时限为 τ_0,无人机与地面节点的最大传输距离为 r,无人机之间的最大传输距离为 R。

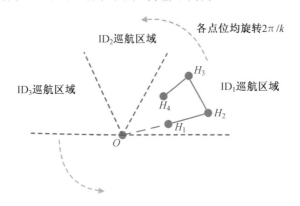

图 4.6　各区域巡航路线及点位示意

当 UAV 的巡航的轨迹如图 4.7 所示时,ID_1 区域对应的无人机在与原点 O 距离为 r 处,即 H_1 为 UAV 起航点位,沿 $\overrightarrow{OH_1}$ 方向巡航距离 x,到达 H_2,沿 $\overrightarrow{H_2H_1}$ 夹角 $(\frac{\pi}{2} - \frac{\pi}{2k})$ 顺时针方向直线巡航 $2(r+x)\sin\frac{\pi}{2k}$,到达 H_3,沿 $\overrightarrow{H_3H_2}$ 夹角 $(\frac{\pi}{2} - \frac{\pi}{2k})$ 顺时针方向直线巡航 y,到达 H_4,停止;ID_2 区域的无人机巡航定位点的位置

为ID_1相应点位置逆时针方向旋转$\dfrac{2\pi}{k}$,依此类推。设超出r的距离设为x,H_3H_4的距离设为y,x的值越大,UAV的巡航范围越大,即

$$\max x \tag{4.1}$$

s. t.

$$
\begin{cases}
2(r+x)\sin\dfrac{\pi}{2k}+x+y\leqslant v\tau_0 & \text{C1} \\[2ex]
2(r+x-y)\sin\dfrac{\pi}{k}\leqslant R & \text{C2} \\[2ex]
x\geqslant 0 & \text{C3} \\[1ex]
y\geqslant 0 & \text{C4}
\end{cases}
$$

式中,C1表示UAV巡航时限约束;C2表示在巡航后悬停位置无人机之间的连通性约束。

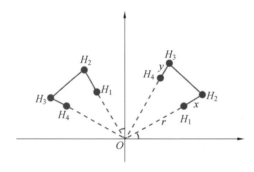

图4.7 情况1:无人机的巡航轨迹

当巡航感知的时限较短时,还可能出现图4.8所示的轨迹,ID_1区域内无人机在离区域中心(O)距离为$(r-x)$处选择一点(H_1)作为巡航起始位置,沿与$\overrightarrow{OH_1}$夹角$\left(\dfrac{\pi}{2}-\dfrac{\pi}{2k}\right)$顺时针方向直线巡航$2(r-x)\sin\dfrac{\pi}{2k}$,到达$H_2$点,沿$\overrightarrow{H_2H_1}$夹角$\left(\dfrac{\pi}{2}-\dfrac{\pi}{2k}\right)$顺时针方向直线巡航$y$,到达$H_3$点,停止;$ID_2$区域的巡航定位点的位置为$ID_1$相应点位置逆时针方向旋转$\dfrac{2\pi}{k}$,依此类推。设$H_1$到半径$r$的距离差为$x$,$H_2H_3$的距离设为$y$,$x$的值越小,UAV的巡航范围越大,即

$$\min x \tag{4.2}$$

s. t

$$\begin{cases} 2(r-x)\sin\dfrac{\pi}{2k}+y\leqslant v\tau_0 & \text{C1} \\[2mm] 2(r-x-y)\sin\dfrac{\pi}{k}\leqslant R & \text{C2} \\[2mm] x\geqslant 0 & \text{C3} \\[2mm] y\geqslant 0 & \text{C4} \end{cases}$$

式中,C1 表示 UAV 巡航时限约束;C2 表示在巡航后悬停位置无人机之间的连通性约束。

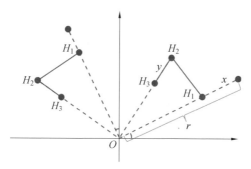

图 4.8　情况 2:无人机的巡航轨迹

对于单架无人机巡航感知,需要尽可能覆盖目的区域,其路线如图 4.9 所示。在速度 v 和时限 τ_0 的条件下,在距离原点 O 的 l 处选择 H_1 作为 UAV 的起始位置,其中 $l=\min\{\dfrac{v\tau_0}{3\sqrt{2}},r\}$。沿着 $\overrightarrow{OH_1}$ 夹角 $\dfrac{\pi}{4}$ 顺时针方向直线巡航 $\sqrt{2}l$,到达 H_2,然后沿着 $\overrightarrow{H_2O}$ 夹角 $\dfrac{\pi}{4}$ 顺时针方向直线巡航 $\sqrt{2}l$,到达 H_3,然后沿着与 $\overrightarrow{H_3O}$ 夹角 $\dfrac{\pi}{4}$ 顺时针方向直线巡航 $\sqrt{2}l$,到达 H_4 并悬停。

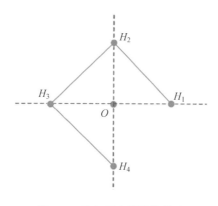

图 4.9　单架无人机巡航轨迹

通过上述预定规则和优化模型,构建了从一个到多个无人机的巡航感知方案,接下来进行仿真验证。

4.3.3 仿真验证

1.单架无人机巡航仿真

仿真验证所提出的单架无人机巡航策略,在巡航时限为 10 min,无人机飞行速度 v 为 5 m/s、10 m/s、15 m/s、20 m/s,$r=500$ m 的情况下进行巡航,无人机巡航情况如图 4.10 所示。在巡航时限为 5 min 情况下,其他仿真条件相同,无人机巡航情况如图 4.11 所示。结果表明,更长的巡航时限和更快的飞行速度可以巡航更广泛的区域,且巡航轨迹形态符合单无人机巡航的理论分析。

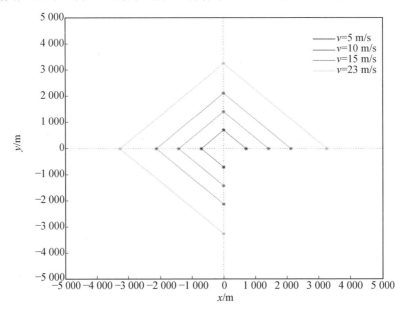

图 4.10　$\tau_0=10$ min 时 UAV 在不同飞行速度下的巡航轨迹

2.多架无人机巡航仿真

在 10 km×10 km 的目标区域,安排 6 架无人机进行巡航,参考大疆 M300 旋翼无人机的技术指标,最大飞行速度为 $v=23$ m/s,最长飞行时间为 55 min,无人机信号最大感知距离(即空地通信链路)为 r,假设滞空无人机中继通信范围为 $R=1.2×r$。

(1)评估无人机飞行速度对巡航轨迹的影响。

假设无人机的巡航最大时限为 $\tau_0=600$ s$=10$ min,无人机的感知距离 $r=500$ m,设置无人机飞行速度为 $v=[5,10,15,20]$m/s,仿真结果如图 4.12 所示。从仿真结果中可以看出,随着速度不断增加,巡航的覆盖面积不断增加,当 $v=15\ \mathrm{m/s}$ 或 $v=20\ \mathrm{m/s}$ 时,可以巡航整个区域,同时它们具有类似的巡航轨迹形状。

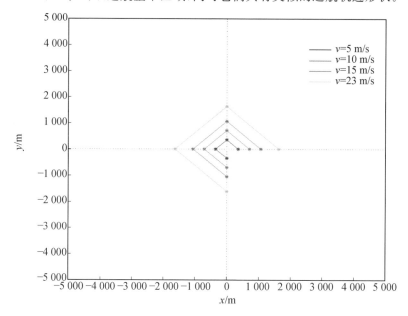

图 4.11　$\tau_0=5\ \mathrm{min}$ 时 UAV 在不同飞行速度下的巡航轨迹

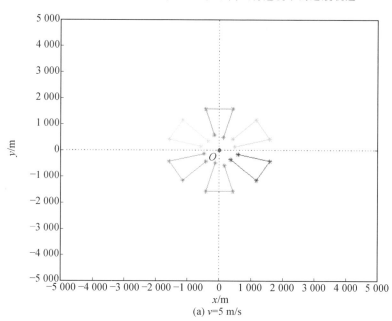

(a) $v=5\ \mathrm{m/s}$

图 4.12　无人机飞行速度对巡航轨迹的影响

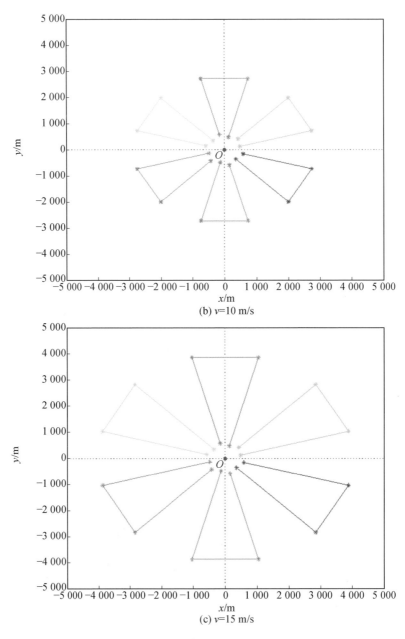

(b) v=10 m/s

(c) v=15 m/s

续图 4.12

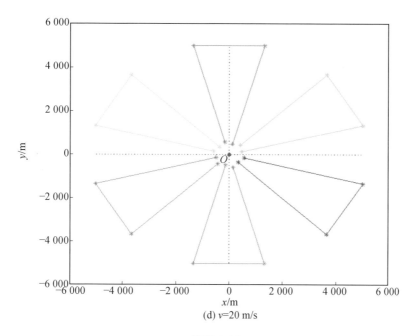

(d) v=20 m/s

续图 4.12

　　此外,当飞行速度在 10 m/s 以下,且飞行时限在 1 min 以下时,无人机的巡航轨迹符合另一种情况。例如,目标区域为 1 km×1 km,令 $r=500$ m,且 $\tau_0=50$ s,$v=9$ m/s时,无人机巡航轨迹如图 4.13 所示。

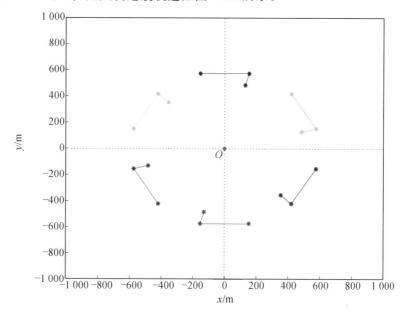

图 4.13　特殊情况的巡航轨迹示例

（2）评估无人机感知半径对巡航轨迹的影响。

为了确保无人机之间的连通性,仿真不同无人机感知半径下无人机的巡航轨迹。当无人机的飞行速度为$v=15$ m/s,飞行时限为$\tau_0=600$ s$=10$ min时,假设无人机感知半径r为100 m、300 m、500 m、1 000 m,仿真结果如图4.14所示。结果表明,随着感知半径逐渐增大,无人机的起始点离原点O越远,对边缘区域覆盖范围越广,并且它们具有类似的巡航轨迹形状。

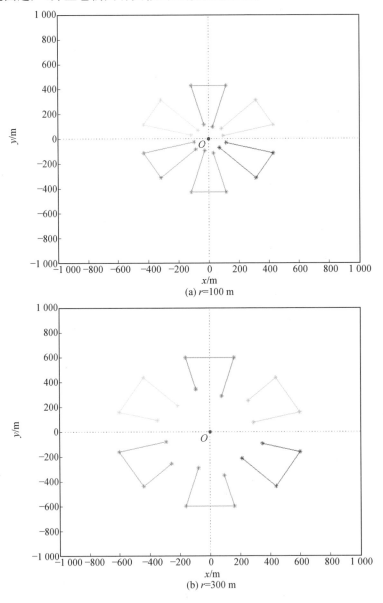

图4.14 无人机感知半径对巡航轨迹的影响

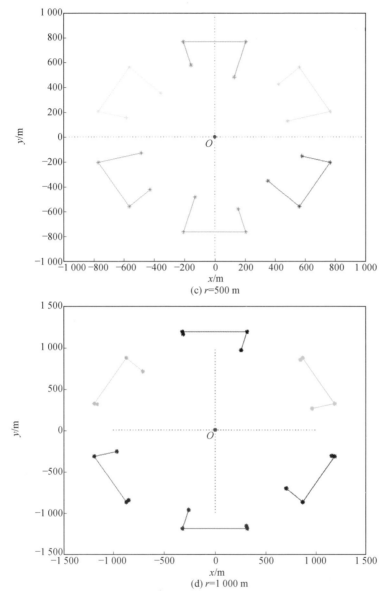

(c) r=500 m

(d) r=1 000 m

续图 4.14

　　通过上述仿真验证,可以得到三个结论:一是各种场景条件的仿真结果均符合理论分析的各种情况,具有预期的巡航轨迹;二是多节点协作感知分区明确,不存在巡航路线冲突;三是所提出的巡航感知策略具有可扩展性,可以适应无人机数量扩展,在保证能耗和平台性能各项约束的条件下,尽可能增加巡航感知区域,又能实现最终的多节点连通性,实现感知信息共享。

4.4　面向区域采样点的无人机巡航感知

4.4.1　场景与模型

面向分区域的无人机巡航可以较为完整地感知整个区域的用户分布,但是当用户呈现特定分布或分布不均匀时,为提升巡航感知的效率,可以在区域内用户聚集区域设置采样点,采样点虚拟等价为该小范围用户集中位置,无人机感知到该采样点即认为可以最大程度感知附近范围的用户,从而构建面向采样点的无人机巡航感知方式。

应用场景如图 4.15 所示,R 是地面用户分布区域,根据用户概略分布,设置了 n 个采样点,分别记为 P_1,P_2,$\cdots$,P_n,P_0 是无人机地面控制点,无人机 U 从 P_0 附近出发,沿着图中蓝色路线到达监测区域进行巡航,若与各采样点能够通信,即可感知该范围地面用户,完成对所有采样点巡航感知,返回 P_0 附近区域。需要解决的问题是,找到 U 最佳巡航路线使得所需时间最短。

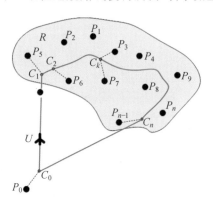

图 4.15　UAV 对区域巡航示意图

在巡航过程中,当采样点进入 U 的通信覆盖范围,即代表附近地面用户最大程度处于无人机感知范围内。U 巡航为匀速 v,区域 R 内所有采样点 P_i 的水平位置为 (a_i,b_i),$i=1,2,\cdots,n$,地面控制点 P_0 的位置为 (a_0,b_0)。

当对采样点进行编号,即编号为 P_1,P_2,$\cdots$,P_n 时,最优化的巡航路线并不一定是按照这种编号顺序进行的,而是与各采样点的位置分布相关。例如,如图 4.15 所示,U 第一个巡航的可能是 P_5。假设 P_i 是 n 个采样点中第 w_i 个巡航的点位,则 $w_1 w_2 w_3 \cdots w_n$ 代表 U 对各采样点巡航的顺序,并假设对于 $w_i=1$ 的采样点,U 对其感知的定位点位置(即感知定位点)为 C_1,$\cdots$,对于 $w_i=n$ 的采样点,感知

定位点为 C_n，则 U 的巡航路线可以表示为 $C_0 \rightarrow C_1 \rightarrow C_2 \rightarrow C_3 \rightarrow \cdots \rightarrow C_{n-1} \rightarrow C_n \rightarrow C_0$，相邻感知定位点之间沿直线移动。

对于某个 $\overline{w_1 w_2 w_3 \cdots w_n}$，它是 U 对采样点的巡航顺序，也是 $1, 2, \cdots, n$ 的一种排列方案，记所有排列方案的集合为 A，则 $\overline{w_1 w_2 w_3 \cdots w_n} \in A$，巡航时间为 T，该模型优化的目标是使得 T 耗时最短，约束条件是 U 在感知定位点时通信范围要能够覆盖对应的采样点及地面控制点，即

$$\min L = \| C_0 - C_1 \| + \sum_{i=1}^{n-1} \| C_{i+1} - C_i \| + \| C_n - C_0 \| \tag{4.3}$$

s. t.

$$\begin{cases} \overline{w_1 w_2 w_3 \cdots w_n} \in A \\ \| P_i - C_{w_i} \| \leqslant r, \quad i = 1, 2, \cdots, n \\ \| P_0 - C_0 \| \leqslant r \end{cases}$$

其中，C_0、C_1、C_2、C_3、$\cdots$、C_{n-1}、C_n 和 $\overline{w_1 w_2 w_3 \cdots w_n}$ 为变量。当采样点数量较少时，可以采用穷举搜索求解，若采样点数量增加，由于 A 作为全排列元素空间，规模很大，当 n 值较大时，变量空间呈阶乘增长，该模型求解较为复杂。

4.4.2 求解方法

下面基于遗传算法提出式（4.3）所示模型求解方法，具体流程如图 4.16 所示。

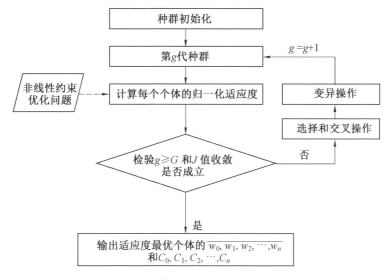

图 4.16 模型（式 4.4）的求解算法流程

（1）个体编码。

考虑编码序列 $\overline{w_1 w_2 w_3 \cdots w_n}$ 作为种群个体，个体采用自然数编码，种群个体规模为 Z。

（2）定义适应度函数。

令 $J = \min\{L = \|C_0 - C_1\| + \sum\limits_{i=1}^{n-1} \|C_{i+1} - C_i\| + \|C_n - C_0\|\}$。 对于种群中的所有个体，对应的 J 值为 $J_1, J_2, \cdots, J_Z$，并进一步得到其中的最小值 $J_{\min}$ 和最大值 $J_{\max}$，则个体的归一化适应度函数可表示为 $F_\eta = \left(\dfrac{J_{\max} - J_\eta + \alpha}{J_{\max} - J_{\min} + \alpha}\right)^\beta$，$\eta = 1, 2, \cdots,$ Z。式中，α 是一个接近于 0 的正数，如 $\alpha = 10^{-6}$，β 是一个较小的正整数，如 1、2 或 3。

（3）初始化操作。

考虑种群规模 $Z = 100$，并生成初始种群，最大进化代数为 $Z(200 \leqslant Z \leqslant 500)$。

（4）选择和交叉操作。

基于个体适应度对种群个体进行排序，在种群适应度靠前选择一部分个体，这部分个体直接进入下一代，同时基于这些选择的个体进行两两交叉操作，产生的新个体也进入下一代。以两个个体 $\overline{w_1^1 \cdots w_q^1 \cdots w_n^1}$ 和 $\overline{w_1^2 \cdots w_q^2 \cdots w_n^2}$ 为例，随机选择一个交叉基因点位（例如 q）并执行两个个体间的单点交叉操作，一个重要的约束是个体是不重复的自然数序列，如伪码 4—1 所示，可以得到新个体 I'_1 和 I'_2。

伪码 4—1：单点交叉操作
$I_1 = \overline{w_1^1 \cdots w_q^1 \cdots w_n^1}, I_2 = \overline{w_1^2 \cdots w_q^2 \cdots w_n^2}$ $I'_1 = I_1, I'_2 = I_2$ $I'_1(q:n) = I_2(q:n) + \delta, I'_2(q:n) = I_1(q:n) + \delta, 0 < \delta < 1$ 　％g 和 h 分别对应 I'_1 和 I'_2 从小往大排列的元素位置序号 $g = \mathrm{sort}(I'_1), h = \mathrm{sort}(I'_2)$ $d_{g_i} = i, f_{h_i} = i, i = 1, 2, \cdots, n$ $I'_1 = d, I'_2 = f$

（5）变异操作。

基于种群变异概率，随机选择相应数量的个体。对于每个选择的个体，随机选择一个基因位置进行变异操作，还必须保证变异后的个体是不重复的自然数序列，如伪码 4—2 所示，可以得到变异后的个体，即从 I_3 变异为 I'_3。

伪码 4－2：变异操作

$$I_3 = \overline{w_1^3 \cdots w_q^3 \cdots w_n^3}, I'_3 = I_3$$

　　% 随机分配基因位置

$$\mu = \mathrm{randi}(n, 1)$$

$$I'_3(\mu) = \mathrm{randi}(n, 1) - \varepsilon, 0 < \varepsilon < 1$$

　　% k 是 I'_3 从小往大排列的元素位置序号

　　　　$k = \mathrm{sort}(I'_3)$

$$e_{k_i} = i, i = 1, 2, \cdots, n$$

$$I'_3 = e$$

　　如果达到最大进化代数且适应度最高个体对应的 J 值收敛,计算流程终止,可以得到输出结果 $\overline{w_1 w_2 w_3 \cdots w_n}$ 和 C_0、C_1、C_2、$\cdots$、C_{n-1}、C_n,并且 $C_0 \rightarrow C_1 \rightarrow C_2 \rightarrow C_3 \rightarrow \cdots \rightarrow C_{n-1} \rightarrow C_n \rightarrow C_0$ 对应最优巡航路线。

4.4.3　仿真验证

　　下面通过仿真验证巡航路线优化方法。考虑地面终端分布在一个 50 km×50 km 的区域①,根据潜在的应用场景,在区域内标定了 24 个采样点,为测试方法的适应性这 24 个采样点随机分布,暂不考虑无人机能耗限制,地面控制点位于区域的西南角,它的位置坐标为 $(0, 0)$。无人机基站基于信息感知驱动巡航,从地面控制点附近开始移动,巡航途中须能覆盖所有采样点,即认为感知所有地面终端,最后回到地面控制点附近。假设无人机基站对地覆盖半径为 8 km,通过所提方法求解最优巡航问题。仿真求解结果如图 4.17 所示,当 J 值收敛且达到最大进化代数,算法输出 C_0,C_1,C_2,C_3,$\cdots$,C_{24} 的位置(图中蓝色小方框)和对应的无人机巡航路线(图中蓝色闭合折线),该路线对应路程和时间最短。从图中结果可以看出,巡航路线长度能够从随机的 260～280 km 优化至 120 km,极大地提高了巡航感知的效率。

　　为了验证算法的可扩展性,将覆盖区域扩大并增加采样点数量。考虑一个 80 km×80 km 的区域,随机标定 32 个采样点。基于所提方法和进化迭代,算法输出 C_0,C_1,C_2,C_3,$\cdots$,C_{32} 的位置及对应的最优巡航路线(图 4.18 中蓝色闭合折线)。结果显示将随机路线长度从 700～750 km 优化至 250～300 km,能够显

---

　　①　仅作为仿真场景评估方法性能,实际应用中无人机巡航区域可能因平台不同而存在较大差异。

著提高巡航感知效率,这些仿真结果验证了所提模型与方法的有效性。需要说明的是,实际的单个无人机基站能量难以支撑这样长路线的巡航,但是不影响所提方法的适应性。此方法需要对覆盖场景地面分布具有概略认知,以标定采样点,而面向分区域巡航感知仅需表征应用区域中心及边界信息,更易于实施,在实际实验测试中实现了面向分区域巡航感知的方法,具有较好的可行性。

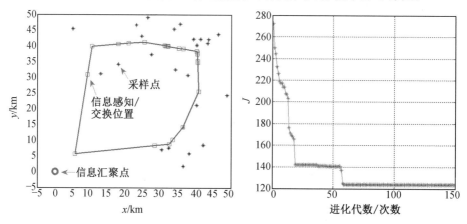

图 4.17　50 km×50 km,24 个采样点

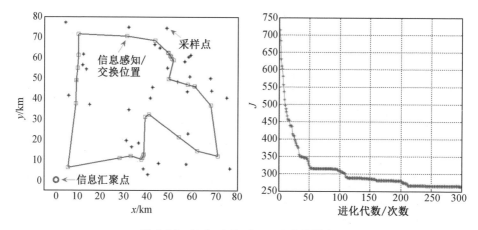

图 4.18　80 km×80 km,32 个采样点

4.4.4　多无人机巡航扩展

当区域很大及采样点数量较多时,为避免组网感知耗时过长,一般的解决方案是部署多架无人机进行协作巡航,如何优化多架无人机的巡航路径,传统的方法是对区域划分子区域,每架无人机负责一个子区域的巡航感知。以部署两个无人机巡航节点为例,如图 4.19 所示。

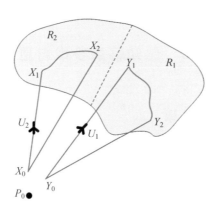

图 4.19　多无人机巡航扩展

考虑到区域过大,将其划分为区域 R_1 和 R_2,U_1 和 U_2 分别对 R_1 和 R_2 进行监测及对部署其子区域内部的信息采集节点进行信息收集,对于每个子区域对应无人机的巡航路线优化仍然可以采用上述模型与求解方法。尽管如此,采用这种方法来优化多无人机巡航路线时,面临的难点是:如何划分子区域(即划分两架无人机负责巡航的信息采集节点),以使得每个无人机巡航时间最短且相互之间接近,因为完成全部信息更新是以最长巡航无人机的时间为基准的。

假设 R_1 和 R_2 内信息采集节点部署数量分别为 n_1 和 n_2,且有 $n = n_1 + n_2$,U_1 和 U_2 与信息汇聚接收节点 P_0 的信息交互时间分别为 τ_1 和 τ_2,且有 $\tau_0 = \tau_1 + \tau_2$,则 U_1 和 U_2 对应子区域信息采集的巡航时长分别为 T_1 和 T_2。

$$T_1 = \frac{\overline{X_0 X_1} + \overparen{X_1 X_2} + \overline{X_2 X_0}}{v} + n_1 \tau + \tau_1 \tag{4.4}$$

$$T_2 = \frac{\overline{Y_0 Y_1} + \overparen{Y_1 Y_2} + \overline{Y_2 Y_0}}{v} + n_2 \tau + \tau_2 \tag{4.5}$$

式中,$\overline{X_0 X_1}$ 表示两点构成的直线路径距离;$\overparen{X_1 X_2}$ 表示两点间的巡航的曲线路径距离。此种方法的一个信息更新周期时长 T' 可表示为:

$$T' = \max\{T_1, T_2\} \tag{4.6}$$

这种方法优化的目标是 $\min T'$,该方法也可以扩展到更多无人机巡航的应用场景,它在式(4.3)基础上增加了新的变量,即各子区域包括哪些信息采集节点及对应的节点数。它也可以采用前面的遗传算法进行求解,具有多项式的计算时间复杂度。

4.5　感知信息获取与更新

4.5.1　感知信息获取

通过巡航,无人机基站最大范围与区域内地面终端交互,但是这种交互是无线传输链路层面的,离获知终端位置信息仍有差距,一般有两种方式。

(1)基于无线传输探测。

无人机平台以自身位置为基准,通过无线传输信号损耗与传播模型测算距离,再结合多天线波束成型确定方位,从而得到终端位置。也可以通过多基站计算(单基站多点计算)终端距离和多点交会得到位置结果。这种方式会对无人机基站提出要求,如配置多天线能力,这对于无人机这种受限平台提出了挑战,同时无线传播模型对于定位误差影响很大。

(2)基于无线传输信道。

在地面终端中配置定位模块,终端能够获得自身定位信息,当终端进入无人机基站通信范围,即将定位信息报告给基站,从而无人机在巡航过程中,最大范围感知所有地面终端的位置信息。这种方式定位精度高,不会对无人机提出要求,但是终端中要求集成定位能力,目前这在移动通信终端中已经是一种成熟配置并广泛使用。

第二种方式是一种易于实现且定位效果好的方案,在测试中也实现了这种方案。在此方式的基础上,还可以考虑一种扩展方式:终端中集成定位与卫星通信信道,终端直接可以将自身定位信息通过卫星信道上报到基站,这种扩展方式定位精度高且无须通过无人机巡航即可获知地面终端位置信息,但是对移动终端配置提出了较高的要求,可以作为一种备选方式。

4.5.2　感知信息更新

无人机基站的组网优化与动态调整都是以节点分布感知为前提的,因此需要基站维持对所有终端位置信息的感知,需要解决以下三个问题。

(1)感知信息更新的时机。

在基站与地面终端之间设置心跳消息,在无人机巡航、基站调整移动、地面终端随机移动等过程中,当终端进入某个无人机基站覆盖范围,它应向基站发送位置心跳消息,实现位置信息持续报告。

(2)感知信息更新的记录。

无人机基站应对所有地面终端维持一张位置信息表单,如表4.1所示。在记录信息过程中,无须保持历史记录,对各终端位置信息不是同步更新的,因此需要记录各终端最新更新时间。

表 4.1　终端位置信息表

序号	节点 ID	位置信息	更新时间	……
1	ID_1	$Location_1$	T_1	……
2	ID_2	$Location_2$	T_2	……
……	……	……	……	……

（3）感知信息的异常处置。

在网络运行过程中,不可避免地出现一些终端高频次远离基站覆盖范围,位置信息更新慢且记录时效性不高。因此,感知信息在作为组网部署与优化的依据时,应遵循三条规则:一是针对单个终端应设置时效性门限,在特定门限内的位置记录是有效的,即认为此时限内终端的位置变化不会对组网部署与优化形成实质影响;二是针对所有终端设置超时效数量门限,位置信息更新时效性超限终端数量在门限内的,仍然可以将这些位置作为参考信息,可以认为不会使组网部署与优化效果明显降级;三是位置信息更新时效性超限终端数量超出门限,应触发无人机基站巡航,重新对网络节点进行更为准确的位置感知。

本章参考文献

[1] 3GPP. Evolved universal terrestrial radio access network (E-UTRAN); Stage 2 functional specification of user equipment (UE) positioning in E-UTRAN[S/OL]. 3GPP TS 36.305 V9.5.0,2010. http://www.3gpp.org.

[2] SHI Z Y, WANG Y. User positioning by exploring MIMO measurements with particle swarm optimization [C]//2017 IEEE 28th Annual International Symposium on Personal, Indoor, and Mobile Radio Communications (PIMRC). October 8-13, 2017. Montreal, QC. IEEE, 2017:1-5.

[3] WEI Z Q, QU H Y, WANG Y, et al. Integrated sensing and communication signals toward 5G-A and 6G: A survey[J]. IEEE Internet of Things journal, 2023, 10(13): 11068-11092.

[4] LIU R Q, JIAN M N, CHEN D W, et al. Integrated sensing and communication based outdoor multi-target detection, tracking, and localization in practical 5G Networks[J]. Intelligent and converged networks, 2023, 4(3): 261-272.

第 5 章

单基站组网优化

在无人机基站组网应用中,单基站组网是基本的组网形式,本章主要从空地无线传输链路分析、节点定位、覆盖评估、调整策略等方面介绍单个无人机基站(UAV-BS)组网优化模型,这也是多无人机基站节点协作组网的基础。

5.1　单基站组网概述

对地面构建网络,如果覆盖范围较小或地面终端数量较少,通常部署单个无人机基站,这也是目前无人机基站应用较为常见的形式——单基站组网。

单基站网络易于部署,通常根据应用区域和用户分布情况,选择适合的基站空中定位点,然后将无人机基站飞行移动至该定位点即可为地面终端提供接入和通信中继。它一般有三种应用方式。

(1)单基站独立组网应用。

在应用区域构建移动通信网络,为地面终端提供通信接入和中继,由于地形阻隔,地面基站难以满足覆盖要求,因此临时部署单个无人机基站于该区域上空。该方式仅为基站覆盖范围内的终端提供通信能力,无对外互联,适合内部应急通信网络覆盖。

(2)连接核心网的单基站组网应用。

在第一种应用方式的基础上,要求无人机基站覆盖下的地面终端具备接入移动通信核心网的能力。因此,无人机基站可通过光电复合线缆连接地面控制站或通过无线回程链路连接地面接入点,再进一步由地面控制站或地面接入点引接至移动通信核心网或其他网系。根据无人机基站覆盖区域距离地面网络设施的远近,可视情况采用光缆、卫星等中继手段实现与地面网络的互联。

（3）多基站互联中的单节点升空应用。

考虑区域大小和地面用户容量,组织多基站网络,因个别区域地形复杂,实际仅使用一个无人机基站,而其他均为地面基站。由于是在多基站场景中使用无人机基站,需要合理规划无人机基站与地面基站频率使用,以避免相互干扰,同时需要在无人机基站与地面基站间配置中继链路,以实现跨基站的终端通信。

从组网便捷性看,单基站网络易于操作实现,但是离充分发挥优势和覆盖优化还有差距。一是如何确定无人机基站部署定位点。它相较地面基站一个突出优势是位置可以按需设置,这种自由度在实际组网运用中也是挑战,基站空中定位点位置影响网络覆盖范围,需根据组网需要确定部署点位,才能最大程度增强网络覆盖,因此基站节点定位是组网优化首要解决的问题。二是如何优化无人机基站功率。移动通信基站功率也是影响网络性能的一个重要因素,功率配置得越大,同等条件下通信链路传输距离越远。但是应用场景中的无人机基站通信,并不是功率越大越好,空地链路视距传播概率高,冗余的大功率会造成不必要的干扰,且无人机是能耗受限平台,应尽量优化功耗,因此应根据网络覆盖需要来优化功率配置。

5.2　无线传输链路分析

常规地面基站对终端的无线链路传输中,基站天线的极化形式、方向图会对链路覆盖形成影响。在研究基站与终端链路损耗过程中,常用两种处理方式:一是精确地融入这些因素,考虑极化匹配损耗、天线效率和方向系数对收发功率的影响;二是针对无线链路传输损耗计算,给定辐射功率,然后考虑无线空间传输损耗。与此类似,无人机基站天线的极化形式、方向图都会对链路覆盖产生影响。除此之外,空基平台天线结构设计和旋转引起的机身阴影、无人机平台扰动或移动都会影响空地链路覆盖效果,需要考虑的因素很多,这是一个还在不断研究的方向[1]。

实际上,将无人机基站与常规地面基站通信信道区分的最独特的特征包括:①由于无人机移动或悬停扰动,在非固定信道中引起的空对地和空对空传播特性随空间和时间变化;②无人机的结构设计和旋转引起的机身阴影。在无人机运行的多样化传播环境中,信道建模变得更具挑战性,从效果上看,与二维平面中固定基站的常规蜂窝通信的主要区别在于,无人机基站的移动或扰动会导致信道非平稳性加剧,从而导致覆盖和连接问题增加[2]。

针对无人机基站与地面终端间传输,考虑所有影响因素并精确构建空地信道模型面临着挑战,但是在研究领域一些主流的信道模型仍具有较高的参考价值,其中包括基于空地 LoS 和 NLoS 链路概率构建的统计信道模型[3]。

记无人机基站为 UAV-BS(U),其发射信号使用频率为 f,基站高度为 h,当地面终端与其水平路径长度为 r 时,U 对地面终端的信号传输路径距离为 $d = \sqrt{h^2 + r^2}$,地面终端对 U 的仰角为 $\theta = \arctan(h/r)$,如图 5.1 所示。

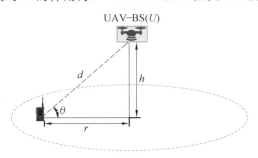

图 5.1 UAV-BS 到地面终端的无线传输

收发两端 LoS 传输概率可以表示为[3-5]:

$$P(\mathrm{LoS}, \theta) = \frac{1}{1 + a\exp(-b(\theta - a))} \tag{5.1}$$

式中,(a, b) 值根据环境而定,典型的地形环境有郊区环境(4.88,0.43)、市区环境(9.6117,0.1581)、密集市区环境(11.95,0.136)、高楼市区环境(27.23,0.08)等。不同环境下 LoS 概率与终端对基站仰角的关系如图 5.2 所示。

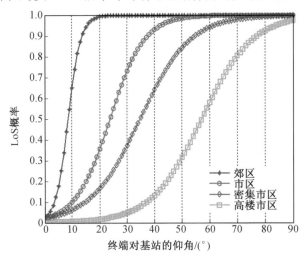

图 5.2 不同环境和仰角 LoS 概率

基于此,无人机基站发出的无线信号到达地面终端传播路径主要是 LoS 和 NLoS 两类,基站与地面终端之间建立 LoS 传输的概率是式(5.1),则 NLoS 传输概率为 $P_{\mathrm{NLoS}} = 1 - P_{\mathrm{LoS}}$。UAV-BS 与地面终端在两类传输情况下的损耗分别为:

$$L_{\mathrm{LoS}} = 20 \lg \frac{4\pi f_j d}{c} + \eta_{\mathrm{LoS}} \tag{5.2}$$

$$L_{\mathrm{NLoS}} = 20 \lg \frac{4\pi f_j d}{c} + \eta_{\mathrm{NLoS}} \tag{5.3}$$

式中,η_{LoS} 和 η_{NLoS} 分别是 LoS 传播和 NLoS 传播在自由空间传输损耗基础上的附加损耗,服从高斯分布。则 UAV-BS 与地面终端的平均传输损耗为:

$$L(h,r) = L_{\mathrm{LoS}} \times P_{\mathrm{LoS}} + L_{\mathrm{NLoS}} \times P_{\mathrm{NLoS}} \tag{5.4}$$

式中,h, r 分别是无人机基站部署的高度和水平覆盖半径。

空地链路覆盖涉及的是路径传输损耗模型,是在给定辐射功率的情况下,基于 LoS 和 NLoS 概率考虑其无线空间传输损耗,(a, b) 参数值因传播环境类型差异而有所不同,可以利用无人机基站位置和各个位置用户的信号质量来构建信号传播的态势感知图或者结合空地信道模型进行参数模式匹配,如图 5.3 所示。

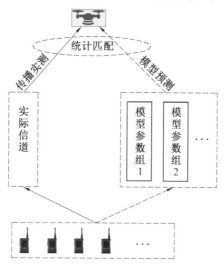

图 5.3　基于态势和实测的空地信道模型参数模式匹配

5.3　面向最大覆盖的组网优化

5.3.1　组网模型

单基站组网优化的目标是实现最大覆盖范围、最小发射功率、覆盖最多用户等,首要的是确定基站的空中定位点。记无人机基站为 UAV-BS(U),其发射信号

使用频率为 f，基站高度为 h，当地面终端与其水平路径长度为 r 时，U 对地面终端的信号传输路径距离为 $d=\sqrt{h^2+r^2}$，地面终端对 U 的仰角为 $\theta=\arctan(h/r)$，如图 5.4 所示。

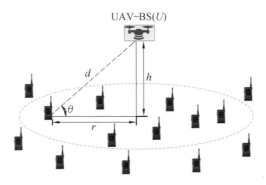

图 5.4 单基站组网覆盖示意图

令 UAV-BS 与地面终端之间信号传输损耗门限为 L_{th}，即当 $L(h,r)\leqslant L_{th}$ 时，该地面终端在 UAV-BS 的通信覆盖范围内。令 $L(h,r)=L_{th}$ 时 U 水平覆盖半径为 R，即[3]

$$L_{th}=\frac{A}{1+a\exp\left(-b(\theta-a)\right)}+20\lg\frac{R}{\cos\theta}+B \tag{5.5}$$

式中，$A=\eta_{\mathrm{LoS}}-\eta_{\mathrm{NLoS}}$；$B=20\lg\left(\frac{4\pi f}{c}\right)+\eta_{\mathrm{NLoS}}$。

为了使 U 通信覆盖范围最大，即实现 R 最大化，式(5.5)可以视为 R 关于 θ 的隐函数，令 $\frac{\partial R}{\partial\theta}=0$，可得 $\theta=\theta^{\mathrm{OPT}}$，将 θ^{OPT} 代入式(5.5)，可以得到 U 的最大覆盖半径为 R^{OPT}，则其最优高度 h^{OPT} 表示为：

$$h^{\mathrm{OPT}}=R^{\mathrm{OPT}}\tan(\theta^{\mathrm{OPT}}) \tag{5.6}$$

基于该模型可以得到组网时基站的最优高度定位。图 5.5 展示了郊区和市区环境下无人机基站覆盖半径随部署高度的变化，仿真结果也显示了最优部署高度的存在。

接下来，需要根据应用区域内地面终端分布，优化无人机基站水平部署位置，记 UAV-BS 水平的位置分别为 (x,y)。基于感知信息，无人机基站节点能够获知地面终端分布。假设地面终端 P_i 的位置为 (a_i,b_i)，$i\in S$，$S=\{1,2,\cdots,n\}$，终端 P_i 是否在 UAV-BS 覆盖范围内，用 k_i 来表示，当地面终端 P_i 在 UAV-BS 覆盖范围内，记录 $k_i=1$；当在所有 UAV-BS 覆盖范围之外，则 $k_i=0$。则覆盖最多地面终端的优化目标表示为：

$$\max \sum_{i \in S} k_i \tag{5.7}$$

s. t.

$$\begin{cases} k_i \in \{0,1\}, & \forall i \in S \\ k_i \sqrt{(x-a_i)^2 + (y-b_i)^2} \leqslant R, & \forall i \in S \end{cases}$$

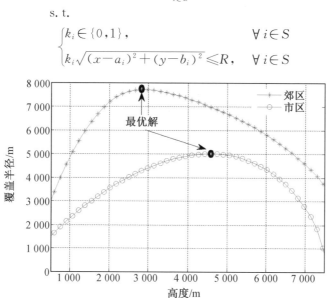

图 5.5　郊区和市区环境的理论最优高度

约束条件是在 UAV-BS 覆盖范围内的地面终端与其距离不超过其覆盖半径。基于该优化模型可以得到 UAV-BS 覆盖区域内的地面终端集合,用 S^c 表示被 U 覆盖的地面终端序号集合,即 $S^c = \{i \mid k_i = 1, \forall i \in S\}$。对 S^c 所包含的地面终端集合,必然在 UAV-BS(U)的通信半径 R 覆盖范围内,但是可能出现下列情况,如图 5.6 所示。

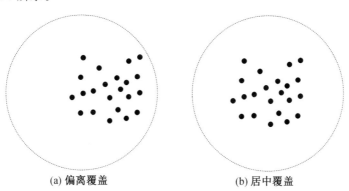

(a) 偏离覆盖　　　　　　　　　　(b) 居中覆盖

图 5.6　基站对地面终端覆盖的不同情形

一般情况下,应用场景理想的网络布局是无人机基站居中覆盖,主要优势有:一是它能够进一步实现功率优化;二是使地面终端更接近基站,获得更好信噪比;三是能够容忍边界终端更大的活动自由度。为了获得这种最佳居中覆盖,首先应获得覆盖终端的最小覆盖圆,如图 5.7 所示。

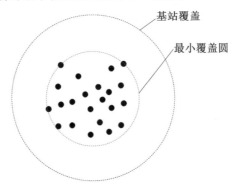

基站覆盖

最小覆盖圆

图 5.7 基站对地面终端最小覆盖圆范围示意

当无人机基站定位于图中最小覆盖圆圆心即可在水平面获得对地面终端的居中覆盖,记对地面终端集合S^c覆盖的圆形范围半径为r,则最小覆盖圆的对应模型如下:

$$\min r \tag{5.8}$$

$$\text{s.t.}$$

$$\sqrt{(x-a_i)^2+(y-b_i)^2} \leqslant r, \quad \forall i \in S^c$$

基于该模型得到的基站部署点位(x,y)为最佳水平位置。

5.3.2 求解方法

理论上应通过依次求解式(5.7)和(5.8)来获得最优解,这里提出一个快速优化解算法,首先将上述两个模型整合成一个模型如下[6]:

$$\max \sum_{i \in S} k_i \tag{5.9}$$

$$\text{s.t.}$$

$$r = \text{circle}\{P_i \mid k_i = 1\} \leqslant R, \ \forall i \in S$$

其中,circle{ * }表示地面终端位置点集{ * }的最小覆盖圆半径。平面n个终端节点的最小覆盖圆能够基于随机增量构建算法求解,其时间复杂度为$O(n)$。求解上述联合模型可以采用遗传算法框架并结合随机增量构建算法,主要流程如图 5.8 所示。

(1)个体编码。

将$k_1 k_2 k_3 \cdots k_n$一个序列编码方案作为种群的一个个体,种群规模为Z,个体编码方案为 0—1 编码序列。

(2)适应度函数。

适应度函数设计应通过迭代引导所有最小覆盖圆半径小于 R 且未被覆盖地面终端数量最少，令

$$J=\begin{cases} D+N_u+(r^2-R^2)^2, & r>R \\ N_u+r, & r\leqslant R \end{cases} \qquad (5.10)$$

式中，D 是一个大数；N_u 是未被 UAV-BS 覆盖的地面终端的数量；r 是最小覆盖圆的半径。对于种群中的所有个体，基于式(5.10)得到对应的 J 值为 $J_1,J_2,\cdots,J_Z$。进一步可以得到最小值 $J_{min}=\min\{J_1,J_2,\cdots,J_Z\}$ 和最大值 $J_{max}=\max\{J_1,J_2,\cdots,J_Z\}$，因此该种群中各个体对应的归一化适应度为：

$$F_{\eta}=\left(\frac{J_{max}-J_{\eta}+\alpha}{J_{max}-J_{min}+\alpha}\right)^{\beta},\eta=1,2,\cdots,Z \qquad (5.11)$$

式中，α 是一个接近于 0 的正数，如 $\alpha=10^{-6}$；β 是一个较小的正整数，如 $\beta=2$。

(3)初始化操作。

考虑 $Z=100$，并按照 $\overline{k_1k_2k_3\cdots k_n}$ 编码方案随机生成初始种群。并设置遗传迭代次数为 G，一般取 $100\leqslant G\leqslant 300$。

(4)选择和交叉操作。

对种群中的个体按适应度排序，一定比例(种群规模的 20%)适应度大的个体被选择，进行两步处理：一是这部分个体直接遗传至下一代；二是基于这部分个体进行两点交叉操作。如图 5.8 所示，对于两个个体 $\overline{k_1^1\cdots k_e^1\cdots k_q^1\cdots k_n^1}$ 和 $\overline{k_1^2\cdots k_e^2\cdots k_q^2\cdots k_n^2}$，随机选择两点交叉位置，如 e 和 q，通过两点交叉操作生成两个新的个体 $\overline{k_1^1\cdots k_e^2\cdots k_q^2\cdots k_n^1}$ 和 $\overline{k_1^2\cdots k_e^1\cdots k_q^1\cdots k_n^2}$ 遗传至下一代。

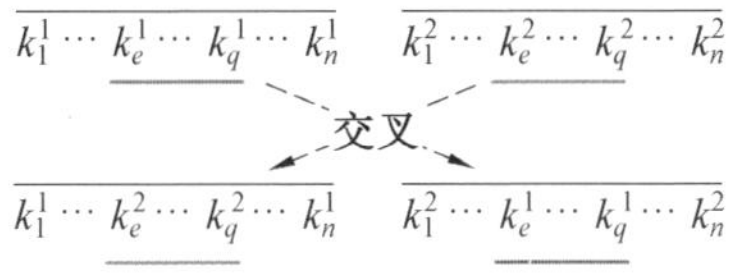

$$\overline{k_1^1\cdots\underline{k_e^1\cdots k_q^1}\cdots k_n^1} \qquad \overline{k_1^2\cdots\underline{k_e^2\cdots k_q^2}\cdots k_n^2}$$

交叉

$$\overline{k_1^1\cdots\underline{k_e^2\cdots k_q^2}\cdots k_n^1} \qquad \overline{k_1^2\cdots\underline{k_e^1\cdots k_q^1}\cdots k_n^2}$$

图 5.8　遗传算法两点交叉操作示意

(5)变异操作。

基于变异概率(5%～15%)，首先确定种群中变异个体的数量，并随机选择变异个体。对于每个需要执行变异的个体，采用随机单点基因变异方案。

如果满足最大迭代次数、适应度最高个体的 $r\leqslant R$ 且对应 J 值收敛，计算终止；否则，应持续迭代操作；若满足最大迭代次数，仍无法得到满足要求的解，应重新生成初始种群并执行遗传迭代。当满足条件输出结果后，能够得到覆盖最多终端的编码序列 $\overline{k_1k_2k_3\cdots k_n}$、UAV-BS 对地面终端的最小覆盖圆以及覆盖半径 r。使用最小覆盖圆的圆心作为 UAV-BS 的最佳水平位置 (x,y)。

接下来分析求解算法的时间复杂度。根据图 5.9 所示的求解流程，计算复

杂度主要的影响因素是遗传算法迭代次数 G、种群规模 Z 和地面终端数量 n。遗传算法找到最优解的时间复杂度不超过 $O(G \cdot Z)$，嵌入其中的最小覆盖圆求解时间复杂度为 $O(n)$。因此，所提出的整个求解算法的时间复杂度为 $O(G \cdot Z \cdot n)$。本质上求解算法的时间复杂度是问题规模变量的 3 次多项式量级。

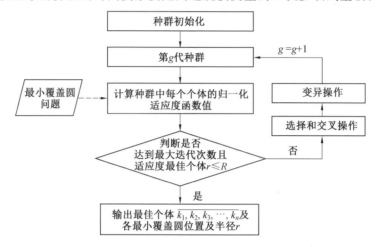

图 5.9　UAV-BS 水平定位模型求解流程

5.3.3　仿真分析

在仿真场景中，60 个地面终端分布在一个 20 km×20 km 的应用区域，如图 5.10 中"＊"所示，部署一个无人机基站和构建相应的网络覆盖，它对地面水平最大覆盖半径为 10 km。在确定基站水平点位时，基于式(5.9)可得到覆盖所有终端的最小覆盖圆(最小覆盖圆半径为 5.4 km)，将其圆心(13.883，13.834)作为基站的部署位置，即可获得理想的居中覆盖。

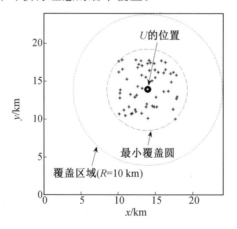

图 5.10　基站水平定位与居中覆盖

在此基础上,逐步将地面终端分布扩散,仿真结果如图 5.11(a)～(d)所示。图 5.11(a)～(b)保持基站对地面终端总体维持居中覆盖,对图 5.11(b)所示的情形来说,由于终端分布已逼近基站覆盖边缘,即图中展示的最小覆盖圆和理论最大覆盖区域已接近重合,通过组网模型,无人机基站采用居中部署才能为所有地面终端提供网络覆盖。图 5.11(c)所示的地面终端分布超出了基站的最大覆盖范围,所提组网模型和方法能够实现对终端最大程度上的网络覆盖,即覆盖尽可能多的终端。图 5.11(d)所示的用户分布具有局部聚集特征,无人机基站通过模型求解,能够定位于终端聚集最多的局部区域。图 5.12 进一步展示了该情形下覆盖终端数量随着算法迭代次数的变化,一是求解方法通过迭代在寻求覆盖最多终端数量的部署点位,二是算法求解具有较好的收敛性。仿真分析表明,组网模型及求解方法,针对各种终端分布均具有很好的水平定位效果。

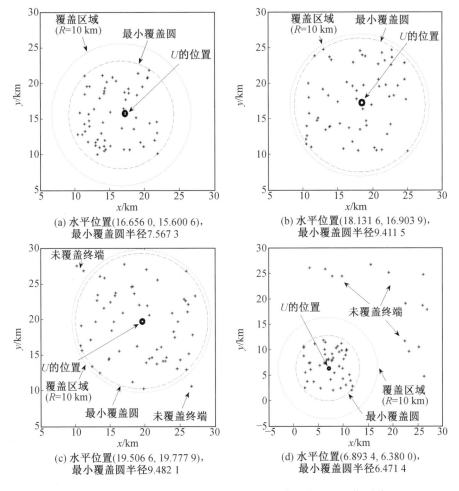

(a) 水平位置(16.656 0, 15.600 6),
　　最小覆盖圆半径7.567 3

(b) 水平位置(18.131 6, 16.903 9),
　　最小覆盖圆半径9.411 5

(c) 水平位置(19.506 6, 19.777 9),
　　最小覆盖圆半径9.482 1

(d) 水平位置(6.893 4, 6.380 0),
　　最小覆盖圆半径6.471 4

图 5.11　不同地面终端分布下无人机基站水平位置及网络覆盖

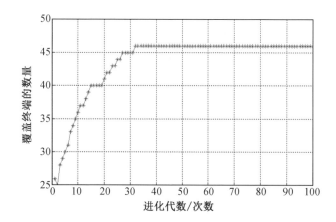

图 5.12 覆盖终端数量随算法迭代次数变化

5.4 无人机节点位置调整与功率变化

5.4.1 部署位置调整

上述组网模型从高度和水平位置两个维度对无人机基站进行了定位优化，但是组网不能局限于静态组网，应用场景中各地面终端在应用区域会动态变化，无人机基站必须适应这种变化，发挥可实时快速移动的优势，跟踪终端变化而动态调整部署点位，持续提供最大程度的网络优化覆盖。以下阐述几种典型的动态调整场景。

(1)覆盖范围内用户聚集驱动节点优化调整。

地面终端在区域内分布，无人机基站针对当前场景(片段1)地面终端分布计算得到水平点位，并部署于此。后续从分散状态向一个特定位置聚集(片段2)，该聚焦区域仍在基站覆盖范围内，基站感知到这种变化后，会计算决策新的部署点位，并驱动无人机调整，如图5.13所示。

(2)多数用户趋向性偏离驱动节点优化调整。

该情形下，无人机基站针对场景片段1地面终端分布计算得到水平点位，并部署于此。接下来，地面终端向某一方向移动，位置发生变化，甚至部分终端逐步偏离了当前网络覆盖范围，如图5.14所示，无人机基站通过感知地面终端整体移动态势，并决策调整至新的部署点位。

(3)用户分散偏离驱动节点优化调整。

该情形下，无人机基站针对场景片段1地面终端分布计算得到水平点位，后

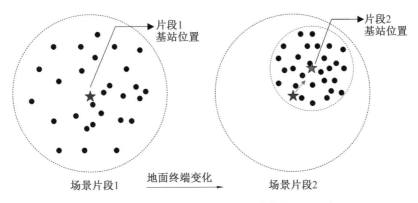

图 5.13　覆盖范围内用户聚集驱动节点优化调整示意

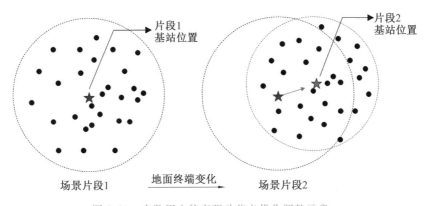

图 5.14　多数用户偏离驱动节点优化调整示意

续,由于地面终端向多方向移动,分散偏离,并超出无人机基站当前覆盖范围,无人机基站会基于场景片段 2 的终端分布状态,计算决策得到新的水平部署点位,覆盖尽可能多的地面终端,如图 5.15 所示。

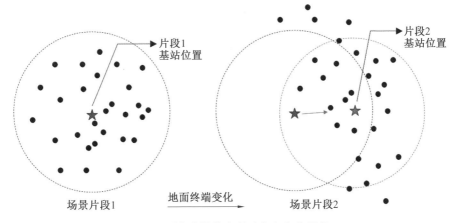

图 5.15　用户分散偏离驱动节点优化调整

上述典型场景表明,可以利用无人机基站的移动性,跟踪地面终端进行动态调整。但是,不能一有终端的微小变化就驱动基站进行调整,一是会增加网络调整的复杂性,二是会增加系统功耗,三是频繁地移动也会影响无线通信信号质量。基于此,可以采取门限触发机制,即当前无人机点位 U(是由上一次用户分布决定的)与当前用户分布决定的预想点位 U' 偏离程度(距离)与最大覆盖半径的比值 $\varepsilon = \dfrac{\|U - U'\|}{R}$,其中 $\|U - U'\|$ 表示两点间的欧氏距离,定义一个门限 ε_{th}(一般 $0 < \varepsilon_{th} < 1$)。若 $\varepsilon \geq \varepsilon_{th}$,则调整基站水平部署位置,否则不进行调整,从而避免不必要的网络控制。

5.4.2　基站功率调整及部署高度变化

(1)单基站组网调整。

在一些场景中,地面终端分布具有明显的聚集特征,且聚集区域明显小于基站最大覆盖范围。此时,无人机基站按最大通信半径(一般对应最大发射功率状态)来覆盖地面终端是没必要的。

基于式(5.9),可得到最小覆盖圆半径,这表明:可以将无人机基站部署于圆心位置,而将功率减少,理论上刚好覆盖最小覆盖圆的范围。根据前述理论分析,无人机基站覆盖半径发生了变化,不会影响 θ^{OPT},θ^{OPT} 仅与传播环境相关,但根据式(5.6),相应地,UAV-BS(U)定位高度需要进行调整,即

$$h^* = r \cdot \tan(\theta^{OPT}) \tag{5.12}$$

此时 UAV-BS(U)与地面终端之间传输损耗为 $L(h^*, r)$,令地面终端信号功率接收门限为 PR_{min},则 UAV-BS 的发射功率为:

$$PT^* = PR_{min} + L(h^*, r) \tag{5.13}$$

上述分析表明,无人机基站针对地面终端分布特征调整发射功率,覆盖半径发生变化时,其部署高度也应进行相应调整,从而维持更优的网络覆盖。

在仿真场景中,60 个地面终端分布在一个 20 km×20 km 的区域,部署一个无人机基站,假设其高度为 500 m,对地面水平最大覆盖半径为 10 km,假设地面终端由于任务需要聚集于一个小区域,考虑降低无人机基站发射功率。仿真计算表明可以在基站最大功率基础上降低近 10 dB,能够获得覆盖半径为 3.21 km,刚好覆盖区域内所有地面终端,而且没有更多的覆盖冗余,如图 5.16 所示。此时,理论上无人机基站需相应调整其部署高度,由 500 m 调整至约 160 m。

(2)多基站组网扩展。

上述功率调整方法也能扩展至一类多基站组网场景[7]:在区域内分布 n 个地面终端,因固定通信设施缺乏和通信网络保障急需,临时部署 m 个 UAV-BS,为地面终端提供通信接入和中继。由于地域较大或用户分布较广,m 个

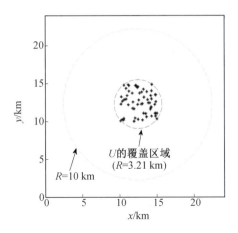

图 5.16　功率(覆盖范围)随着地面终端分布调整仿真

UAV-BS并不能保证对所有地面终端的通信覆盖,鉴于 UAV-BS 位置对通信覆盖的影响,如何对 m 个 UAV-BS 进行定位,从而使得处于通信覆盖范围的地面用户终端数最多,并且考虑 UAV-BS 降低能耗的必要性,在保证覆盖最多用户数的同时,尽可能使得每个 UAV-BS 的发射功率最小。通过理论分析可以得到 UAV-BS(U_j)的最大覆盖半径为$R_j^{\max}$,$j=1,2,\cdots,m$,则其最优高度h_j^{OPT}表示为:

$$h_j^{\mathrm{OPT}}=R_j^{\max}\tan(\theta^{\mathrm{OPT}}) \tag{5.14}$$

理论上可以得到多 UAV-BS 组网时各基站的最优高度定位,此结果并未考虑 UAV-BS 的功率优化。假设组网中 m 个 UAV-BS 的水平位置分别为 (x_j,y_j),$j=1,2,\cdots,m$,地面终端P_i的位置为(a_i,b_i),$i=1,2,\cdots,n$,终端P_i是否在 UAV-BS 覆盖范围内,用u_i来表示,当地面终端P_i在其中任何一个 UAV-BS 覆盖范围内,记录$u_i=1$;其在所有 UAV-BS 覆盖范围之外,则$u_i=0$。并且在同一个时刻,每个地面终端只接入一个 UAV-BS,为了表征终端P_i接入哪一个 UAV-BS,引入表征量k_i。如果地面终端P_i接入第 j 个 UAV-BS(此时P_i应在第 j 个 UAV-BS 的覆盖范围内),它表示为$k_i=j$;如果地面终端 P_i 不在任何 UAV-BS 的覆盖范围内,则$k_i=0$。则覆盖最多地面终端的优化目标表示为:

$$\max\sum_{i=1,2,\cdots,n}u_i \tag{5.15}$$

约束条件是在各 UAV-BS 覆盖范围内的地面终端与对应 UAV-BS 的距离不超过其覆盖半径,可以表示为:

$$\sqrt{(x_{k_i}-a_i)^2+(y_{k_i}-b_i)^2}\leqslant R_{k_i}^{\max}, \quad i=1,2,\cdots,n, \quad k_i\neq0, \tag{5.16}$$

基于该优化模型可以得到各 UAV-BS 覆盖区域内的地面终端集合,用S_j表示被 UAV-BS(U_j)覆盖的地面终端序号集合,即$S_j=\{i|k_i=j,i=1,2,\cdots,n\}$,$j=1,2,3,\cdots,m$。对于$S_j$所包含的地面终端集合,必然在 UAV-BS($U_j$)的通信半

径$R_j^{\max}$覆盖范围内,但是 UAV-BS(U_j)按最大通信半径来覆盖S_j所包含的地面终端有时候是没必要的,因此 UAV-BS(U_j)可以根据S_j所包含的地面终端的位置分布和聚集程度缩小覆盖半径(记为r_j,显然有$r_j \leqslant R_j^{\max}$),这可以减少对基站发射功率的要求,从而降低 UAV-BS 能耗。所以,接下来在维持覆盖最多地面终端的前提下,为最大程度降低基站的发射功率,应最小化各 UAV-BS 的覆盖半径,即

$$\min \{r_1, r_2, r_3, \cdots, r_m\} \tag{5.17}$$

该优化目标中各 UAV-BS 覆盖的地面终端集合没有变化,但各 UAV-BS 的覆盖半径进行了最小化调整,因此各 UAV-BS 的位置相较于式(5.15)会发生变化,其约束条件可以表示为:

$$\sqrt{(x'_j - a_i)^2 + (y'_j - b_i)^2} \leqslant r_j, \quad \forall i \in S_j, \quad j = 1, 2, 3, \cdots, m \tag{5.18}$$

式中,(x'_j, y'_j)和r_j是未知变量。通过求解可以获得 UAV-BS(U_j)的最优定位(x'_j, y'_j),$j = 1, 2, 3, \cdots, m$以及对应的覆盖半径r_j。各 UAV-BS 覆盖半径发生了变化,不会影响θ^{OPT},θ^{OPT}仅与传播环境相关,但根据式(5.14),相应地,UAV-BS(U_j)定位高度需要进行调整,即

$$h_j^* = r_j \tan(\theta^{\mathrm{OPT}}) \tag{5.19}$$

此时 UAV-BS(U_j)与地面终端之间传输损耗为$L(h_j^*, r_j)$,令地面终端信号功率接收门限为$\mathrm{PR}_{\min}$,则各 UAV-BS 的发射功率为:

$$\mathrm{PT}_j^* = \mathrm{PR}_{\min} + L(h_j^*, r_j) \tag{5.20}$$

基于上述模型,为适应用户分布可以对多基站组网功率进行调整。

基于遗传算法和随机增量构建算法对模型进行求解。用k_i表征地面终端与某个 UAV-BS 的连接关系,则对于m个 UAV-BS 和n个地面终端的连接关系可以用非负整数序列$\overline{k_1 k_2 k_3 \cdots k_n}$表示,其中$k_i \in \{0, 1, 2, \cdots, m\}$。具有相同$k_i$值($k_i \neq 0$)的地面终端被同一个 UAV-BS 覆盖,模型求解的目标是获得一个$\overline{k_1 k_2 k_3 \cdots k_n}$编码序列,使被所有 UAV-BS 覆盖的地面终端的数量最多(即$k_i \neq 0 \rightarrow u_i = 1$,使得$\sum_{i=1,2,\cdots,n} u_i$最大),同时在维持覆盖这些终端的同时,使各 UAV-BS 覆盖半径最小,从而降低 UAV-BS 功耗。因此,式(5.15)、(5.16)、(5.17)和(5.18)可以转换为一个最优化和最小覆盖圆联合模型,即

$$\max \sum_{i=1,2,\cdots,n} u_i \tag{5.21}$$

s. t.

$$r_j = \mathrm{circle}\{P_i | k_i = j, i = 1, 2, \cdots, n\} \leqslant R_j^{\max}, \quad j = 1, 2, \cdots, m$$

其中,circle$\{*\}$表示地面终端位置点集$\{*\}$的最小覆盖圆半径。

(3)仿真分析。

在仿真场景中,考虑一个 10 km×10 km 的郊区环境,区域内随机分布 100

个地面移动终端,由 3 个 UAV-BS(分别记为U_1、U_2和U_3)采用异频组网覆盖,基站发射频率工作在 2 GHz 频段,依次间隔 10 MHz,其他参数如表 5.1 所示,通过计算可以得到各基站最大覆盖半径和最优高度,如表 5.2 所示。

表 5.1　仿真场景主要参数

	UAV-BS(U_1)	UAV-BS(U_2)	UAV-BS(U_3)
部署区域大小	10 km×10 km		
地面终端数量 n	100		
传播环境及附加损耗	$a=4.88, b=0.43, \eta_{LoS}=0.1, \eta_{NLoS}=21$		
发射频率/ GHz	2.00	2.01	2.02
最大发射功率/dBm	30		
终端接收功率门限PR_{min}/dBm	-74.45		
信号传输损耗门限L_{th}/dB	104.45		

表 5.2　UAV-BS 高度定位结果

	UAV-BS(U_1)	UAV-BS(U_2)	UAV-BS(U_3)
θ^{OPT} /(°)	20.34		
最大覆盖半径为R_j^{max}/km	1.82	1.81	1.80
优化高度h_j^{OPT} /m	674.7	671.0	667.3

下面根据地面终端分布情况,验证 4 种场景下 UAV-BS 组网布局:(1)地面终端分别在 3 个较小子区域集中分布;(2)部分地面终端在 2 个较小子区域呈现集中分布,其他终端在较大范围带状分布;(3)部分地面终端在 1 个较小区域集中分布,其他终端在 2 个较大范围区域集中分布;(4)地面终端在区域内随机分布,范围较广。

在场景(1)下,针对地面终端的 3 个 UAV-BS 布局如图 5.17 所示。3 个 UAV-BS 根据用户的分布特征,能够以最小覆盖半径定位至 3 个用户集中的子区域(终端分别以不同颜色的"＊"标示)。以U_1为例,其理论上最大覆盖半径为 1.82 km(图中R_j^{max}所指向的青色虚线圆),优化高度为 674.7 m。在场景(1)下,如表 5.3 所示,基站根据用户分布水平定位至(8 043.0,8 009.8),将覆盖半径优化至 1.22 km(图中黑色虚线圆),并进一步调整高度为 452.3 m,此种情况下该基站所需发射功率为 26.5 dBm,较之最大发射功率,节省优化了 3.5 dB。与此类似,U_2和U_3同步定位至其他用户集中区域,具体结果如表 5.3 所示,其分别优化功率 5.2 dB 和 4.4 dB。可以看出,3 个 UAV-BS 基于该定位布局,能够以最小发射功率覆盖所有 100 个地面终端。场景(2)下,从用户分布和 3 个 UAV-BS 最大覆盖半径来看,3 个基站无论如何组网都无法实现对所有地面终端的通信覆盖,通过最优定位布局,U_1、U_2 和 U_3 水平位置和高度分别为(8 133.2 m,3 941.7 m,463.4 m)、(2 767.9 m,3 937.5 m,671.0 m)和(8 098.1 m,7 964.7 m,374.4 m),U_1 和 U_3 能够以最小功率覆盖 2 个用户集中的子区域所有终端,分别优化功率3.3 dB 和 5.0dB,而U_2能够在最大发射功率范围内覆盖其他区域最多地面终端,因此,3 个 UAV-BS 通过优化定位部署最多覆盖了 93 个地面终端,且基站在维持通信覆盖的同时,最大程度优化了发射功率,降低了组网能耗,具体结果如图 5.18 和表 5.4 所示。场景(3)下,用户分布分散,U_2以最小功率实现对一个用户分布相对集中的子区域所有终端的覆盖,优化功率3.2 dB,U_1 和 U_3 能够在最大发射功率范围内覆盖其他区域最多地面终端,3 个 UAV-BS 总共覆盖 81 个地面终端,如图 5.19 和表 5.5 所示。场景(4)下,用户在区域内分

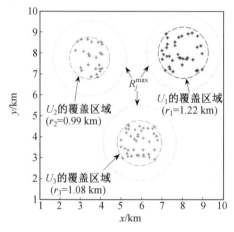

图 5.17 场景(1)的多 UAV-BS 定位水平布局

表 5.3 场景(1)的多 UAV-BS 定位结果

	UAV-BS(U_1)	UAV-BS(U_2)	UAV-BS(U_3)
功率优化后覆盖半径/km	1.22	0.99	1.08
调整优化高度/m	452.3	367.0	400.4
水平定位	(8 043.0,8 009.8)	(3 444.7, 7 739.9)	(5 904.7, 3 671.8)
实际发射功率/dBm	26.5	24.8	25.6
功率优化/dB	3.5	5.2	4.4
覆盖地面终端数量	100		

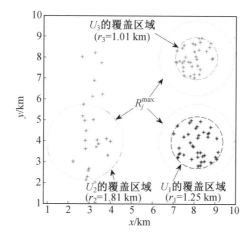

图 5.18　场景(2)的多 UAV-BS 定位水平布局

表 5.4　场景(2)的多 UAV-BS 定位结果

	UAV-BS(U_1)	UAV-BS(U_2)	UAV-BS(U_3)
功率优化后覆盖半径/km	1.25	1.81	1.01
调整优化高度/m	463.4	671.0	374.4
水平定位	(8 133.2, 3 941.7)	(2 767.9, 3 937.5)	(8 098.1, 7 964.7)
实际发射功率/dBm	26.7	30	25.0
功率优化/dB	3.3	0	5.0
覆盖地面终端数量	93		

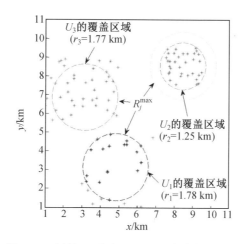

图 5.19　场景(3)的多 UAV-BS 定位水平布局

布更加分散,3个基站通过优化定位在最大发射功率范围内覆盖了最多79个地面终端,具体结果如图5.20和表5.6所示。从4种用户分布的场景验证来看,3个UAV-BS能够以优化的功率覆盖所有地面终端,当难以保证全部覆盖时,也能使得覆盖的终端数量最多且最大程度优化功率,满足各种应用场景的组网需求。

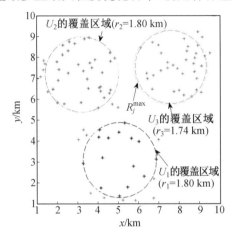

图 5.20　场景(4)的多 UAV-BS 定位水平布局

表 5.5　场景(3)的多 UAV-BS 定位结果

	UAV-BS(U_1)	UAV-BS(U_2)	UAV-BS(U_3)
功率优化后覆盖半径/km	1.78	1.25	1.77
调整优化高度/m	659.9	463.4	656.1
水平定位	(4 828.0, 3 147.9)	(8 467.0, 8 517.8)	(3 157.6, 6 852.4)
实际发射功率/dBm	29.8	26.8	29.9
功率优化/dB	0.2	3.2	0.1
覆盖地面终端数量	81		

表 5.6　场景(4)的多 UAV-BS 定位结果

	UAV-BS(U_1)	UAV-BS(U_2)	UAV-BS(U_3)
功率优化后覆盖半径/km	1.80	1.80	1.74
调整优化高度/m	667.3	667.3	645.0
水平定位	(5 057.4, 3 090.7)	(3 207.5, 7 197.1)	(7 568.2, 7 545.1)

续表 5.6

	UAV-BS(U_1)	UAV-BS(U_2)	UAV-BS(U_3)
实际发射功率/dBm	29.9	29.95	29.7
功率优化/dB	0.1	0.05	0.3
覆盖地面终端数量	79		

5.5　组网模型面向实际应用的问题分析

1. 传输模型的实测差距

理论分析中,利用传输模型计算与实际应用场景实测的结果存在偏差,有时甚至是较大的差距,在进行无人机空空和空地通信实测中,也证实了理论与实际存在偏差。尽管如此,理论分析仍具有重要意义,它为确定组网架构、基本性能和应用模式提供理论支撑。除了深化理论研究来进一步降低理论与实际偏差,在传输模型实际应用中,提出三种解决策略:一是在无线传输链路分析中留足余量,从而使得组网模型具有可行性;二是将理论计算结果作为初始参考值,在确定部署高度时,理论最优高度与无人机实际最高升限取较小值,在此范围内,无人机通过升高过程中高度调整,以最远用户的信噪比为参考,确定部署点位;三是提出参数迭代方法,通过理论模型得到最大覆盖半径,在网络运行过程中,基于位置分布感知实测覆盖半径数据,对理论数据进行迭代,可适应不同传播环境进行自动调整。

2. 系留无人机基站面向组网优化的局限性

组网模型以非系留无人机基站为参考,同样适用于系留无人机基站组网,但在一些应用场景中,系留无人机由于受限于系留线缆长度,部分最优部署点位可能是不可达的。针对这种差别,主要处置策略如下:一是当地形条件允许时,应将系留基站移动到目标位置(即组网模型确定的最优点位);二是当地形条件不允许时,或存在时间限制,应将系留基站尽量靠近目标位置部署;三是在系留线缆最大长度和最小倾角限制内,进行小范围调整。

3. 组网上下行链路的差异性

无人机基站构建接入网络,其覆盖范围是由上行(地面终端到无人机基站)和下行(无人机基站到地面终端)链路通信距离较小的一方所决定,所以要考虑上下行链路平衡。在理论上,上下行链路的分析计算是相类似的,主要不同是发射功率、天线配置及增益、接收灵敏度等一些无线链路参数存在少许差异。因此,在理论研究过程中,可以对一条链路进行分析,然后考虑差异化因素。在分析基站覆盖范围时,通常以下行链路为基准分析。为了保证上下链路平衡,应留有链路预算余量,这样在建立下行链路的同时,上行链路也在接收范围内,从而确保上下行双向通信都是可行的。

4.无人机基站与地面基站共存部署

同一区域内无人机基站与地面基站共存组网的一个核心问题是频率分配使用。无人机由于视距传播条件相对较好,若多基站同频组网则相互间干扰影响较之传统地面基站更加明显,同时无人机基站是动态的,部署点位可以实时调整,意味着它的同频干扰影响范围也会随之变化。因此,尽管理论上可以提出空地异构基站同频组网,但是实际移动应用场景中,为避免系统内部干扰影响网络性能,确保网络可用,应尽可能将无人机基站与地面基站用频分开。此外,当空地异构基站组网时,需要考虑基站之间的连通性和配置中继链路,从而使得无人机基站的信息能够与地面网络进行交换。

本章参考文献

［1］ KHUWAJA A A，CHEN Y F，ZHAO N，et al. A survey of channel modeling for UAV communications［J］. IEEE communications surveys & tutorials，2018，20(4)：2804-2821.

［2］ BANAGAR M，DHILLON H S，MOLISCH A F. Impact of UAV wobbling on the air-to-ground wireless channel［J］. IEEE transactions on vehicular technology，2020，69(11)：14025-14030.

［3］ AL-HOURANI A，KANDEEPAN S，LARDNER S. Optimal LAP altitude for maximum coverage［J］. IEEE wireless communications letters，2014，3(6)：569-572.

［4］ BOR-YALINIZ R I，EL-KEYI A，YANIKOMEROGLU H. Efficient 3-D placement of an aerial base station in next generation cellular networks ［C］//2016 IEEE International Conference on Communications (ICC). May 22-27，2016. Kuala Lumpur，Malaysia. IEEE，2016：1-5.

［5］ BOR-YALINIZ I，EL-KEYI A，YANIKOMEROGLU H. Spatial configuration of agile wireless networks with drone-BSs and user-in-the-loop［J］. IEEE transactions on wireless communications，2019，18(2)：

753-768.

[6] HU Y Z，ZHANG F B，TIAN T，et al. Placement optimization of unmanned aerial vehicle base stations for maximal coverage［C］//2021 IEEE 21st International Conference on Communication Technology (ICCT). October 13-16，2021. Tianjin，China. IEEE，2021：669-684.

[7] 胡焰智，章锋斌，田田，等. 面向用户最大覆盖的多空中基站布局方法[J]. 系统工程与电子技术，2023，45(2)：580-588.

第6章

多基站同频组网优化

在单基站组网的基础上,本章主要针对多基站同频组网进行研究,首先考虑同频干扰和骨干网连通性,提出两类多 UAV-BS 组网模型,其次采用遗传算法对两种组网模型进行了求解、仿真和评估分析,最后针对多基站组网的实际应用探讨了动态调整策略相关问题。

6.1　多基站同频组网概述

在应用地域,如果覆盖范围较大或地面终端数量较多,单个无人机基站难以实现预期覆盖,此时需要部署多个无人机基站,实现多基站协作组网。多基站协作组网较之单基站组网,网络部署的复杂性明显增加,它需要根据应用区域和用户分布情况,优选多个空中定位点,然后将无人机基站飞行移动至空中定位点为地面终端提供接入和通信中继。首先界定两种应用情况:一是配置多个无人机基站,但是数量有限,可能难以覆盖所有区域或地面用户,需要考虑如何部署以实现覆盖最大化;二是配置多个无人机基站,相对于覆盖需求,具有足够的资源,为减少构网成本和资源占用,应部署最小数量(代价)无人机基站,实现对所有区域或地面用户的覆盖。

无论是哪一种应用情况,与单基站组网显著不同的是,多基站组网需要考虑基站节点间的频率协调使用和中继链路。其中,实际应用场景中一个具有挑战性的问题是[1]:如何优化多 UAV-BS 对地面用户的网络覆盖,且通过自组网实现骨干网的连通,这对于快速构建较大规模的应急通信网络具有重要意义。

因此,针对多 UAV-BS 组网的相关研究,仍然需要进一步改进或探索:一是假设基站节点使用正交信道资源[2]，但存在大量正交信道的要求可能会使得多 UAV-BS 组网面临频谱资源紧张的问题，因此考虑组网中采用频谱共享方案且分析同频干扰是非常必要的；二是未考虑 UAV-BS 之间中继链路或仅以卫星信道作为中继链路，忽略 UAV-BS 部署位置对于骨干网连通性的影响，会限制组网的灵活性，以自组织网络实现连通的骨干网是一种可供选择的替代方案。本部分主要工作如下。

（1）提出多 UAV-BS 部署的 Max-Cover 模型。

基于给定数量的 UAV-BS，考虑 UAV-BS 间以自组网方式形成连通骨干网，以及同频组网干扰，构建相应的非线性约束优化模型，覆盖尽可能多的地面用户。通过引入模型变量间的映射关系和罚函数，将所提模型进一步转化为无约束的 0－1 非线性规划模型，为直接对模型求解建立基础。

（2）提出多 UAV-BS 部署的 Min-Num 模型。

考虑 UAV-BS 间骨干网连通和同频干扰，在上一个模型基础上调整，构建对应的非线性约束优化模型，实现部署数量尽可能少的 UAV-BS 覆盖所有地面终端。设计了网格化的位置体系，基于此提出 Initial_Num 快速算法，能够获得覆盖所有地面终端的 UAV-BS 数量参考值。

（3）基于遗传算法设计 Max-Cover 模型和 Min-Num 模型求解方法。

根据模型变量间的映射有关系（SEC model 或 LDS model）和是否引入初始种群优化策略（IPOS），发展了 Max-Cover 模型的 4 种求解策略，并通过仿真评估确定了最优求解策略。基于提出的 Initial_Num 快速算法得到 UAV-BS 数量初始值，采用与 Max-Cover 模型相同算法并结合小范围搜索，最终得到 Min-Num 模型的优化解。在多场景条件下进行仿真评估，验证所提模型及算法能够优化 UAV-BS 部署，以增强网络覆盖且具有较好的适应性。

6.2　多 UAV-BS 部署的 Max-Cover 模型

6.2.1　问题描述

考虑一个典型的应用场景，如图 6.1 所示。多个地面移动终端分布在一个缺乏固定通信设施的区域，紧急部署多个无人机基站构建一个临时性的区域通信网络，为终端用户提供网络覆盖和无线接入。此外，基站节点间配置额外的中继链路，支持基站间形成一个连通性的自组织骨干网络以实现跨基站的终端通联。由于区域较大且资源受限，可能难以覆盖所有地面终端。组网部署的目标是优化给定数量的基站部署，同时考虑骨干网的连通性和基站共享频谱带来的同频干扰,以覆盖尽可能多的地面终端。

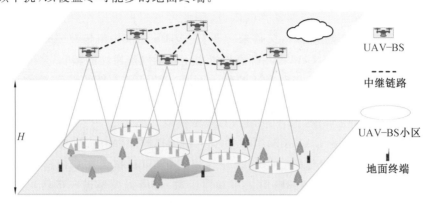

图 6.1 多基站节点组网示意

不失一般性,考虑以下假设。

①所在基站节点部署定位于相同高度 H,具有相同的最大覆盖半径 r。值得一提的是,基于空地传输模型可以从理论上推导出最优高度 h_{OPT} 和最大覆盖半径 $R_{\max}$,可以作为初始参考。

②采用同频组网,即所有基站节点采用相同的频率 f,需要考虑基站间同频干扰的影响。

③在组网运用理论分析时,仅考虑下行链路,每个基站节点对地面终端的最大发射功率为 P_t,终端接收的信干噪比(SINR)门限为 γ_{th}。

④基站节点间中继链路是 LoS 传输,最大通信距离为 R。

6.2.2　传播模型

从 UAV-BS 到地面终端(GT)的无线信号传播路径被认为是空地传输信道,LoS 和 NLoS 传输发生的概率是随机的,UAV-BS 与地面终端的平均传输损耗为[3-5]:

$$L=\left(20\lg\frac{4\pi fd}{c}+\eta_{\text{LoS}}\right)\times P_{\text{LoS}}+\left(20\lg\frac{4\pi fd}{c}+\eta_{\text{NLoS}}\right)\times P_{\text{NLoS}} \tag{6.1}$$

其中,UAV-BS 与地面终端之间建立 LoS 传输的概率 $P_{\text{LoS}}=\dfrac{1}{1+a\exp\left(-b\left(\frac{180}{\pi}\theta-a\right)\right)}$,$a$ 和 b 是由传播环境决定的常数,θ 为地面终端对 UAV-BS 的仰角,NLoS 传播的概率 $P_{\text{NLoS}}=1-P_{\text{LoS}}$,$d$ 是 UAV-BS 与地面终端的空间距离,c 是光的速度,η_{LoS} 和 η_{NLoS} 分别是 LoS 传播和 NLoS 传播在自由空间传输损耗基础上的附加损耗,服从高斯分布。基于 LoS 和 NLoS 的统计传输损耗模型,可以得到 UAV-BS 水平最大覆盖半径为 $R_{\max}$ 和最优高度 h_{OPT}。

6.2.3 形式化建模

UAV-BS$_i$ 的位置 $U_i = (x_i, y_i, H)$, $i = 1, 2, \cdots, m$, 许多地面终端(GT)在二维区域内随机分布, GT 位置 $P_j = (a_j, b_j)$, $j = 1, 2, \cdots, n$, 则 GT$_j$ 到 UAV-BS$_i$ 的水平距离为 $d(U_i, P_j) = \|U_i - P_j\| = \sqrt{(x_i - a_j)^2 + (y_i - b_j)^2}$。UAV-BS$_i$ 间骨干网是否是连通由节点位置集合 $\{U_1, U_2, \cdots, U_m\}$ 和中继链路传输距离 R 决定, 若是连通网络, 则记为 $F(U_1, U_2, \cdots, U_m, R) = 1$, 若是非连通网络, 则记为 $F(U_1, U_2, \cdots, U_m, R) = 0$。一个 GT 最多接入一个 UAV-BS, 当终端 GT$_j$ 接入 UAV-BS$_i$ 时, 记 $u_{ij} = 1$, 否则 $u_{ij} = 0$, 优化的目标是覆盖 GT 数量最多, 则 Max-Cover 模型可以表示为:

$$\max \sum_{i=1}^{m} \sum_{j=1}^{n} u_{ij} \tag{6.2}$$

s. t.

$$u_{ij} \in \{0, 1\}, \quad i = 1, 2, \cdots, m, \quad j = 1, 2, \cdots, n \tag{6.2.a}$$

$$\sum_{i=1}^{m} u_{ij} \leqslant 1, \quad j = 1, 2, \cdots, n \tag{6.2.b}$$

$$u_{ij} \cdot d(U_i, P_j) \leqslant r, \quad i = 1, 2, \cdots, m, \quad j = 1, 2, \cdots, n \tag{6.2.c}$$

$$p_i \leqslant p_{\max}, \quad i = 1, 2, \cdots, m \tag{6.2.d}$$

$$\frac{u_{ij} p_i g_{i,j}}{\sum_{i=1}^{m} (1 - u_{ij}) p_i g_{i,j} + \sigma^2} \geqslant u_{ij} * \gamma_{\mathrm{th}}, \quad j = 1, 2, \cdots, n \tag{6.2.e}$$

$$F(U_1, U_2, \cdots, U_m, R) = 1 \tag{6.2.f}$$

其中, 约束(6.2.a)表示 GT$_j$ 是否接入 UAV-BS$_i$; 约束(6.2.b)表示每个 GT 最多接入一个 UAV-BS; 约束(6.2.c)表示若 UAV-BS$_i$ 为 GT$_j$ 提供接入, 则两者之间的距离小于最大覆盖半径 r; 约束(6.2.d)表示每个 UAV-BS 最大发射功率为 $p_{\max}$; 约束(6.2.e)中 p_i 和 $g_{i,j}$ 分别为 UAV-BS$_i$ 的发射功率和它到 GT$_j$ 的传输增益, 表示被 UAV-BS$_i$ 有效覆盖的 GT$_j$ 应满足其他 UAV-BS 同频干扰和噪声的要求(即信干噪比门限 γ_{th}); 约束(6.2.f)表示所有 UAV-BS 构成的连通骨干网络。

分析可知, 式(6.2)的求解是 NP 难的。为了便于求解, 对式(6.2)进行一个弱化的变换。式(6.2)若存在最优解为 $\{u^{\mathrm{opt}}, U^{\mathrm{opt}}\}$, 其中 $u^{\mathrm{opt}} = \{u_{11}, u_{12}, \cdots, u_{1m}, u_{21}, u_{22}, \cdots, u_{2m}, \cdots, u_{n1}, u_{n2}, \cdots, u_{nm}\}$ 和 $U^{\mathrm{opt}} = \{U_1^{\mathrm{opt}}, U_2^{\mathrm{opt}}, \cdots, U_m^{\mathrm{opt}}\}$。对于 UAV-BS$_i$, 它的最优位置为 U_i^{opt}, 它所接入的 GT 位置集合为 $C_i = \{P_j \mid u_{ij} = 1, j = 1, 2, \cdots, n\}$, UAV-BS$_i$ 的位置应能覆盖 C_i 内的所有 GT。尝试建立起 C_i 与 U_i^{opt} 的关系, 即 $C_i \xrightarrow{g} U_i^{\mathrm{opt}}$, 表示为:

$$U_i^{\mathrm{opt}} = g(C_i) \tag{6.3}$$

对于映射关系 g，设计两种典型的关系模型：最小覆盖圆模型和距离平方和最小模型。

(1)最小覆盖圆模型。

假设覆盖 C_i 内所有 GT 的最小覆盖圆圆心位置为 O_i，半径为 r_i，可以得到以下结论。

结论 1：若 $r_i = r$，则 $U_i^{\mathrm{opt}} = O_i$。因为 $r_i = r$，说明仅最小覆盖圆能够覆盖 C_i 内的所有 GT，能够覆盖 C_i 内所有 GT 的 UAV-BS$_i$ 位置是唯一的，为最小覆盖圆圆心。

结论 2：若 $r_i \leqslant r$，则当 UAV-BS$_i$ 定位于 O_i 时，它能够以最小发射功率覆盖 C_i 内所有 GT。因为 UAV-BS$_i$ 在位置 O_i 能够以最小半径覆盖 C_i 内所有 GT，在同等条件下需要的发射功率必然最小。

因此，可以对式(6.2)进行一个弱化的假设，将每个 UAV-BS 的部署位置确定为接入它的所有地面终端的最小覆盖圆中心点位置，即 $U_i^{\mathrm{opt}} \approx O_i$，$i=1$，$2,\cdots,m$，其中 GT 位置集合 C_i 的最小覆盖圆圆心记为 $O_i = \mathrm{Circle}(C_i)$。若集合 C_i 中元素个数为 $cn_i = \mathrm{length}(C_i)$，则通过随机增量算法求解最小覆盖圆的时间复杂度为 $O(cn_i)$。

(2)距离平方和最小模型。

在二维平面内，假设到集合 C_i 内所有 GT 位置的距离平方和最小的点为 V_i，即 V_i 的位置为 C_i 内所有 GT 位置的均值，则 $V_i = \left(\dfrac{1}{\mathrm{length}(C_i)} \sum\limits_{P_j \in C_i} a_j, \dfrac{1}{\mathrm{length}(C_i)} \sum\limits_{P_j \in C_i} b_j \right)$。那么，对式(6.2)弱化的假设就是将 V_i 作为 U_i^{opt} 的位置，即 $U_i^{\mathrm{opt}} \approx V_i$，$i=1,2,\cdots,m$。

基于式(6.3)构建的关系模型，可以实现变量 u_{ij} 对变量 U_i 的映射，式(6.2)仅需要求解变量 u_{ij}，$i=1,2,\cdots,m$，$j=1,2,\cdots,n$，可以将其编排成一个序列。因此，假设式(6.2)存在解序列 $\overline{u_{11}u_{12}\cdots u_{1m}u_{21}u_{22}\cdots u_{2m}\cdots u_{n1}u_{n2}\cdots u_{nm}}$，该序列同时满足约束(6.2.a)和(6.2.b)。

下面对式(6.2)的目标函数及其他约束条件进行重新评估。当考虑映射关系"$g = \mathrm{SEC\ model}$"时，即对于序列 $u_{11}u_{12}\cdots u_{1m}u_{21}u_{22}\cdots u_{2m}\cdots u_{n1}u_{n2}\cdots u_{nm}$，对应 m 个最小覆盖圆的圆心位置为 $(O_1,O_2,\cdots,O_m)$，将它们作为 m 个 UAV-BS 的部署位置。根据这些 UAV-BS 部署，可以对式(6.2)目标函数所表征的覆盖 GT 数量进行变换表示。必须注意到：多 UAV-BS 网络能否有效覆盖 GT$_j$，应保证其位置 P_j 在 UAV-BS 覆盖半径内且满足 SINR 门限要求，以及 UAV-BS 最大功率约束，即满足约束(6.2.c)、(6.2.d)和(6.2.e)，则有效覆盖 GT 总数量可以表示为：

$$\sum_{j=1,2,\cdots,n} G(O_1,O_2,\cdots,O_m,P_j) \tag{6.4}$$

$$\mathrm{s.\,t.}\ (6.2.c) \wedge (6.2.d) \wedge (6.2.e)$$

最后对式(6.2)及约束(6.2.f)进行量化表示。将多 UAV-BS 之间构成的骨干网络建模为图 $G(E,V)$。其中,V 是所有 UAV-BS 位置构成的顶点集合,且有 $V=\{U_i \mid i=1,2,\cdots,m\}$,$E=\{e_{kw} \mid d(U_k,U_w)\leqslant R, k,w=1,2,\cdots,m, k\neq w\}$,$d(U_k,U_w)=\|U_k-U_w\|=\sqrt{(x_k-x_w)^2+(y_k-y_w)^2}$。可以得到 $G(E,V)$ 的邻接矩阵 $\boldsymbol{A}_{m\times m}$,即若 $d(U_k,U_w)\leqslant R$,则 $\boldsymbol{A}_{k,w}=1$。记矩阵 $\boldsymbol{B}=\sum_{\xi=1}^{m-1}A^\xi$,若 $\boldsymbol{B}$ 中元素全部为非零元素,则 $G(E,V)$ 是连通图。反之,若 $\boldsymbol{B}$ 中存在零元素,则 $G(E,V)$ 为非连通图。根据上述连通性判断规则,为了支持模型后续的启发式算法求解,设计了一个引导迭代寻优的条件。

①当无线中继链路传输距离为 R 时,UAV-BS 部署位置能构成连通骨干网,即 $F(U_1,U_2,\cdots,U_m,R)=1$ 成立。

②若无线中继链路传输距离为 R 时,UAV-BS 部署位置不能构成连通骨干网,假设需要传输距离至少达到 $R'(R'\geqslant R)$ 时才能使骨干网连通,则 $F(U_1,U_2,\cdots,U_m,R')=1$。

③R' 越接近于 R,表明 UAV-BS 部署位置构成的骨干网越逼近连通状态,将 R' 向下趋近 R 的程度表示为函数 $\Gamma(R',R)$,且 $\Gamma(R',R)\geqslant 0$,随着 R' 向下趋近 R,$\Gamma(R',R)$ 值下降,将骨干网连通表示为 $\Gamma(R',R)=0$。

基于上述分析,模型(6.2)转换为以下模型:

$$\min n - \sum_{j=1,2,\cdots,n} G(O_1,O_2,\cdots,O_m,P_j) \tag{6.5}$$
$$\text{s.t.}(6.2.c)\wedge(6.2.d)\wedge(6.2.e)$$
$$\text{s.t.}$$
$$\Gamma(R',R)=0$$

式(6.5)的待求变量是序列 $u_{11}u_{12}\cdots u_{1m}u_{21}u_{22}\cdots u_{2m}\cdots u_{n1}u_{n2}\cdots u_{nm}$,同时该序列应满足约束(6.2.b)的 0—1 序列。式(6.5)适合采用遗传算法进行求解,首先要将其转换为无约束优化模型,引入罚函数

$$p_k(u_{11}u_{12}\cdots u_{1m}u_{21}u_{22}\cdots u_{2m}\cdots u_{n1}u_{n2}\cdots u_{nm})=N[\Gamma(R',R)]^k \tag{6.6}$$

式中,$N>0$,$k>0$ 为控制参数,通常可设置 $k=2$,则相应的无约束优化模型为:

$$\min n - \sum_{j=1,2,\cdots,n} G(O_1,O_2,\cdots,O_m,P_j) + N[\Gamma(R',R)]^k$$
$$\text{s.t.}(6.2.c)\wedge(6.2.d)\wedge(6.2.e)$$

$$\tag{6.7.a}$$

同理,当考虑映射关系"$g=\text{LDS model}$"时,则相应的无约束优化模型为:

$$\min n - \sum_{j=1,2,\cdots,n} G(V_1,V_2,\cdots,V_m,P_j) + N[\Gamma(R',R)]^k$$
$$\text{s.t.}(6.2.c)\wedge(6.2.d)\wedge(6.2.e)$$

$$\tag{6.7.b}$$

6.2.4　求解算法

下面采用遗传算法对式(6.7.a)和(6.7.b)进行求解,它们有相同的流程。

(1)个体编码。

将待求变量序列 $\overline{u_{11}u_{12}\cdots u_{1m}u_{21}u_{22}\cdots u_{2m}\cdots u_{n1}u_{n2}\cdots u_{nm}}$ 一个编码方案作为种群的一个个体,种群规模为 Z,个体编码方案为 $0-1$ 序列,该编码序列须满足约束(6.2.b),伪码 $6-1$ 如下:

算法伪码 $6-1$:输出种群
Input:地面终端数量 n,UAV-BS 数量 m,种群规模 Z
1. 根据种群规模循环生成个体
for $i=1:Z$
　2. 每个个体分成 n 段生成
　for $j=1:n$
　　3. 个体中第 j 段有 m 个 bit 位,最多随机选择一位设置为 1
　unit$_j=$zeros$(1,m)$,index$=$randi$(m+1)-1$
　if (index! $=0$) unit$_j$(index)$=1$
　　4. 将个体生成的每段都串接起来
　unit$=$unit $\bigcup$ unit$_j$
　end
　5. 将生成的个体存储到 population
end
Output:population

---

(2)适应度函数。

适应度函数设计应通过迭代引导式(6.7.a)目标函数值最小,令

$$J=n-\sum_{j=1,2,\cdots,n}G(O_1,O_2,\cdots,O_m,P_j)+N[\Gamma(R',R)]^k \quad (6.8.a)$$
$$\text{s. t. (6.2.c)} \wedge \text{(6.2.e)}$$

对于式(6.7.b),类似有

$$J=n-\sum_{j=1,2,\cdots,n}G(V_1,V_2,\cdots,V_m,P_j)+N[\Gamma(R',R)]^k \quad (6.8.b)$$
$$\text{s. t. (6.2.c)} \wedge \text{(6.2.e)}$$

对于种群中的所有个体,基于式(6.8)得到对应的 J 值为 $J_1,J_2,\cdots,J_Z$。进一步可以得到最小值 $J_{\min}=\min\{J_1,J_2,\cdots,J_Z\}$ 和最大值 $J_{\max}=\max\{J_1,J_2,\cdots,J_Z\}$,因此该种群中各个体对应的归一化适应度为:

$$F_\eta = \left(\frac{J_{\max} - J_\eta + \alpha}{J_{\max} - J_{\min} + \alpha} \right)^\beta, \quad \eta = 1, 2, \cdots, Z \tag{6.9}$$

式中,α 是一个接近于 0 的正数,如 $\alpha = 10^{-6}$;β 是一个较小的正整数,如 $\beta = 2$。下面对式(6.9)中的部分计算以伪码 6−2 进行说明。

算法伪码 6−2:计算 $\displaystyle\sum_{\substack{j=1,2,\cdots,n}} G(O_1, O_2, \cdots, O_m, P_j)$ 或
$\displaystyle\sum_{\substack{j=1,2,\cdots,n}} G(V_1, V_2, \cdots, V_m, P_j)$
s.t. (2.c) $\wedge$ (2.e)

Input:GT 位置 P_j,$j = 1, 2, \cdots, n$,个体编码 $u_{11} u_{12} \cdots u_{1m} u_{21} u_{22} \cdots u_{2m} \cdots u_{n1} u_{n2} \cdots u_{nm}$,传播环境相关参数 a、b、η_{LoS} 和 η_{NLoS},通信相关参数 f、$p_{\max}$、r、γ_{th}、σ^2

1. 根据 P_j 和个体编码,基于"$g = \text{SEC model}$",映射得到 UAV-BSs 候选位置

$u_{11} u_{12} \cdots u_{1m} u_{21} u_{22} \cdots u_{2m} \cdots u_{n1} u_{n2} \cdots u_{nm} \xrightarrow{g} (U_1, U_2, \cdots, U_m)$

2. 遍历对 GT 的覆盖

for $j = 1 : n$

  3. 得到距离 GT_j 最近的 UAV-BS,其距离为 $d_{\min}$ 和基站序号为 $k_{\min}$

  $(d_{\min}, k_{\min}) = \min \{ d(U_i, P_j) \mid i = 1, 2, \cdots, m \}$

  4. 判断 GT_j 是否在距离最近的 UAV-BS 覆盖半径内

  if $(d_{\min} \leqslant r)$

  5. 再判断 GT_j 接收 SINR 是否满足要求

    5.1 基于式(6.1)计算信号传输损耗 $L_{k_{\min}}$ 和其他基站同频干扰信号传输损耗 L_i,$i = 1, 2, \cdots, m$ 且 $i \neq k_{\min}$

    5.2 当 $p_i = p_{\max}$,计算 $\text{SINR(dB)} = p_{k_{\min}} - L_{k_{\min}} - 10 \lg \left(\displaystyle\sum_{i=1,2,\cdots,m,\, i \neq k_{\min}} 10^{\frac{p_i - L_i}{10}} + 10^{\frac{\sigma^2}{10}} \right)$

    5.3 如果满足 $\text{SINR(dB)} \geqslant \gamma_{\text{th}}$,增加覆盖 GT 的计数 $D_{num} = D_{num} + 1$

    end

  end

Output:D_{num}

对于骨干网连通性表示 $\Gamma(R', R)$,计算如下。

算法伪码 6-3：计算 $\Gamma(R',R)$

Input：UAV-BS 候选位置 $(U_1,U_2,\cdots,U_m)$，UAV-BS 之间无线中继链路传输距离 R，链路传输距离增加步长 μ

1. 根据 UAV-BS 候选位置为顶点构建图 G，计算顶点间距离 $d(U_k,U_w)$，$k,w=1,2,\cdots,m$，$k\neq w$

2. 初始化 $R'=R$

while（图 G 非连通）

3. 获得图 G 的邻接矩阵 $\boldsymbol{A}_{m\times m}$，若 $d(U_k,U_w)\leqslant R'$，$k\neq w$，则 $\boldsymbol{A}_{k,w}=1$，反之，则 $\boldsymbol{A}_{k,w}=0$

4. 判断图 G 的连通性，矩阵 $\boldsymbol{B}=\sum_{\xi=1}^{m-1}\boldsymbol{A}^{\xi}$

    4.1 若 $\boldsymbol{B}$ 中元素全部为非零元素，则 G 是连通图，终止

    4.2 若 $\boldsymbol{B}$ 中包含零元素，则 G 为非连通图，$R'=R'+\mu*R$

end

Output：$\Gamma(R',R)=R'-R$

（3）初始化操作。

考虑 $Z=100$，设置迭代次数 M，并按照算法伪码 6-1 的编码方案随机生成初始种群。

初始种群对收敛和优化性能有较大的影响，这里另外设计了一种初始种群优化策略（Initial Population Optimization Strategy，IPOS）：在按照算法伪码 6-1 编码方案随机生成的种群中加入少部分基于聚类的个体。这些后来加入的个体生成方法是：将所有 GT 根据位置聚集为 m 类，每类对应一个 UAV-BS，据此来对个体编码序列赋值，这里的聚类采用 K-mean 算法但是仅设置少量的迭代次数（如迭代 20 次）即可，因为它仅作为初始值来引导整个算法流程寻优，IPOS 完整的算法流程如下。

算法伪码 6－4：输出基于 IPOS 的初始种群

Input：终端位置 $P_j, j＝1,2,\cdots,n$，UAV-BS 数量 m，种群规模 Z，基于聚类的个体数量 $z_p, z_p＜Z$

1．根据算法伪码 6－1 的编码规则生成数量为 $\sigma * Z$ 的个体，σ 为大于 1 的整数，如 $\sigma＝2$ 或 3，将生成的个体存储到 population1

2．生成数量为 z_p 的基于聚类的个体

for $k＝1:z_p$

　　3．从 P_j 随机选择 m 个位置参考点，按距离就近原则对所有 GT 进行聚类，聚类运算的迭代次数控制在较低值（如迭代 20 次），形成 m 个 GT 集合 $\Theta_i, i＝1,2,\cdots,m$

　　　　4．基于 GT 的聚类结果生成个体的编码序列

　　　　for $j＝1:n$

　　　　　　4.1 个体中第 j 段有 m 个 bit 位，全部设置为 0

　　　　unit$_j＝$zeros$(1,m)$

　　　　　　4.2 对于属于 Θ_i 的 GT，对应第 i 位设置为 1

　　　　　　if $(P_j \in \Theta_i)$ unit$_j(i)＝1$

　　　　　　4.3 将个体生成的每段都串接起来

　　　　unit$＝$unit$\bigcup$unit$_j$

　　　end

　　将生成的个体存储到 population2

end

5．合并 population1 和 population2 的所有个体，根据适应度值优先，从中筛选出规模为 Z 的个体作为初始种群 population。

Output：population

（4）选择和交叉操作。

对种群中的个体按适应度排序，一定比例（如种群规模的 20%）适应度大的个体被选择，进行两步处理：一是这部分个体直接遗传至下一代；二是基于这部分个体进行两点交叉操作（two-point crossover operation）遗传至下一代。该操作采用两点交叉，为保证交叉操作后的个体编码仍然满足约束(6.2.b)，对于随机选择的交叉位置（如 e 和 q），应处于个体中分段的起始位置和结束位置，规则示意如图 6.2 所示。

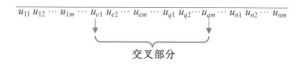

图 6.2　两点交叉操作示意

（5）变异操作。

根据种群的变异概率（如 $5\% \sim 15\%$），首先确定变异个体的数量，并随机选择变异个体。对于每个需要执行变异操作的个体，采用随机多点基因变异方案，同时为使变异后的个体编码满足约束（6.2.b），对每个待变异个体采用两步实现：第一步是随机选择分段（即组号 group number），第二步是针对选中的组全部置为 0，并从中选择最多一位置为 1，规则示意如图 6.3 所示。

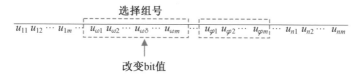

图 6.3　变异操作示意

（6）迭代终止。

如果满足迭代次数门限 M 且适应度最优个体满足约束条件 $\Gamma(R',R)=0$，迭代停止。当迭代输出结果后，能够得到优化的编码序列 u^{opt}，根据映射关系模型 "$g=\mathrm{SEC\ model}$" 或 "$g=\mathrm{LDS\ model}$" 得到 $\{U_1^{\mathrm{opt}},U_2^{\mathrm{opt}},\cdots,U_m^{\mathrm{opt}}\}$，即 m 个 UAV-BS 的部署位置。

6.3　多 UAV-BS 部署的 Min-Num 模型

6.3.1　问题描述

考虑典型应用场景：多个地面终端分布在缺乏固定通信设施的区域，多个无人机基站部署构建临时性区域覆盖网络，为地面终端提供无线接入与通信中继。基站节点间需要利用中继链路形成一个连通的自组织骨干网络，以支持跨基站间的终端通信。为降低网络构建成本和资源占用，组网应用的优化目标是部署尽可能少的基站节点来覆盖所有地面终端，同时考虑骨干网的连通性和基站共享频谱带来的同频干扰。

基本假设同 Max-Cover 模型，简述如下。

①所在基站节点部署定位于相同高度 H，具有相同的最大覆盖半径 r，考虑

$H=h_{\mathrm{OPT}}$ 和 $r=R_{\max}$。

②采用同频组网(频率 f),组网部署需要考虑基站间同频干扰的影响。

③以下行链路为参考分析组网方案,每个基站节点对地面终端的最大发射功率为 P_t,终端接收的信干噪比(SINR)门限为 γ_{th}。

④基站节点间中继链路是 LoS 传输,最大通信距离为 R。

6.3.2　形式化建模

要实现覆盖所有地面终端(GT),意味着每一个 GT 都能被某一个 UAV-BS 提供无线接入,当GT_j接入UAV-BS_i时,记 $u_{ij}=1$,否则 $u_{ij}=0$,目标是部署基站数量最少,则 Min-Num 模型表示为:

$$\min m \tag{6.10}$$

s. t.

$$u_{ij} \in \{0,1\}, \quad i=1,2,\cdots,m, \quad j=1,2,\cdots,n \tag{6.10.a}$$

$$\sum_{i=1}^{m} u_{ij}=1, \quad j=1,2,\cdots,n \tag{6.10.b}$$

$$u_{ij}.\, d(U_i,P_j) \leqslant r, \quad i=1,2,\cdots,m, \quad j=1,2,\cdots,n \tag{6.10.c}$$

$$p_i \leqslant p_{\max}, \quad i=1,2,\cdots,m \tag{6.10.d}$$

$$\frac{u_{ij}p_i g_{i,j}}{\displaystyle\sum_{i=1}^{m}(1-u_{ij})p_i g_{i,j}+\sigma^2} \geqslant u_{ij} * \gamma_{\mathrm{th}}, \quad j=1,2,\cdots,n \tag{6.10.e}$$

$$F(U_1,U_2,\cdots,U_m,R)=1 \tag{6.10.f}$$

与式(6.2)相比,式(6.10)具有不同的目标函数,由于要实现覆盖全部 GT,约束(6.10.b)加强调整为 $\sum_{i=1}^{m}u_{ij}=1$,其他约束相同。分析可知,式(6.10)是 NP 难的,它可以采用与前一个模型相同的算法,并结合小范围搜索进行求解,基本思路是:给定 UAV-BS 数量初始值m_0,令 $m=m_0$;然后根据式(6.2)的求解算法得到覆盖最多地面终端数量D_{num}。需要注意的是,约束(6.10.b)与(6.2.b)的差异导致个体编码规则有少许变化;最后根据D_{num},相应增加或减少 UAV-BS 数量 m,直到 UAV-BS 数量尽可能少($m=m_{\mathrm{opt}}$)且实现 $D_{\mathrm{num}}=n$。

上述思路具有可行性的一个关键问题是:初始值m_0必须接近m_{opt},否则若m_0偏离m_{opt}太多,会导致搜索计算量难以接受。为此,提出一种快速算法,能够按照尽可能少部署 UAV-BS 原则来覆盖所有地面终端,从而获得一个接近于m_{opt}的 UAV-BS 数量参考值m_0。

6.3.3 多 UAV-BS 部署的初始数量快速求解算法(Initial Num Algorithm)

1. 网格化位置框架

设计一种网格化的位置体系,如图 6.4 所示。假设地面终端分布区域为 D, D 可以为不规则区域,设置基本网格单元大小为 $\rho \times \rho$,水平矩形区域 $S = [0, X] \times [0, Y]$,满足两个条件:(1) S 范围尽量小且包含区域 D;(2) $N_x = \dfrac{X}{\rho}$, $N_y = \dfrac{Y}{\rho}$,保证 $N_x, N_y \in \mathbb{Z}$。对区域 S 离散化,得到 $M = N_x \times N_y$ 个网格单元 $\Phi_{i,j}$, $i = 1, 2, \cdots, N_x$, $j = 1, 2, \cdots, N_y$。对于每个网格单元 $\Phi_{i,j}$,其边界四个顶点 $P_{i,j}^{\xi}$($\xi = 1, 2, 3, 4$)的位置分别为 $((i-1)\rho, (j-1)\rho)$、$((i-1)\rho, j\rho)$、$(i\rho, (j-1)\rho)$ 和 $(i\rho, j\rho)$。区域 D 内 GT 根据位置分布,它们总是属于某个网格单元。

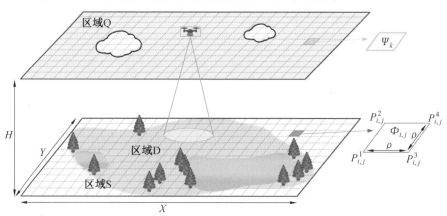

图 6.4　UAV-BS 组网的网格化位置体系示意图

将区域 S 垂直向上移高度 H,得到距离地面高度为 H 的矩形区域 Q,采用类似的网格化方法,同样可以得到 M 个网格单元 Ψ_k, $k = (i-1)N_y + j$, $i = 1, 2, \cdots, N_x$, $j = 1, 2, \cdots, N_y$。对于每个网格单元 Ψ_k,它的中心点 O_k 位置为 $\left(\left(\lceil \dfrac{k}{N_y} \rceil - \dfrac{1}{2} \right)\rho, \left(k - (\lceil \dfrac{k}{N_y} \rceil - 1)N_y - \dfrac{1}{2} \right)\rho, H \right)$,其中 $\lceil * \rceil$ 表示向上取整。对于矩形区域 Q 中的网格单元,可以用中心点 O_k 的位置来代表网格单元 Ψ_k,即在网格化位置框架下,若 UAV-BS 部署到网格单元 Ψ_k,具体位置就是中心点 O_k。

考虑某个 UAV-BS 部署在矩形区域 Q 的网格单元 Ψ_k,即定位在 O_k,若矩形区域 S 的网格单元 $\Phi_{i,j}$ 边界的四个顶点 $P_{i,j}^{\xi}$ 均在 O_k 的水平最大覆盖半径 r 范围内,即满足

$$d\left(O_k\left(\left(\lceil \frac{k}{N_y}\rceil - \frac{1}{2}\right)\rho, \left(k - \left(\lceil \frac{k}{N_y}\rceil - 1\right)N_y - \frac{1}{2}\right)\rho\right), P_{i,j}^\xi\right) \leqslant r, \quad \xi = 1,2,3,4$$

$$(6.11)$$

式中,$d(*)$表示两点之间的水平距离,代入$P_{i,j}^\xi$的具体位置,进一步得到

$$\left(\lceil \frac{k}{N_y}\rceil - i\right)^2 + \left|\lceil \frac{k}{N_y}\rceil - i\right| + \left(k - (\lceil \frac{k}{N_y}\rceil - 1)N_y - j\right)^2 + \left|k - (\lceil \frac{k}{N_y}\rceil - 1)N_y - j\right|$$

$$\leqslant \frac{r^2}{\rho^2} - \frac{1}{2}$$

$$(6.12)$$

满足式(6.12)则认为部署于网格单元Ψ_k的 UAV-BS 能够覆盖区域 S 的网格单元$\Phi_{i,j}$,显然也能覆盖该网格单元内的所有地面终端。

2. 算法设计

在 Initial Num Algorithm 中,暂不考虑同频干扰和 UAV-BS 之间链路连通性的问题。接下来需要解决的问题是:n 个 GT 分布于区域 D(对应的规则区域 S),记 GT 序号集合为 $A = \{1,2,3,\cdots,n\}$,在区域 Q 部署 K 个无人机基站,记 UAV-BS 节点集合为 $B = \{U_1, U_2, \ldots, U_K\}$,目标是如何以尽可能少的 UAV-BS 实现对所有 GT 的覆盖。

在网格化位置体系中,UAV-BS 是按照网格单元进行部署的。对于 UAV-BS,区域 Q 内有 M 个网格单元可以用来作为部署的候选位置。通过式(6.12),可以获知 UAV-BS 在每个候选位置(即网格单元$\Psi_k, k = 1,2,\cdots,M$)能够覆盖区域 S 的哪些网格单元。在区域 S 内 GT 位置分布已知的情况下,从而进一步获知 UAV-BS 在每个候选位置能够覆盖哪些 GT。

因此,当明确区域 S 内所有 GT 所属的网格单元后,可以得到 UAV-BS 在每个候选位置(即网格单元$\Psi_k, k = 1,2,\cdots,M$)能够覆盖的 GT 序号集$E_k, k = 1,2,3,\cdots,M$,显然有$E_k \subseteq A$ 和$\bigcup_{k=1}^{M} E_k = A$。要解决的问题转变为:从$\{E_1, E_2, \cdots, E_M\}$中找到 K 个集合元素,满足并集为 A,使得 K 值尽可能小。

可以做如下定义。

定义 1(GT 覆盖度):假设GT_e的序号为$e, e \in A$,若$e \in E_k$,则记 $f(e, E_k) = 1$,否则 $f(e, E_k) = 0$。基于此,GT_e的覆盖度定义为:

$$\varphi_e = \left[\frac{1}{\sum_{k=1}^{M} f(e, E_k)}\right]^\varepsilon$$

$$(6.13)$$

式中,ε为控制指数,一般 $\varepsilon \geqslant 2$。φ_e越大表明能够覆盖GT_e的 UAV-BS 候选位置越少。例如,当 $\varepsilon = 2$ 时,$\varphi_e = 1$ 表示GT_e仅能被区域 Q 内 1 个候选位置上的 UAV-BS 覆盖,$\varphi_e = \frac{1}{4}$表示地面GT_e仅能被 2 个候选位置的 UAV-BS 覆盖。

定义 2(候选位置覆盖度)：区域 Q 内有 M 个网格单元 Ψ_k，$k=1,2,3,\cdots,M$，对应 M 个 UAV-BS 部署候选位置，当 UAV-BS 部署在候选位置 Ψ_k 时，其能够覆盖的 GT 序号集 E_k，候选位置 Ψ_k 覆盖度 Ω_k 则是 E_k 中所有 GT 覆盖度累积和，即表示为：

$$\Omega_k = \sum_{e \in E_k} \varphi_e \tag{6.14}$$

考虑到要覆盖所有 GT，根据以上定义，一个 GT 的覆盖度越大，能够覆盖该 GT 的 UAV-BS 候选位置越少，则该候选位置被选中正式部署 UAV-BS 的概率越大。同时，为了尽量减少部署的 UAV-BS 数量，应基于区域 Q 内所有候选位置覆盖度排序及更新来依次选择基站位置。算法基本思路是：首先，选择覆盖度最大的候选位置作为第 1 个 UAV-BS 的正式位置；然后，从 GT 序号集中除去第 1 个 UAV-BS 覆盖的 GT，针对剩下的 GT 再更新所有候选位置覆盖度，从中选择覆盖度最大的候选位置作为第 2 个 UAV-BS 的正式位置，……，依此类推，直到已选择正式位置的 UAV-BS 能够覆盖所有 GT。此时，UAV-BS 部署的数量即为问题结果，具体的算法过程如伪码 6−5 所示。

算法伪码 6−5：输出 UAV-BS 部署的初始数量
Input：$A=\{1,2,3,\cdots,n\}$，$\{E_1,E_2,\cdots,E_M\}$，ε
1.初始化计算及设置

    1.1 计算所有 GT 覆盖度 $\varphi_\delta = \left(\dfrac{1}{\sum\limits_{k=1}^{M} f(\delta,E_k)} \right)^\varepsilon$，$\delta=1,2,\cdots,n$

    1.2 设置 GT 是否被覆盖的指示向量 $[g_1,g_2,\cdots,g_n]=[1,1,\cdots,1]$，1 表示对应序号的 GT 处于未被覆盖状态，0 对应序号的 GT 已被 UAV-BS 覆盖

    1.3 记录区域 Q 内被选作 UAV-BS 位置的网格单元（候选位置）序号 Qnum=[]

2.根据区域 Q 内所有候选位置覆盖度排序及更新来依次选择 UAV-BS 位置
while($[g_1,g_2,\cdots,g_n] \neq [0,0,\cdots,0]$)

    2.1 对于已被 UAV-BS 覆盖的 GT，将其覆盖度置为 0
    $[\varphi_1,\varphi_2,\cdots,\varphi_n]=[\varphi_1,\varphi_2,\cdots,\varphi_n].*[g_1,g_2,\cdots,g_n]$

    2.2 记录区域 Q 所有候选位置覆盖度
    $\Omega_k = \sum\limits_{\delta \in E_k, \delta=1,2,\cdots,n} \varphi_\delta$，$k=1,2,\cdots,M$

2.3 选择覆盖度最大的候选位置,记录到 Qnum 中

$$\text{Index}_{max}=\max\ \{\Omega_1,\Omega_2,\cdots,\Omega_M\}$$

$$\text{Qnum}=[\text{Qnum Index}_{max}]$$

2.4 更新 GT 是否被覆盖的指示向量

$$[g_1,g_2,\cdots,g_n](E_{\text{Index}_{max}})=0$$

end

Output:Qnum

基于所提出的 Initial Num Algorithm,能够按照尽可能少部署 UAV-BS 原则来覆盖所有 GT,支持快速获取 UAV-BS 部署的初始值 $m_0=\text{length}(\text{Qnum})$,在后面仿真分析中将对其计算效率进行评估。

6.3.4　求解算法

采用遗传算法和小范围搜索对式(6.10)进行求解,参考式(6.2),约束条件(6.10.b)与(6.2.b)的差异导致个体编码规则有少许变化,伪码如下:

算法伪:6-6:输出满足约束(6.10.b)的种群

Input:地面终端数量 n,UAV-BS 数量 m,种群规模 Z

1.根据种群规模循环生成个体

for $i=1:Z$

　2.每个个体分成 n 段生成

　for $j=1:n$

　　3.个体中第 j 段有 m 个 bit 位,随机选择一位设置为 1

　unit$_j$＝zeros$(1,m)$,index＝randi(m)

　unit$_j$(index)＝1

　　4.将个体生成的每段都串接起来

　unit＝unit$\bigcup$unit$_j$

　end

　5.将生成的个体存储到 population

end

Output:population

由于遗传算法中其他操作与式(6.2)求解类似,不再重复阐述。接下来根据 6.3.3 阐述的模型求解基本思路,给出式(6.10)完整的求解过程如下:

算法伪码 6－7：求解式(6.10)

Input：GT 位置 P_j，$j=1,2,\cdots,n$，传播环境相关参数 a、b、η_{LoS} 和 η_{NLoS}，通信相关参数 f、p_{max}、γ_{th}、σ^2、R、μ，网格单元参数 ρ，覆盖度控制参数 ε

1. 通过 Initial_Num Algorithm 获得 UAV-BS 数量初始值 m_0，令 $m=m_0$

2. 基于模型(6.2)得到覆盖最多 GT 数量 D_{num}，若 $D_{num}=n$，转 3，若 $D_{num}<n$，转 4

3. while $(D_{num}=n)$ 逐步减少 UAV-BS 数量 $m=m-1$，再基于式(6.2)计算覆盖最多 GT 数量 D_{num}（退出循环 $m=m+1$）

4. while $(D_{num}<n)$ 逐步增加 UAV-BS 数量 $m=m+1$，再基于式(6.2)计算覆盖最多 GT 数量 D_{num}

Output：UAV-BS 数量 m 及部署位置 $(U_1,U_2,\cdots,U_m)$

在式(6.10)的求解过程中，由于初始值 m_0 接近于优化解，搜索计算大概率在小范围内进行，具有可接受的计算效率。

6.4　仿真评估与分析

6.4.1　Max-Cover 模型仿真

1. 基础评估

考虑到 Max-Cover 模型（即式(6.2)）求解过程中涉及差异化的策略选择，主要是式(6.3)映射关系模型"$g=$SEC model"或"$g=$LDS model"的选择，以及是否在初始种群生成中引入优化策略 IPOS，下面对四种求解策略组合进行仿真评估。

①solution strategy 1：SEC model。

②solution strategy 2：SEC model ＋ IPOS。

③solution strategy 3：LDS model。

④solution strategy 4：LDS model ＋ IPOS。

在仿真场景中，考虑一个 10 km×10 km 的郊区环境，传播环境常数 $a=4.88$ 和 $b=0.43$，LoS 传播和 NLoS 传播在自由空间传输损耗基础上的附加损耗 $\eta_{LoS}=0.1$ 和 $\eta_{NLoS}=21$。在该区域内随机分布 100 个地面终端（GT），由 4 个 UAV-BS 实现组网覆盖，采用同频组网，发射频率工作在 2 GHz 频段，主要参数如表 6.1 所示。

表 6.1　Max-Cover 模型仿真参数

部署区域大小	10 km×10 km
GT 数量 n	100
传播环境及附加损耗	$a=4.88, b=0.43, \eta_{\mathrm{LoS}}=0.1, \eta_{\mathrm{NLoS}}=21$
发射频率/GHz	2
最大发射功率/dBm	30
GT 接收功率门限 $\mathrm{PR}_{\min}$/dBm	-78
信号传输损耗门限 L_{th}/dB	108
信号带宽内白噪声功率/dBm	-95
SINR 门限/dB	$-2, 0, 2$
无线中继传输链路 R/km	4.6
链路传输距离增加幅度 μ	0.05

由此可求解得到 UAV-BS 的水平最大覆盖半径为 $r=R_{\max}=2.74$ km，部署的最佳高度为 $H=h_{\mathrm{OPT}}=1\,015$ m。Max-Covers 模型的目标是 4 个 UAV-BS 如何部署实现对用户最大程度覆盖。首先展示 solution strategy 1 的仿真结果，如图 6.5 所示。

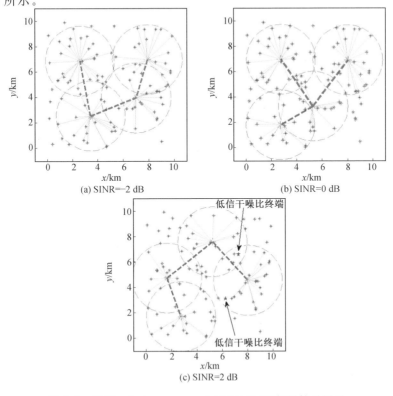

图 6.5　基于 solution strategy 1 的 UAV-BS 部署结果展示

仿真图中进行了三点特别标注：一是若 UAV-BS 之间距离在无线中继传输链路范围内，则连通，并用红色虚线表示；二是 UAV-BS 通信半径覆盖范围用紫红色圆形表示，但 UAV-BS 并不一定与覆盖范围内的每一个用户都能建立通信，因为可能存在同频干扰导致用户接收 SINR 未达门限要求；三是若 UAV-BS 与用户之间建立有效通信链路，则用青色连线表示。

　　在图 6.5 中，分别展示了当 SINR 门限分别为 −2 dB、0 dB 和 2 dB 时，4 个 UAV-BS 部署对用户的覆盖效果，包括每个 UAV-BS 分别对哪些用户形成了有效的通信覆盖，并且在三种情况下都维持了 UAV-BS 之间骨干网的连通性。图 6.6 展示了三种情况下 4 个 UAV-BS 有效覆盖的用户数量。通过算法迭代，覆盖用户数量不断增加，最后趋于稳定（收敛值分别为 86、76、58，即每种情况下有效覆盖用户的最多数量）。例如，当 SINR = −2 dB 时，4 个 UAV-BS 部署如图 6.5(a) 所示，其有效覆盖的用户数量随着迭代求解不断增加，最多能覆盖 86 个用户。此外，也应注意到，随着 SINR 门限上升（即从 −2 dB 到 2 dB），更多的在 UAV-BS 最大通信半径范围内的用户无法得到有效覆盖，如图 6.5(c) 所示的一个处于边缘位置的用户和一个处于交叉区域的用户，由于同频干扰导致接收 SINR 达不到门限要求而无法有效接入 UAV-BS。随着 SINR 门限上升，能够有效覆盖的用户数量在下降，这是由于同频干扰的影响越来越大。

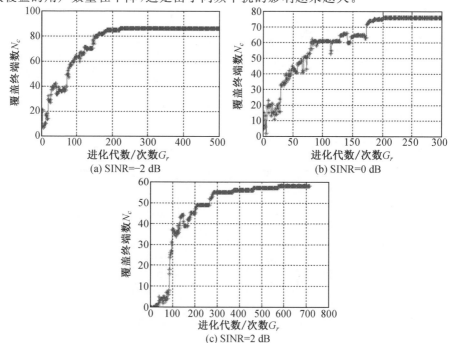

图 6.6　基于 solution strategy 1 的有效覆盖用户数量及收敛性

此外,针对相同的场景条件和用户位置分布,评估 solution strategy 2 的效果,如图 6.7 和图 6.8 所示。从覆盖结果看,SINR 门限为 −2 dB、0 dB、2 dB 三种情况下都维持了 UAV-BS 之间连通的骨干网,4 个 UAV-BS 能够覆盖的最多用户数量分别为 92、77、64,从结果看全局收敛性和收敛速度比上一组更优。从多次仿真来看,仿真结果具有少许不确定性,主要原因是遗传算法在搜索迭代过程中含有随机性运算,但是 solution strategy 2 相对前者的优势是始终存在的,后面将专门评估。

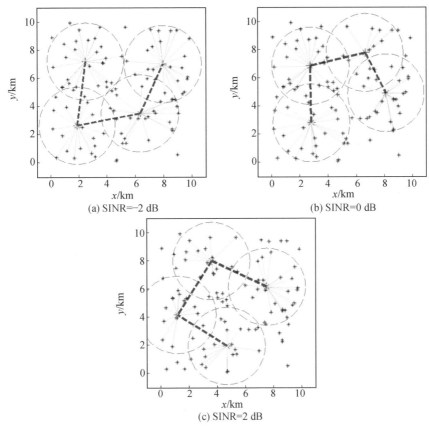

图 6.7　基于 solution strategy 2 的 UAV-BS 部署结果展示

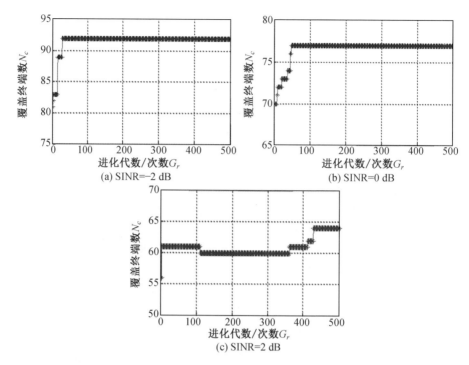

图 6.8　基于 solution strategy 2 的有效覆盖用户数量及收敛性

接下来针对相同的场景条件和终端位置分布,对 solution strategy 3 进行评估,当 SINR 门限分别为 -2 dB、0 dB、2 dB 时,仿真结果如图 6.9 和图 6.10 所示。在三种情况下,4 个 UAV-BS 部署均构成了连通的骨干网,覆盖用户数量收敛值分别为 82、76、64,在求解算法迭代过程中也展现了较好的收敛性。

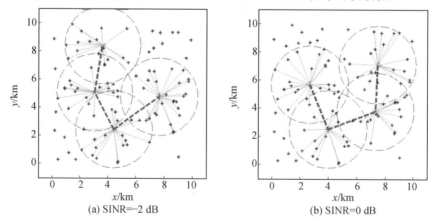

图 6.9　基于 solution strategy 3 的 UAV-BS 部署结果展示

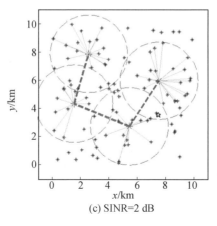

(c) SINR=2 dB

续图 6.9

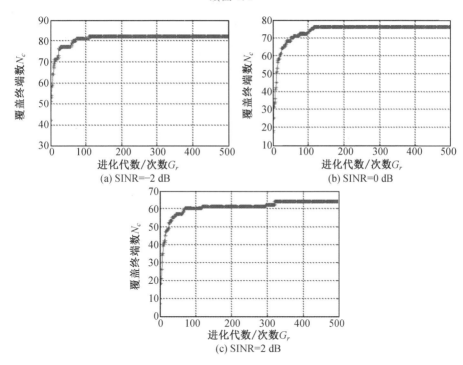

(a) SINR=−2 dB

(b) SINR=0 dB

(c) SINR=2 dB

图 6.10　基于 solution strategy 3 的有效覆盖用户数量及收敛性

　　最后,评估 solution strategy 4,当信干噪比门限分别为 −2 dB、0 dB、2 dB 时,其结果如图 6.11 和图 6.12 所示。4 个 UAV-BS 均能构成连通的骨干网且覆盖用户数量最多分别为 90、81、67。

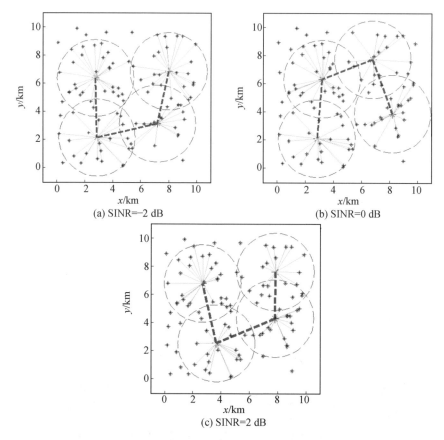

(a) SINR=−2 dB

(b) SINR=0 dB

(c) SINR=2 dB

图 6.11　基于 solution strategy 4 的 UAV-BS 部署结果展示

为了消除算法求解过程中随机性带来的结果变化对不同求解策略评估的影响,随机更新了所有用户的位置分布,对求解过程的 4 种求解策略进行多次仿真,结果如图 6.13 所示。尽管求解结果有些波动变化,但是不同求解策略仍然具有明显的差别,求解策略中采用 IPOS 后,多次求解的值波动范围更小,且全局收敛性更好,如 solution strategy 2 和 solution strategy 4,其中 solution strategy 4 具有最优的结果。例如,当 SINR 门限为 0 dB 时,四种求解策略的覆盖用户平均数量从多到少分别为 83.1、76.7、73、58。此外,也能清晰地看到,随着 SINR 门限的增加,4 个 UAV-BS 组网覆盖的用户数量在逐步下降,如 solution strategy 4,随着 SINR 门限从 −2 dB、0 dB 到 2 dB 时,覆盖用户平均数量分别从 87.6、83.1 到 69.7,这是同频干扰对多 UAV-BS 组网覆盖形成的影响。

值得一提的是,在实际仿真求解中,映射关系模型"$g=$ LDS model"比"$g=$ SEC model"具有更高的计算效率,原因是距离平方和最小模型计算比最小覆盖圆模型计算的效率更高,随着地面终端(用户)数量和 UAV-BS 数量的增加,计算

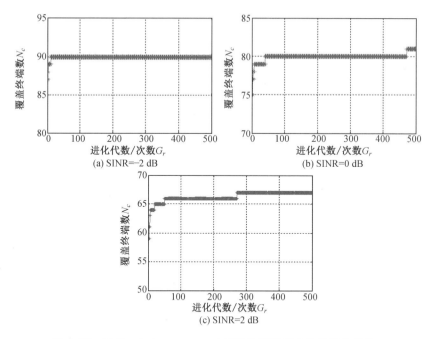

图 6.12　基于 solution strategy 4 的有效覆盖用户数量及收敛性

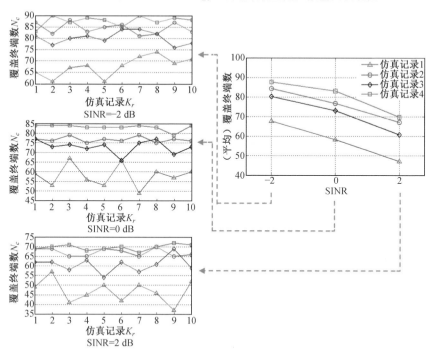

图 6.13　多次仿真记录及不同求解策略平均覆盖用户数

效率的优势也越大。同时考虑到 solution strategy 4(如 LDS model＋IPOS)在网络覆盖方面具有最优的结果。因此,solution strategy 4 是求解 Max-Cover 模型的最优策略,后续的扩展评估和 Min-Num 模型的仿真中,仅针对 solution strategy 4 进行分析。

2. 扩展评估

在前述仿真的基础上,对仿真场景设置进行调整,主要是扩展部署区域或增加用户数量。考虑一个 18 km×18 km 的郊区环境,在该区域内随机分布 100 个地面终端(用户),由 8 个 UAV-BS 构建区域网络为用户提供无线接入,采用同频组网,UAV-BS 之间无线中继链路传输距离 $R=5.2$ km。采用 solution strategy 4 进行求解,当 SINR 门限分别为 －2 dB、0 dB 和 2 dB 时,仿真结果如图 6.14 和图 6.15 所示。仿真结果显示,三种情况下 8 个 UAV-BS 部署构建了连通的骨干网,最多覆盖用户数量分别为 68、62、54。

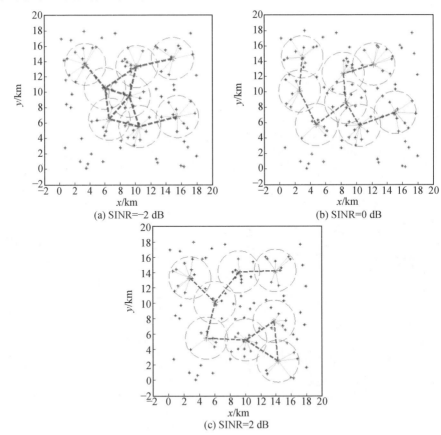

(a) SINR=−2 dB (b) SINR=0 dB

(c) SINR=2 dB

图 6.14　针对区域 18 km×18 km、$m=8$、$n=100$ 的 UAV-BS 部署结果展示

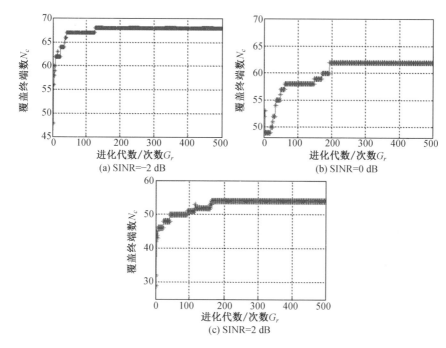

图 6.15　针对区域 18 km×18 km、$m=8$、$n=100$ 的 UAV-BS 网络覆盖用户数量及收敛性

当增加区域内用户数量，考虑 200 个用户在该区域内随机分布，当 SINR 门限为 -2 dB 时，仿真结果如图 6.16 所示。继续扩大区域及增加用户数量，考虑在 24 km×24 km 区域随机分布 300 个用户，12 个 UAV-BS 构建覆盖网络，当信干噪比门限为 -2 dB 时的定位效果，如图 6.17 所示。从结果来看，各种情况均保证了多个 UAV-BS 之间骨干网的连通性，且多次迭代使网络有效覆盖的用户数量不断增加，直至收敛。多种场景条件的仿真结果表明，所提模型的求解算法具有较好的适应性。

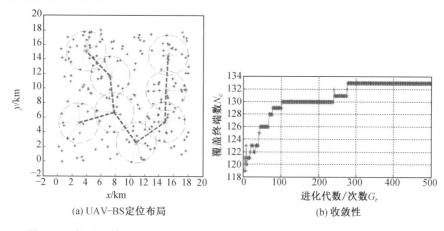

图 6.16　针对区域 18 km×18 km、$m=8$、$n=200$ 的 UAV-BS 网络最大化覆盖

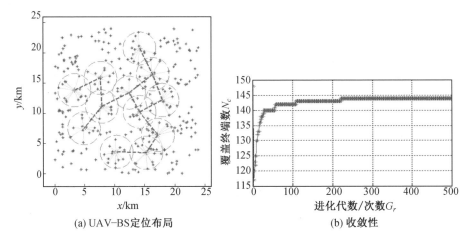

(a) UAV-BS定位布局   (b) 收敛性

图 6.17　针对区域 24 km×24 km、$m=12$、$n=300$ 的 UAV-BS 网络最大化覆盖

6.4.2　Initial Num Algorithm 仿真

在对 Min-Num 模型仿真前,首先对 Min-Num 模型求解所涉及的 Initial Num 快速算法进行评估。考虑一个 9 km×9 km 的区域,对其进行网格化,设置网格单元大小为 90 m×90 m,则该区域内网格单元数为 10 000 个,假设 UAV-BS 水平最大覆盖半径为 $r=2.13$ km 和最优高度 $H=790.0$ m,100 个用户在该区域内随机分布。

根据 6.3 所设计的算法,针对该区域内的 100 个用户进行网络覆盖,需要部署 7 个 UAV-BS,在 $\Psi_k(k=1,2,3,\cdots,10000)$ 这 10000 个候选位置中,UAV-BS 选择的部署位置分别为 Ψ_{1620}、Ψ_{7916}、Ψ_{2396}、Ψ_{6781}、Ψ_{2149}、Ψ_{5225}、Ψ_{7047},如图 6.18(a) 所示,对应的网格坐标分别为(17,20)、(80,16)、(24,96)、(68,81)、(22,49)、(53,25)、(71,47),各 UAV-BS 对地面用户的覆盖结果如图 6.18(b) 所示。为检验算法的适应性,对用户位置分布进行重新设置,当地面用户呈现局部聚集分布时,通过部署最少 4 个 UAV-BS,实现对所有用户的网络覆盖,这些 UAV-BS 部署位置分别为 Ψ_{6723}、Ψ_{6768}、Ψ_{2233}、Ψ_{1072},结果如图 6.19 所示。两种用户分布场景下,仿真环境配置为:Inter(R) Core(TM) i7 − 8550U CPU @ 1.80GHz 2.00 GHz, RAM 8.00 GB, MATLAB 2012a,计算耗时分别为 2.140 s 和 2.517 s,本方法计算时效性好。

将地面终端分布区域大小调整为 10.8 km×10.8 km,100 个用户在该地域内随机分布,基于所提算法,UAV-BS 的候选位置为 $\Psi_k, k=1,2,3,\cdots,14\,400$,为实现对所有用户的网络覆盖,需要部署 8 个 UAV-BS,它们的位置分别为 Ψ_{11664}、Ψ_{1176}、Ψ_{2664}、Ψ_{10653}、Ψ_{6979}、Ψ_{5138}、Ψ_{9898}、Ψ_{1866},仿真结果如图 6.20 所示,计算时间为 3.956 s。接下来,仍将用户分布区域设置为 9 km×9 km,200 个用户在该区域

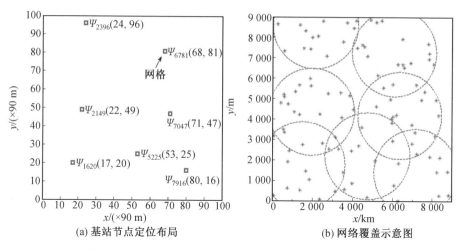

(a) 基站节点定位布局　　　　　　　(b) 网络覆盖示意图

图 6.18　地面终端随机分布的网络覆盖分布的网络覆盖

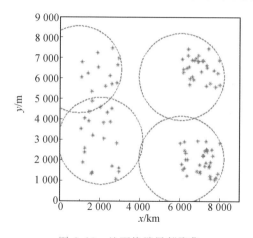

图 6.19　地面终端局部聚集

内随机分布,网格单元大小为 $30\text{ m}\times30\text{ m}$,则该区域内网格单元数为 90 000 个,为实现对所有地面终端的网络覆盖,需要部署 7 个无人机基站,在 Ψ_k,$k=1,2,3,\cdots,90\,000$ 这 90 000 个候选位置中,UAV-BS 部署位置分别为 Ψ_{21567}、Ψ_{73734}、Ψ_{73270}、Ψ_{27947}、Ψ_{16337}、Ψ_{47317}、Ψ_{62531},如图 6.21(a)所示,各 UAV-BS 对地面终端的覆盖结果如图 6.21(b)所示。多次仿真结果表明,Initial Num Algorithm 能够适应区域大小、用户数量规模及分布、网格单元精度的变化。

　　下面对 Initial Num Algorithm 时效性进行评估。在 $9\text{ km}\times9\text{ km}$ 区域内,改变用户数量,分别为 $N=100$、150、200、250、300,而网格单元大小分别设置为 $90\text{ m}\times90\text{ m}$、$60\text{ m}\times60\text{ m}$、$45\text{ m}\times45\text{ m}$、$30\text{ m}\times30\text{ m}$,地面用户随机分布,对每次场景设置进行了多次仿真,表 6.2 呈现的是算法在 Matlab 仿真中的平均计算

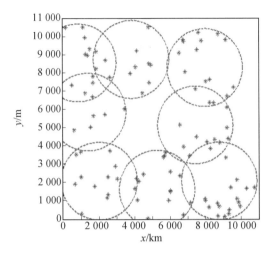

图 6.20　区域增大的网络覆盖

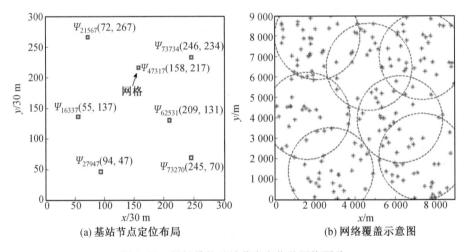

(a) 基站节点定位布局　　　　　(b) 网络覆盖示意图

图 6.21　新场景的基站节点定位及网络覆盖

时间。从结果可以看出,随着用户数量规模增加,算法求解需要的时间增加,但是这种增加的幅度较小,例如,当网格单元大小为 90 m×90 m 时,随着用户数量从 100 增加到 300,算法求解的平均时间分别为 2.657 s、2.829 s、4.061 s、4.642 s、5.565 s,可以看出所提算法在计算效率方面能够较好地适应地面用户数量规模的变化。另一方面,随着网格单元大小的变化,算法耗时变化比较明显,随着 $\rho \times \rho$ 减小,网格数量增加,使得算法的计算量增加,如表 6.2 所示。因此,在覆盖区域一定的情况下,算法的计算效率主要由网格单元大小决定。由于 Initial Num Algorithm 主要是为后续搜索求解提供 UAV-BS 数量参考值,在实际应用中,可以根据覆盖区域大小设置网格单元大小,一般建议设置较大的网络单元以便能更快地获取结果,为后续搜索求解过程提供输入值。

表 6.2 不同场景条件算法参考耗时 单位:s

$\rho \times \rho$	n				
	100	150	200	250	300
90 m×90 m	2.657	2.829	4.061	4.642	5.656
60 m×60 m	4.937	5.780	8.711	10.778	12.516
45 m×45 m	8.653	11.911	15.534	18.695	22.510
30 m×30 m	19.051	26.422	33.903	40.854	48.781

6.4.3 Min-Num 模型仿真

仿真场景中,假设一个 12 km×12 km 的郊区环境,在该区域内随机分布 200 个地面用户,由多个 UAV-BS 实现组网覆盖,采用同频组网,UAV-BS 之间无线中继链路传输距离 $R = 5.2$ km。采用 solution strategy 4 进行求解,当 SINR 门限为 −4 dB 时,展示从参考量到搜索的全过程图,如图 6.22 所示。首先基于 Initial Num 快速算法,得到需要部署的 UAV-BS 数量参考值为 9,分析可知它没有考虑 UAV-BS 之间的连通性和同频组网的干扰。根据式(6.10)的求解方法(即算法伪码 6-7),当 $m = 9$ 时,最多覆盖地面用户数量为 194,如图 6.22 (a)所示,这表明在加入干扰和骨干网连通性要求后,9 个 UAV-BS 组网无法覆盖所有的地面用户。值得注意的是,由于求解过程中有随机运算操作,该求解过程可进行多次,但仍然无法满足对所有地面用户的有效覆盖。逐步增加 UAV-BS 数量,$m = 10$ 时,覆盖最多地面用户数量为 198,如图 6.22(b)所示;$m = 11$ 时,覆盖最多地面终端数量可以达到 200,如图 6.22(c)所示。因此,最少部署 11 个 UAV-BS 可以实现对所有地面用户的有效覆盖。

通过对比分析发现,当覆盖绝大部分用户后,再增加 UAV-BS 数量带来的有效覆盖用户增量越来越有限(例如覆盖用户数从 194 到 198,再到 200),主要是由于未被覆盖的用户较为分散且处于边缘位置,并且更多的 UAV-BS 也会带来更多的同频干扰。因此,理论上寻求实现对全部地面用户的覆盖,实际上增加 UAV-BS 数量和网络覆盖程度之间总是有折中。可以假设一定的覆盖率(即有效覆盖用户数占全部用户数的比值),如对所有用户的覆盖率达 98% 以上时,即认为 UAV-BS 组网达到了覆盖目标。基于这种考虑,上述场景中,可以认为 10 个 UAV-BS 能够完成组网覆盖,这种设计将优化整个网络的成本。

在上述仿真场景的基础上进一步评估,部署 UAV-BS 覆盖 200 个地面用户,其中部分用户在较小地域呈聚集分布状态,部分用户在较大地域随机分布。根

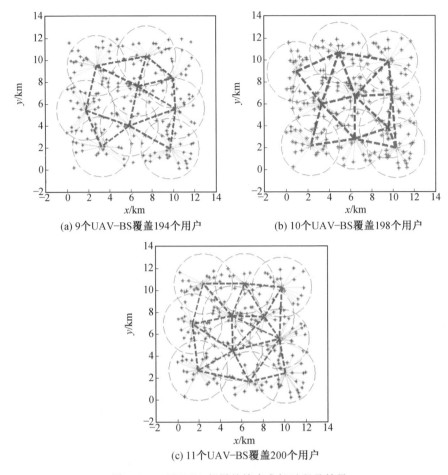

(a) 9个UAV-BS覆盖194个用户 (b) 10个UAV-BS覆盖198个用户

(c) 11个UAV-BS覆盖200个用户

图 6.22　UAV-BS 部署的搜索求解过程及结果

据式(6.10)的求解方法,先基于 Initial Num 快速算法,得到需要部署的 UAV-BS 数量参考为 5,其定位布局如图 6.23(a)所示,它没有考虑 UAV-BS 之间的连通性和同频组网的干扰。接下来对 $m = 5$ 进行迭代计算,考虑算法流程中的随机操作,进行两次求解对比,如图 6.23(b)和图 6.23(c)所示,在考虑 UAV-BS 之间连通性和干扰的情况下分别实现了 5 个 UAV-BS 覆盖 198 和 199 个用户。然后 $m = 6$ 时,可以实现 6 个 UAV-BS 对全部 200 个用户的有效覆盖。需要指出的是,当按照前面覆盖率的考虑,5 个 UAV-BS 覆盖 198 和 199 个用户,也超过了覆盖率 98% 的目标,它仍然是可接受的组网优化方案。因此,综合上述不同场景的仿真结果中可以看出,当用户位置随机分布或呈部分聚集分布状态,所提出的模型及求解算法都能较好地适应。

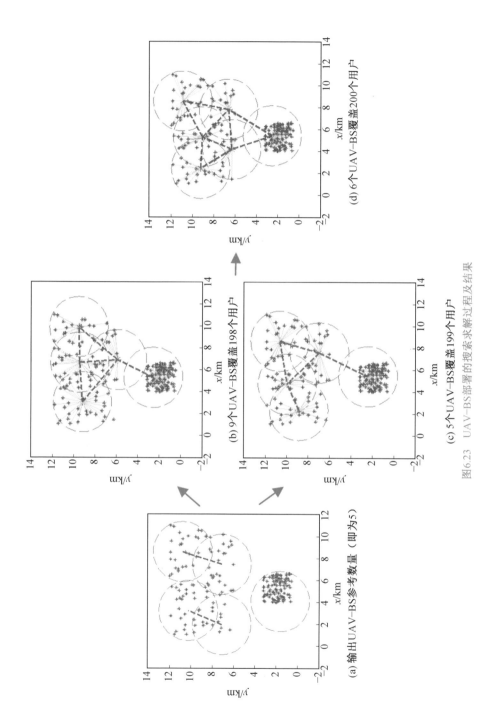

(a) 输出UAV-BS参考数量（即为5）

(b) 9个UAV-BS覆盖198个用户

(c) 5个UAV-BS部署的搜索求解过程及结果

(d) 6个UAV-BS覆盖200个用户

图6.23 UAV-BS部署的搜索求解过程及结果

6.5 动态调整策略分析

网络构建与运行可能面临用户终端的移动变化,组网模型必须具有动态跟踪覆盖的能力。但频繁的网络调整又会增加复杂性和影响无线通信信号质量,参考单节点的网络调整策略,可以采取门限触发机制,即给定 SINR 门限,记上一个场景和当前场景 UAV-BS 网络覆盖达到 SINR 门限的用户数量分别为 N 和 N',偏离程度 $\varepsilon = \dfrac{N-N'}{N}(N > N')$,定义一个门限 ε_{th}(可考虑 $\varepsilon_{th}=1\% \sim 5\%$)。若 $\varepsilon \geqslant \varepsilon_{th}$,则调整基站水平部署位置,否则不进行调整,从而避免不必要的变化,降低网络运行的复杂性。

当网络需要调整时,区分两个组网模型:第一个是 Max-Cover 模型,即给定 UAV-BS 的数量,考虑基站间连通性和同频干扰,通过 Max-Cover 模型优化 UAV-BS 部署,覆盖尽可能多的地面终端。第二个是 Min-Num 模型,基于该模型优化 UAV-BS 部署,可以最小化所需的 UAV-BS 数量来覆盖所有地面终端,并保持基站间骨干网连通。因此,多基站同频组网调整策略如下。

(1)仅调整 UAV-BS 部署点位。

基于第一个模型,考虑的是已运行基站来适应用户变化,由于网络调整到位的时限是以最后到位的基站为基准的。因此,调整的首要目标是最小化最大移动距离,次级目标是最小化总的移动距离。若针对原先场景的位置分别为 $U_i = (x_i, y_i, H), i = 1, 2, \cdots, m$,当通过模型计算得到新的 UAV-BS 布局后,其预期位置分别为 $U'_i = (x'_i, y'_i, H), i = 1, 2, \cdots, m$,需要解决的问题是,各个 UAV-BS 调整至哪一个新的点位。假设向量 $1, 2, \cdots, m$ 的一种排列记为 Φ,对应的移动调整方案是:$1 \rightarrow \Phi_1, 2 \rightarrow \Phi_2, \cdots, m \rightarrow \Phi_m$,即 U_1 调整至 U'_{Φ_1},U_2 调整至 U'_{Φ_2},依此类推。根据优化目标可以得到

Object1:
$$\min_{\forall i \in \{1, 2, \cdots, m\}} \max \left\| U'_{\Phi_i} - U_i \right\| \tag{6.15}$$

Object2:
$$\min \sum_{i=1, 2, \cdots, m} \left\| U'_{\Phi_i} - U_i \right\| \tag{6.16}$$

由于针对每种调整方案,仅需计算和比较距离大小。因此,当 m 较小(如 $m \leqslant 8$)时,可以采用穷举的方式获得最优的调整序列 Φ,先基于 Object1 筛选,然后再基于 Object2,获得最优调整方案;当 m 较大时,可以考虑启发式算法,由于是非约束优化模型,采用遗传算法可以求解得到最优调整方案。

(2)需要补充 UAV-BS 并调整部署点位。

当场景中用户移动偏离,难以利用已运行 UAV-BS 完成所有用户覆盖,为了

维持网络覆盖的要求,就需要补充 UAV-BS,仍然采用 Min-Num 模型得到预期
UAV-BS 布局,根据新的布局和原先的差别,即可明确需要补充的 UAV-BS 数
量和新的部署点位,点位调整关系参考上述 Object1 和 Object2。

本章参考文献

［1］ZHAO H T，WANG H J，WU W Y，et al. Deployment algorithms for
UAV airborne networks toward on-demand coverage［J］. IEEE journal on
selected areas in communications，2018，36(9)：2015-2031.

［2］ZHANG X, DUAN L J. Fast deployment of UAV networks for optimal
wireless coverage［J］. IEEE transactions on mobile computing，2019，18
(3)：588-601.

［3］ AL-HOURANI A，KANDEEPAN S，LARDNER S. Optimal LAP
altitude for maximum coverage［J］. IEEE wireless communications letters，
2014，3(6)：569-572.

［4］SABZEHALI J，SHAH V K，FAN Q，et al. Optimizing number，
placement，and backhaul connectivity of multi-UAV networks［J］. IEEE
Internet of Things journal，2022，9(21)：21548-21560.

［5］ ALZENAD M，EL-KEYI A，LAGUM F，et al. 3-D placement of an
unmanned aerial vehicle base station（UAV-BS）for energy-efficient
maximal coverage［J］. IEEE wireless communications letters，2017，6(4)：
434-437.

第 7 章

多基站异频组网优化

在多无人机基站组网中,相邻基站节点间采用不同的频率可以显著降低同频干扰的影响,是一种具有实际可行性的组网方案,本章针对多基站异频组网进行研究,主要分析异频组网的模型与优化方法,并进一步在异频复用框架下阐述规模化组网模型。

7.1 多基站异频组网概述

前文中研究了多基站同频组网及节点定位优化,多个基站节点采用频率共享方式组网以提升频谱利用率,适用于频率资源紧张的场景,考虑在同频干扰的情况下,最大程度增强网络覆盖。由于多无人机基站网络是一个动态网络,一些地面静止基站的干扰应对策略难以直接应用到 UAV-BS 动态网络中,外加空对地视距传播特性,同频组网带来的干扰仍是一个不可忽视的制约因素,特别是会使边缘用户受到较为严重的干扰。如果所有基站采用完全正交的信道,也会面临频率资源紧张问题。

基于此,考虑异频组网设计,兼顾同频干扰和频谱效率,在多 UAV-BS 之间采用少量频率的隔离与复用,研究提出两种多基站异频组网优化模型。

(1)基于频率复用与功率优化的多基站协作组网设计。

适应地面用户位置分布通过多中心聚类和连通性调整确定一个 UAV-BS 组网基本定位布局[1],在此基础上,采用遗传算法对频率分配和功率调整进行优化,使尽可能多的用户在 UAV-BS 覆盖范围内且满足信干噪比的要求,该方法简捷有效。

（2）面向规模化应用的多基站动态蜂窝组网设计。

展示一种新 UAV-BS 动态蜂窝网络结构[1]，采用三频复用方式，保证小区边缘用户信干噪比要求，最大化 UAV-BS 覆盖半径控制网络成本，并根据地面用户分布最小化无人机基站部署数量，支持基站间形成连通的骨干网。当区域内终端移动时，无须进行频率和中继链路的全局性调整和重新规划，在上一个网络状态的基础上，通过增量方式保持对所有终端的覆盖，适应地面用户的动态变化。

7.2　基于频率复用与功率优化的多基站协作组网

7.2.1　应用场景与无线传输损耗

一个多 UAV-BS 组网示意如图 7.1 所示，UAV-BS 对地面终端提供通信覆盖，并在 UAV-BS 之间形成自组织连通的骨干网络，构成一个临时区域网络，其他模型假设如下：

①所有 UAV-BS 共享频谱资源，需要考虑同频干扰的影响；

②所有 UAV-BS 部署于相同的高度 H，空中 UAV_i 的位置 $U_i = (x_i, y_i, H)$，$i = 1, 2, \cdots, m$，地面终端位置随机分布，第 j 个地面终端位置 $P_j = (a_j, b_j)$，$j = 1, 2, \cdots, n$；

③UAV-BS 发射功率范围 $[p_{min}, p_{max}]$；

④UAV-BS 之间是 LoS 链路，其中继链路最大通信距离为 R。

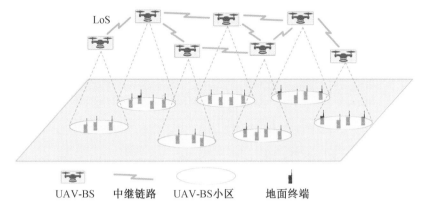

| UAV-BS | 中继链路 | UAV-BS小区 | 地面终端 |

图 7.1　多 UAV-BS 组网示意

主要分析下行链路，UAV-BS 对地面终端无线信号传输是以 LoS 链路主导的,但是 NLoS 依然存在,采用统计概率模型,LoS 传输概率是 $P_{\mathrm{LoS}} = \dfrac{1}{1+a\exp\left(-b\left(\dfrac{180}{\pi}\theta-a\right)\right)}$,$a$ 和 b 是由传输环境决定的参数,NLoS 传输概率是

$P_{\mathrm{NLoS}}=1-P_{\mathrm{LoS}}$,则UAV-BS$_i$到地面终端 j 的无线传输损耗为[3-5]:

$$L_{i,j} = (L_{fs} + \eta_{\mathrm{LoS}}) P_{\mathrm{LoS}} + (L_{fs} + \eta_{\mathrm{NLoS}}) P_{\mathrm{NLoS}} \tag{7.1}$$

式中,$L_{fs} = 20\lg\dfrac{4\pi fd}{c}$ 为自由空间传输损耗;η_{LoS}、η_{NLoS} 是 LOS 和 NLoS 传输的附加损耗。多个 UAV-BS 组网,若共享下行链路频谱资源,需要考虑同频干扰,网络中所有与UAV-BS$_i$同频的 UAV-BS 的编号集合记为 $F(U_i)$,则接入UAV$_i$的终端 j 的 SINR 为:

$$S_{i,j} = p_i - L_{i,j} - 10\lg\Big(\sum_{k \in F(U_i)} 10^{\frac{p_k - L_{k,j}}{10}} + 10^{\frac{\sigma^2}{10}}\Big) \tag{7.2}$$

式中,p_i是UAV$_i$的发射功率;p_k和$L_{k,j}$是同频 UAV-BS 的发射功率和到终端 j 的传输损耗;σ^2是噪声功率。

7.2.2 形式化建模

基于前述,第 j 个终端到UAV$_i$的水平距离为 $d(U_i, P_j) = \|U_i - P_j\| = \sqrt{(x_i - a_j)^2 + (y_i - b_j)^2}$。无人机基站形成的自组织骨干网是否连通由节点位置集合$\{U_1, U_2, \cdots, U_m\}$和基站间通信链路传输距离 R 决定,若是连通网络,则记为 $G(U_1, U_2, \cdots, U_m, R) = 1$,否则记为 $G(U_1, U_2, \cdots, U_m, R) = 0$。一个地面终端最多只被一个 UAV 接入服务,当第 j 个终端接入UAV$_i$时,记$u_{ij} = 1$,否则$u_{ij} = 0$,目标是覆盖最多终端,则模型

$$\max\sum_{i=1}^{m}\sum_{j=1}^{n} u_{ij} \tag{7.3}$$

s. t.

$$\begin{cases} u_{ij} \in \{0, 1\}, \quad \forall i, \quad \forall j & (7.3.\mathrm{a}) \\[2mm] \sum_{i=1}^{m} u_{ij} \leqslant 1, \quad \forall j & (7.3.\mathrm{b}) \\[2mm] u_{ij} . d(U_i, P_j) \leqslant r_i, \quad \forall i, \quad \forall j & (7.3.\mathrm{c}) \\[2mm] u_{ij}(p_i - L_{i,j}(r_i)) \geqslant u_{ij}\Lambda_{\mathrm{th}}, \quad \forall i, \quad \forall j & (7.3.\mathrm{d}) \\[2mm] p_{\min} \leqslant p_i \leqslant p_{\max}, \quad \forall i & (7.3.\mathrm{e}) \\[2mm] u_{ij} S_{i,j} \geqslant u_{ij}\gamma_{\mathrm{th}}, \quad \forall i, \quad \forall j & (7.3.\mathrm{f}) \\[2mm] G(U_1, U_2, \cdots, U_m, R) = 1 & (7.3.\mathrm{g}) \end{cases}$$

式中,r_i表示UAV-BS$_i$的覆盖半径;约束(7.3.b)表示每个地面终端最多接入一个 UAV-BS;约束(7.3.c)表示终端 j 与所接入的UAV-BS$_i$之间的距离小于覆盖

半径r_i；约束(7.3.d)表示UAV-BS$_i$覆盖范围内的终端满足接收信号功率门限要求；约束(7.3.e)表示UAV-BS$_i$发射功率范围，终端j接入UAV-BS$_i$应满足信干噪比门限γ_{th}要求；约束(7.3.f)表示 UAV-BS 之间构成联通的骨干网络。式(7.3)的求解是 NP 难的。

7.2.3　求解算法

从模型看，多 UAV-BS 的位置、功率和频率分配都影响 UAV-BS 网络对地面终端的覆盖。但是同时联合的求解是困难的，显著增加了问题求解的复杂程度，适应大规模组网(如更多的 UAV-BS 或更多的用户)难度大。在地面蜂窝组网中，一个经验做法是：根据地域大小、用户分布和地理条件确定各个基站的位置，然后通过频率或功率规划优化网络覆盖。本模型的求解，考虑通过频率规划和功率优化来降低对 UAV-BS 组网中布局位置的严苛要求，并尽可能最大化覆盖范围。具体思路是：首先根据地面用户分布获得一个可接受的 UAV-BS 组网定位布局，然后通过频率规划和功率优化，使尽可能多的用户在 UAV-BS 覆盖范围内且满足信干噪比的要求。

1. UAV-BS 组网定位布局

分为两个阶段：一是根据用户分布进行多中心聚类，将聚类中心作为UAV-BS的位置；二是为维持骨干网连通性，对 UAV-BS 位置进行最小幅度调整。m 个点位被随机选择作为 m 个 UAV-BS 的初始位置，分别表示为(x'_i, y'_i, H)，$i=1,2,3,\cdots,m$。然后，基于 K-means 算法的多中心聚类对节点位置进行优化。根据地面终端到簇中心点的距离，所有地面终端被分为 m 个簇。算法流程如下：

伪码 7－1：面向 UAV-BS 部署的多中心聚类
Input：UAV-BS 数量 m，终端位置$P_j=(a_j,b_j)$，$j=1,2,\cdots,n$，门限c_{th}
1. 从 $\{P_j, j=1,2,\cdots,n\}$ 中随机选择 m 个元素，即 $(x'_i,y'_i) \in \{P_j, j=1,2,\cdots,n\}$，$i=1,2,\cdots,m$，作为 UAV-BS 初始位置$(x'_i, y'_i, H)$，并且初始化簇指示变量$k_{ij}=0$；
2. 将所有终端分类到 m 个簇中，并更新k_{ij} for $j=1,2,\cdots,n$ 　$i_0=i$, s.t. $\min\limits_{\forall i}\|(x'_i,y'_i)-(a_j,b_j)\|$ 　$k_{i_0 j}=1$ 　　　end

---

3.计算每个簇中终端位置的平均值,更新 UAV-BS 的位置

for $i=1,2,\cdots,m$

$$(x''_i,y''_i)=\frac{1}{\sum_j k_{ij}}\sum_j k_{ij}(a_j,b_j)$$

$$\Delta d_i=||(x''_i,y''_i)-(x'_i,y'_i)||$$

end

$(x'_i,y'_i,H)=(x''_i,y''_i,H)$,$\forall i$

4.比较 UAV-BS 位置变化,如果$\Delta d_i\leqslant c_{th}$,$\forall i$,中止流程,否则回到步骤(2)开始执行。

Output:(x'_i,y'_i,H),$\forall i$

适应终端位置分布,可以得到 UAV-BS 位置。尽管如此,UAV-BS 之间骨干网的连通性可能难以保证。因此,提出一种最小化调整策略,求解一个单目标非线性约束优化问题来进一步调整这些 UAV-BS 位置,使得 UAV-BS 间满足自组织连通的要求。记 UAV-BS 构成的骨干网为 $G(E,V)$,其中顶点集合 $V=\{U_i,i=1,2,\cdots,m\}$,边的集合 $E=\{e_{i_1 i_2},i_1,i_2=1,2,\cdots,m,i_1\neq i_2\}$。对于边 $e_{i_1 i_2}$,它的长度 $d(U_{i_1},U_{i_2})=\|U_{i_1}-U_{i_2}\|=\sqrt{(x'_{i_1}-x'_{i_2})^2+(y'_{i_1}-y'_{i_2})^2}$。如果 $d(U_{i_1},U_{i_2})\leqslant R$,可以认为$U_{i_1}$和$U_{i_2}$之间是连通的,于是能够得到 $G(E,V)$ 的邻接矩阵$\boldsymbol{A}_{m\times m}$。如果 $d(U_{i_1},U_{i_2})\leqslant R$,则 $A_{i_1 i_2}=1$,否则 $A_{i_1 i_2}=0$。进一步令 $\boldsymbol{B}=\sum_{\xi=1}^{m-1}A^\xi$,若 $\boldsymbol{B}$ 中所有元素均不为 0,则 $G(E,V)$ 是一个连通图,反之,若 $\boldsymbol{B}$ 中存在 0 元素,则 $G(E,V)$ 不是一个连通图。根据最小化调整原则,提出一种方法得到预期连通骨干网的邻接矩阵:基于一定步长(ΔR)逐渐增加中继链路距离,相应更新骨干网图 G 的邻接矩阵,直到 G 是连通的。假设调整后 UAV-BS 位置是 (x_i,y_i,H),可以得到

$$\min\sum_i ||(x_i,y_i)-(x'_i,y'_i)|| \tag{7.4}$$

s. t.

$$||(x_{i_1},y_{i_1})-(x_{i_2},y_{i_2})||\leqslant R, \quad A'_{i_1 i_2}=1, \quad i_1\neq i_2.$$

式(7.4)是一个经典的凸优化问题,易于求解,完整的连通性调整算法如下:

伪码 7－2：面向连通性的 UAV-BS 位置调整

Input：UAV-BS 初始位置 (x'_i, y'_i, H)，$i=1,2,\cdots,m$，中继链路传输距离 R，步长 ΔR

1. 基于 $(U_1, U_2, \cdots, U_m)$ 构建图 G，计算 $d(U_{i_1}, U_{i_2})$，$i_1, i_2 = 1, 2, \cdots, m$，得到邻接矩阵 $\boldsymbol{A}$；

2. 计算矩阵 B，判断 G 的连通性，如果连通，终止流程，否则转到步骤(3)；

3. 基于步长 ΔR 增加中继链路距离，即 $R = R + \Delta R$，更新邻接矩阵 $\boldsymbol{A}'$；

4. 判断 G 的连通性，若连通，转到步骤(5)，否则转到步骤(3)；

5. 基于模型(4)求解调整的 UAV-BS 位置。

Output：(x_i, y_i, H)，$\forall i$

2. 多 UAV-BS 组网频率规划

假设整个网络可用的频点数为 F_{num}，例如，$F_{num} = 1$（即同频组网），$F_{num} = 2$（即双频复用组网）。提出遗传算法来优化频率规划。对于 UAV-BS$_i$ 采用的频点为 f_i，$f_i \in \{1, 2, \cdots, F_{num}\}$，则所有 UAV-BS 的频率分配方案形成一个自然数编码序列 $\overline{f_1 f_2 f_3 \cdots f_m}$，当令 UAV-BS$_i$ 初始发射功率为 $p_0 = (p_{min} + p_{max})/2$，代入式(7.3)，可以得到每种频率分配方案对应的有效覆盖终端数量，优化的目标是使得覆盖终端数量最多，或使得未被覆盖终端数量最少。令 $J = n - \sum_{i=1}^{m} \sum_{j=1}^{n} u_{ij}$，当种群规模为 N，对应 N 个频率编码序列，可以得到 $J_1, J_2, \cdots, J_N$，且 $J_{max} = \max \{J_1, J_2, \cdots, J_N\}$，$J_{min} = \min \{J_1, J_2, \cdots, J_N\}$，可以定义归一化适应度函数为：

$$F_\theta = \left(\frac{J_{max} - J_\theta + \alpha}{J_{max} - J_{min} + \alpha} \right)^\beta, \quad \theta = 1, 2, \cdots, N \tag{7.5}$$

式中，α 是一个接近于 0 的正数，如 $\alpha = 10^{-6}$；β 是一个较小的正整数，如 $\beta = 2$。通过多次选择和交叉、变异操作，可以获得最优频率分配序列，完整的算法流程如下：

伪码 7－3：针对 UAV-BS 部署的频率分配

Input：UAV-BS 位置 U_i，$i = 1, 2, \cdots, m$，终端位置 P_j，$j = 1, 2, \cdots, n$，传播环境相关参数 a、b、η_{LoS} 和 η_{NLoS}，通信相关参数 f、F_{num}、p_0、Λ_{th}、γ_{th}、σ^2，适应度控制参数 α、β，种群规模 N，最大迭代次数 T

1. 构建初始种群 $(V_1, V_2, \cdots, V_N)$，计算 $d(U_i, P_j)$，$\forall i, \forall j$；

2. 计算种群中每个个体对应的归一化适应度；

2.1 对于 V_θ，$\theta \in \{1,2,\cdots,N\}$，对应一种 UAV-BSs 频率分配方案，遍历所有 UAV-BSs 和终端，得到覆盖终端数量 D_θ

  for P_j，$j=1,2,\cdots,n$，U_i，$i=1,2,\cdots,m$

  if $(6.3.c)$，$(6.3.d)$，$(6.3.f)$ 都满足要求 $D_\theta = D_\theta + 1$ end

  end

2.2 对于 V_θ，计算 $J_\theta = n - D_\theta$，并根据表达式 (7.5) 计算 F_θ，记录最大适应度对应的编码序列 V_{max} 和覆盖终端数 D_{max}

3. 选择与交叉操作，对 F_θ，$\theta = 1,2,\cdots,N$，从大到小排序，对应选择一定要比例 η（e.g.，$\eta = 20\%$）靠前的个体直接遗传至下一代，并基于这部分个体进行交叉操作（例如采用两点交叉），维持种群规模不变；

4. 变异操作，从种群按一定比例 ε（e.g.，$\varepsilon = 5\%$）随机选择个体，并对个体中 ρ 个基因位进行变异，变异值范围 $\{1,2,\cdots,F_{num}\}$；

5. 更新种群 $(V_1,V_2,\cdots,V_N)$；

6. 验证迭代次数是否大于 T，若是则终止流程，否则转步骤 (2)。

Output：最优频率分配编码序列 V_{max} 和覆盖终端数 D_{max}

3. 多 UAV-BS 功率调整优化

  上述是在所有 UAV-BS 均为初始发射功率时得到的结果，接下来需要对功率进一步优化，降低不必要的功率发射和干扰，最大化增加有效覆盖的终端数量。UAV-BS 初始发射功率为 $p_0 = (p_{min} + p_{max})/2$，调整范围为 $[p_{min},p_{max}]$，提出将其功率调整策略设定为按一步间隔步长调整。令 $p_{max} - p_{min} = 2\kappa\Delta p$ $\kappa \in z^+$，UAV-BS$_i$ 调整后的发射功率为 $p_i = p_0 + \varphi_i \Delta p$，$\varphi_i \in \{-\kappa,-(\kappa-1),\cdots,0,1,2,\cdots,\kappa-1,\kappa\}$，再令 $\mu_i = \varphi_i + \kappa + 1$，则 $\mu_i \in \{1,2,\cdots,2\kappa,2\kappa+1\}$，这样 $1\sim 2\kappa+1$ 的整数编码序列 $\overline{\mu_1\mu_2\mu_3\cdots\mu_i}$ 可以用来表示所有 UAV-BS 的功率调整方案。将不同编码方案代入式 (7.3)，可以得到每种功率调整方案对应的有效覆盖终端数量，优化的目标是使得覆盖终端数量最多，或使得未被覆盖终端数量最少。可以采用与上节相类似的遗传算法求解，假设种群规模为 N'，最大迭代次数为 T'，此外在对个体进行变异操作时，其个体基因值变异范围为 $\{1,2,\cdots,2\kappa,2\kappa+1\}$，完整的算法流程与上一节遗传算法流程相同。通过迭代可以得到所有 UAV-BS 的最优功率调整方案 W_{max}，在降低不必要功率发射和干扰的同时，进一步增加有效覆盖的终端数量。

7.2.4　仿真与分析

仿真场景设置如下:考虑一个郊区环境 10 km×10 km,传播环境常数 $a=$ 4.88和 $b=0.43$,LoS 传播和 NLoS 传播在自由空间传输损耗基础上的附加损耗 $\eta_{\text{LoS}}=0.1$ 和 $\eta_{\text{NLoS}}=21$,高斯白噪声功率 $\sigma^2=-95$ dBm,UAV-BS 部署高度 $H=$ 250 m,初始发射功率 $P_0=30$ dBm,在此基础上功率调整其设定为 7 挡,范围为 $\{-6\ \text{dB},-4\ \text{dB},-2\ \text{dB},0\ \text{dB},2\ \text{dB},4\ \text{dB},6\ \text{dB}\}$,工作频率在 2 GHz 频段,$\Lambda_{\text{th}}=$ -81 dBm,$Y=4$ dB,$R=2.8$ km。200 个地面终端分布在该地域内,部署 18 个 UAV-BS 构成区域覆盖网络,双频组网,即 $F_{\text{num}}=2$。通过建模与求解,可以展示一些典型结果。根据地面终端分布,多中心聚类结果如图 7.2(a)所示,经过连通性调整得到图 7.2(b)所示的结果,也即完成了所有 UAV-BS 的组网布局,图中绿色空心圆即 UAV-BS 的位置。接下来基于该位置布局进行频率分配,得到了图 7.2(d)所示的结果,不同频率以颜色区分,最优频率规划有效覆盖终端数量为 165,同时也展示 UAV-BS 有效连通的地面终端,因为是对双频分配与利用,频点数少,遗传算法迭代收敛速度快,如图 7.2(c)所示。在上述结果基础上,进一步对所有 UAV-BS 功率调整优化,如图 7.2(e)所示,有效覆盖地面终端数量上升至 182,主要是功率调整优化了部分终端的信干噪比,使更多终端能够接入 UAV-BS,UAV-BS 有效连通的地面终端如图 7.2(f)所示,同时也给出了各 UAV-BS 功率在初始功率基础上的调整变化,如图 7.2(g)所示。例如, UAV-BS$_4$ 功率在初始功率基础上增加了 4 dB(即 $pv_4=4$ dB),达到了 34 dBm,而 UAV-BS$_{12}$ 功率在初始功率基础上减少了 6 dB(即 $pv_{12}=-6$ dB),为 24 dBm,部分 UAV-BS 保持功率不变,如 UAV-BS$_{16}$。根据仿真结果,所提出的方法适应用户位置分布,考虑了频率分配与功率优化,求解算法是有效的,从而能够改进多 UAV-BS 组网的用户覆盖。

接下来对算法进一步评估。地面终端在区域内重新进行了随机分布,基于所提出的模型和算法,考虑单频组网(即所有 UAV-BS 同频)、双频组网和三频组网情况下,不同信干噪比($Y=-2$ dB$\sim$6 dB)的用户覆盖数量,并且同时展示每种情况下功率调整优化前后的结果,如图 7.3 所示。从结果对比中可以看出,由于网络中同频干扰的影响,双频组网和三频组网较之单频组网,在用户覆盖方面具有明显优势,并且当终端信干噪比要求越高时,多频组网的用户覆盖的优势越显著。三频组网和双频组网在低信干噪比时差别不明显,因此若 SINR 要求不高(如 SINR$\leqslant$2 dB),在组网中兼顾频谱效率和用户覆盖,采用双频组网也是合适的方案。无论何种情况下,功率调整对覆盖效果的改善都有不可忽视的作用,特别是在单频组网情况下,网络中同频干扰对有效通信产生的影响更加明显,对功率调整的需求越有必要。以 SINR$=4$ dB 为例,展示针对同一种组网布局,如图

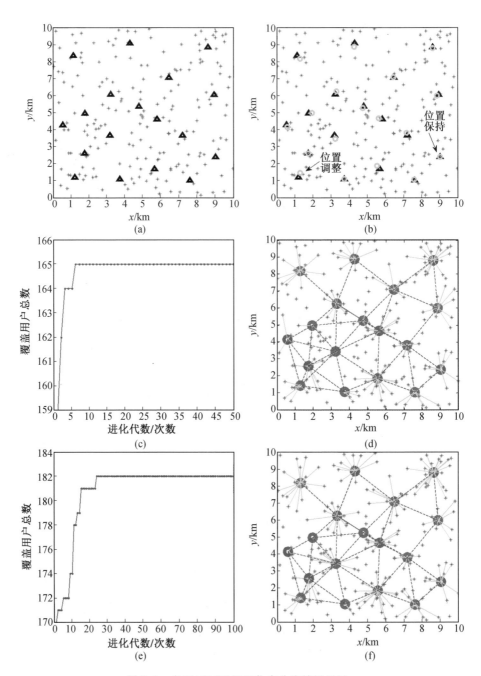

图 7.2　多 UAV-BS 组网仿真分步结果展示

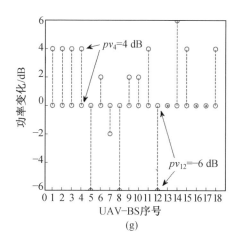

续图 7.2

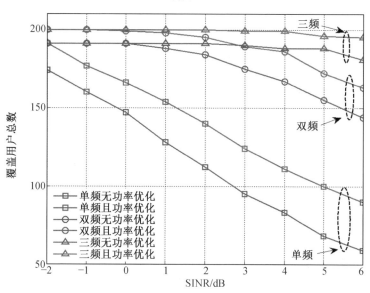

图 7.3　不同条件下网络覆盖结果比较

7.4(a)所示,图 7.4(b)～(d)依次展示单频组网、UAV-BS 功率调整、单频功率调整组网,经功率优化后,覆盖用户数从 83 增加到 111,双频组网可覆盖用户 167,进一步功率优化后覆盖用户数达 186,如图 7.4(e)～(g)所示。而采用三频组网覆盖用户数为 188,功率优化后达到 199。这些结果表明,同频干扰对多 UAV-BS 组网覆盖产生较大的影响,在 UAV-BS 组网缺乏其他同频干扰应对策略时,双频组网或三频组网对于网络覆盖优化是有效的解决方案,同时多 UAV-BS 进行功率优化对于改善用户覆盖是必要的。

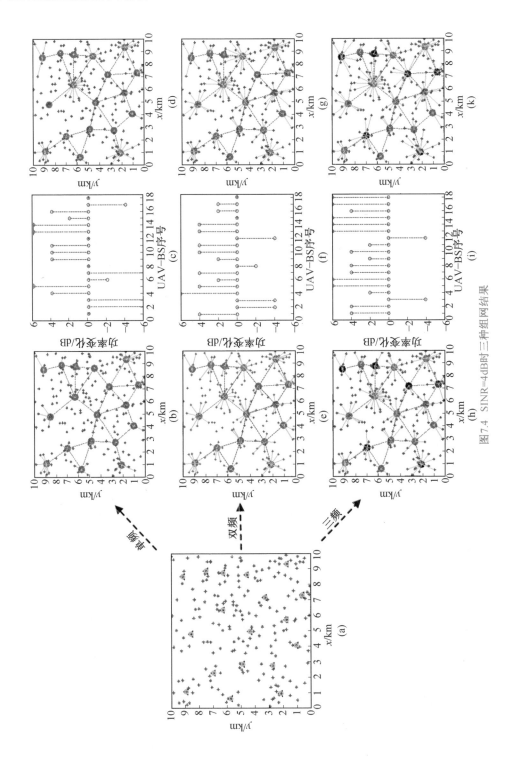

图7.4　SINR=4dB时三种组网结果

7.2.5 动态调整策略分析

本部分提出的组网模型与算法在应对网络调整时，具有以下两个特点：一是模型以最大化用户覆盖为目标，需要考虑的是 UAV-BS 部署点位、频率和功率三个要素的调整，这是一个联动的调整过程；二是考虑到快速求解，对组网要素进行了分离设计和依次优化，首先根据用户位置分布通过多中心聚类和连通性调整确定多 UAV-BS 基本组网布局，然后采用遗传算法对频率分配和功率调整进行迭代得到优化解，降低传统多因素联合优化模型及求解复杂程度，提高了模型求解的收敛速度，为网络实时调整提供了基础。此外，网络调整的触发策略参考多基站同频组网部分。结合组网模型特点，可以采取两种网络调整策略。

（1）分要素调整。

由于模型求解寻优过程中分阶段的设计，首先考虑在功率域进行调整，判断能否应对用户的移动变化，当在限定范围内调整 UAV-BS 功率后，覆盖用户数量达到可接受的程度即可；其次可以对 UAV-BS 频率进行调整，然后调整功率，判断用户覆盖情况是否满足要求即可。若仍不能达到覆盖要求，则需要依次调整 UAV-BS 部署点位、频率和功率。如图 7.5 所示，这种调整策略是尽量不调整 UAV-BS 的位置，这样能极大降低网络调整的复杂性，它能够较好地适应用户零散、局部和小范围的偏离。

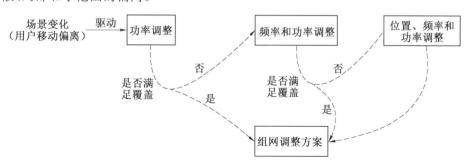

图 7.5 场景驱动的分域调整策略示意

（2）全要素调整。

当用户发生比较大程度的移动变化时，往往需要对 UAV-BS 部署位置进行调整，随之再调整频率和功率，位置调整策略可以参考多基站同频组网部分。

7.3 面向规模化应用的多基站动态蜂窝组网

7.3.1 动态蜂窝组网结构

考虑一个典型的应用场景,如图 7.6 所示。多个终端分布在一个缺乏固定通信设施的区域,部署多个 UAV-BS 构建一个临时区域网络,为地面终端提供无线接入。同时要求多 UAV-BS 间形成连通的骨干网,支持跨基站通联。主要目标是根据终端分布确定多基站节点网络布局,能够合理规划频率以支持规模化组网和满足所有终端 SINR 要求,同时最大化基站覆盖半径和最小化需要部署的基站数量(降低网络构建成本),还要适应地面终端的动态变化。

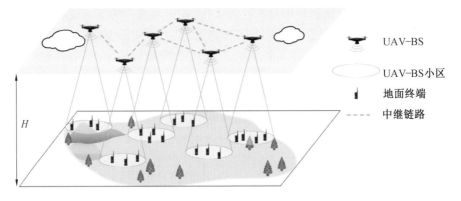

图 7.6 多基站组网示意

UAV-BS 发出的无线信号到达地面终端传播路径主要是 LoS 和 NLoS 两类,采用前述的基于统计传输损耗模型。UAV-BS 与地面终端的平均传输损耗为[3-5]:

$$L = \left[20\lg\frac{4\pi fd}{c} + \eta_{\text{LoS}}\right] \times P_{\text{LoS}} + \left[20\lg\frac{4\pi fd}{c} + \eta_{\text{NLoS}}\right] \times P_{\text{NLoS}} \tag{7.6}$$

式中,$P_{\text{LoS}} = \dfrac{1}{1 + a\exp\left(-b(\frac{180}{\pi}\theta - a)\right)}$,它是 UAV-BS 与地面终端之间建立 LoS 传输的概率,a 和 b 是由传播环境决定的常数。NLoS 传播的概率为 $P_{\text{NLoS}} = 1 - P_{\text{LoS}}$,$\eta_{\text{LoS}}$ 和 η_{NLoS} 分别是 LoS 传播和 NLoS 传播在自由空间传输损耗基础上的附加损耗,服从高斯分布。基于 LoS 和 NLoS 的统计传输损耗模型,可以得到无人机基站水平最大覆盖半径为 $R_{\max}$ 和最优高度 h_{OPT}。

不失一般性,对所提模型做以下假设。

①基于前述 LoS 和 NLoS 的概率统计模型来确定最佳高度 h_{OPT},且假设所有

UAV-BS 都在同一高度且具有相同覆盖半径 r。采用同频的 UAV-BS 具有相同的最佳高度和覆盖半径。此外,由同一频段内不同工作频率造成的UAV-BS与地面终端的平均传输损耗差异是非常小的。例如 $2\,000\sim2\,030$ MHz,以10 MHz间隔分给 3 个 UAV-BS,由式(7.6)可知,由频率不同造成的传输损耗差异最大约为 0.13 dB。因此,为简化处理,可以采用工作频段的中间频率来确定所有 UAV-BS 的覆盖半径及最佳高度。

②每个 UAV-BS 对地面通信链路的最大发射功率为 P_t,空对地仅考虑下行传输,地面终端信号接收门限为 Λ_{th},信干噪比 SINR 门限为 Y。

③UAV-BS 之间具有视距传输条件,为简化处理,设置 UAV-BS 之间的最大通信距离为 R。

考虑多 UAV-BS 对地面终端网络覆盖的场景,地面终端位置随机分布 (a_j,b_j),$j=1,2,\cdots,n$。根据蜂窝网结构,将通信地域分割为无缝拼接的多个正六边形单元,采用三频交叉复用,假设频率组分别为 (F_1,F_2,F_3),如图 7.7(a)所示。记 UAV-BS 的位置 (x_i,y_i,H),$i=1,2,\cdots,m$,当 UAV-BS 部署在最优高度 $H=h_{OPT}$,水平位置为正六边形的中心点,则其对地覆盖范围就对应该正六边形单元区域。在此架构下,UAV-BS 的位置来自正六边形单元中心点构成的候选集,这些候选位置具有规则的相对位置关系。对于某个用频为 F_1 的单元,将其编号为 $(0,0)$,将其他单元编号为 $(0,2)$,$(0,4)$,$\cdots$,$(1,1)$,$(1,3)$,$\cdots$,如图 7.7(a) 所示。当编号 $(0,0)$ 的坐标为原点 O 时,其他编号 (k_x,k_y) 的坐标为 $(\dfrac{3}{2}rk_x,$ $\dfrac{\sqrt{3}}{2}rk_y)$。适应终端分布变化,整个蜂窝网是可以移动的,它是一个动态的蜂窝网结构,如图 7.7(b)所示,在图 7.7(a)的基础上,整个网络是可以平移的,向左和向下平移分量分别为 Δx 和 Δy,此时 UAV-BS 候选位置分别为 $(\dfrac{3}{2}rk_x-\Delta x,$ $\dfrac{\sqrt{3}}{2}rk_y-\Delta y)$,当 $\Delta x=r$ 和 $\Delta y=\dfrac{\sqrt{3}}{2}r$ 时,得到图 7.7(b)。

基于上述,为了适应终端的位置分布构建 UAV-BS 网络,要考虑两个关键问题:一是正六边形单元的大小如何划分,也就是 UAV-BS 的对地覆盖半径如何确定(记为问题 P1);二是根据地面终端位置分布,确定候选集位置以及哪些单元区域需要部署 UAV-BS(记为问题 P2)。

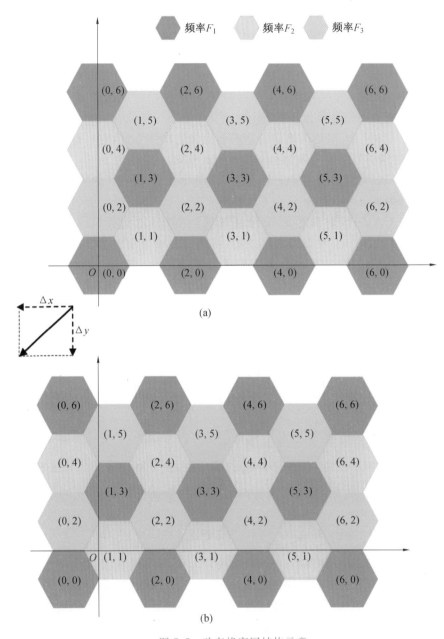

图 7.7 动态蜂窝网结构示意

7.3.2　形式化建模

首先考虑 P1，对于正六边形单元区域，希望 r 越大越好，这意味着单个 UAV-BS 能够覆盖更大的地域和更多的地面终端，有助于减少网络运行成本。但存在制约条件：①满足边界用户终端的信号接收门限要求；②满足单元区域内所有终端 SINR 均不低于信干噪比门限，从而为被网络覆盖的终端提供服务质量（QoS）保证；③满足相邻单元区域间距不大于 UAV-BS 之间的最大通信距离 R，这样才有可能通过 ad hoc 链路形成连通的骨干网。

下面对 P1 进行建模。以用频为 F_1 的单元区域 A_1 为例，如图 7.8 所示，在 A_1 的中心位置部署 UAV-BS，下面对约束条件进行说明。

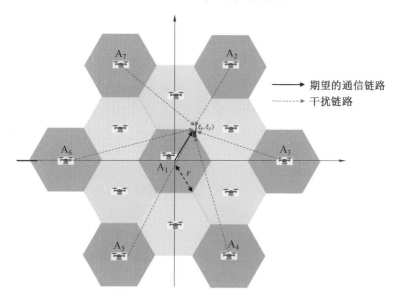

图 7.8　频率使用及同频干扰示意

对于约束条件①，其到边界用户终端的信号接收强度 $P_t - L_1$，则有 $P_t - L_1 \geqslant \Lambda_{th}$，其中 L_1 为 UAV-BS 到终端的传输损耗，采用式（7.6）计算。

对于约束条件②，考虑终端面临最恶劣信干噪比的情形，单元区域 A_1 用频为 F_1，考虑最靠近的 6 个同频单元区域（A_2、A_3、A_4、A_5、A_6、A_7），如图 7.8 所示，而更远的同频单元区域，由于距离较远，忽略其造成的同频干扰。对于单元区域 A_1，其最边缘位置（即正六边形的顶点）的终端接收 UAV-BS 信号强度最弱且信干噪比最小，记为位置 (ξ_x, ξ_y)，A_1 到该位置终端的信号接收强度为 $P_t - L_1$，它接收到最邻近的 6 个同频小区的干扰信号强度为 $10\lg\left(\sum_{k=2}^{7} 10^{\frac{P_t - L_{k1}}{10}} + 10^{\frac{\sigma^2}{10}}\right)$，其中 L_{k1} 是同频单元区域（A_2、A_3、A_4、A_5、A_6、A_7）到位置 (ξ_x, ξ_y) 的终端的传输损耗，σ^2

为高斯白噪声功率,因此单元区域 A_1 覆盖范围内最小信干噪比 $SINR_{min} = P_t - L_1 - 10lg(\sum\limits_{k=2}^{7} 10^{\frac{P_t-L_{k1}}{10}} + 10^{\frac{\sigma^2}{10}})$,进一步有 $SINR_{min} \geqslant Y$。

对于约束条件③,必须保证相邻单元区域中心位置间距在 UAV-BS 中继链路通信范围内,即 $\sqrt{3}r \leqslant R$。

则 P1 模型如下:

$$\max r \tag{7.7}$$

$$s.t.$$

$$\begin{cases} P_t - L_1 \geqslant \Lambda_{th} \\ SINR_{min} \geqslant Y \\ \sqrt{3}r \leqslant R \end{cases}$$

为了评估不同约束对半径设置的影响,做以下变换:

$$\begin{cases} P_t - L_1 - \Lambda_{th} \geqslant 0 & \text{(7.7.a)} \\ SINR_{min} - Y \geqslant 0 & \text{(7.7.b)} \\ R - \sqrt{3}r \geqslant 0 & \text{(7.7.c)} \end{cases}$$

式(7.7)是一个简单的凸优化模型,易于求解。对 P1 的模型进行如下检验:考虑一个郊区环境,传播环境常数 $a=4.88$ 和 $b=0.43$,LoS 传播和 NLoS 传播在自由空间传输损耗基础上的附加损耗 $\eta_{LoS}=0.1$ 和 $\eta_{NLoS}=21$,高斯白噪声功率 $\sigma^2=-96$ dBm,UAV-BS 发射功率 $P_t=30$ dBm,工作频率在 2 GHz 频段,可求解得到 $h_{OPT}=0.370\ 7r$。考虑位于 A_1 最边缘的终端位置(即正六边形的顶点位置)则根据式(7.6)得 $L_1=39.253\ 3+20lg\ r$,类似可得到 L_{k1} 的表达式,则 $SINR_{min}=-9.2533-20lg\ r-10lg(0.0111\ r^{-2}+10^{-9.6})$,考虑了两组情况下各约束条件对 UAV-BS 覆盖半径的影响。图 7.9(a)中三个约束条件对应可行解的范围 $(0, r_a]$、$(0, r_b]$、$(0, r_c]$。因为 $r_b<r_a<r_c$,所以能够设置的单元区域最大覆盖半径 $r_{max}=r_b$,此时覆盖范围由约束(7.7.b)决定,它是干扰受限的;同理,图 7.9(b)中因为 $r_a<r_b<r_c$,所以能够设置的单元区域最大覆盖半径 $r_{max}=r_a$,此时覆盖范围由约束(7.7.a)决定。

接下来对 P2 进行建模。UAV-BS 对地组网优势之一是可以实现按需部署,即可以根据地面终端位置分布,调整蜂窝结构的整体位置并在部分单元区域选择性部署 UAV-BS。一个地面终端只能被一个 UAV-BS 接入服务,当第 j 个终端接入到 $UAV-BS_i$ 时,记 $u_{ij}=1$,否则 $u_{ij}=0$,目标是覆盖最多终端,则模型可表示为:

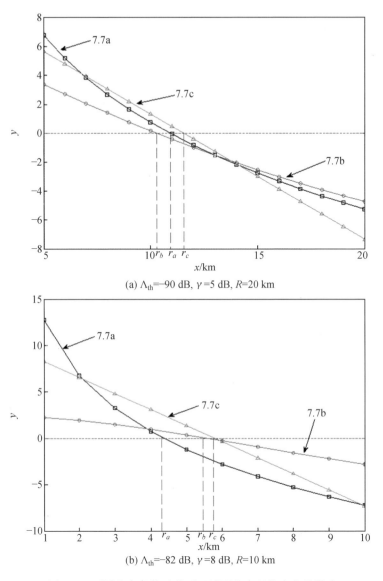

(a) $\Lambda_{th}=-90$ dB, $\gamma=5$ dB, $R=20$ km

(b) $\Lambda_{th}=-82$ dB, $\gamma=8$ dB, $R=10$ km

图 7.9 不同约束条件对单元区域覆盖半径最大化的影响

$$\min m \tag{7.8}$$

s. t.

$$\begin{cases} u_{ij} \in \{0,1\}, \quad \forall\, i, \quad \forall\, j & (7.8.\mathrm{a}) \\[2mm] \displaystyle\sum_{i=1}^{m} u_{ij} = 1, \quad \forall\, j & (7.8.\mathrm{b}) \\[2mm] u_{ij}.\, d\,(U_i, P_j) \leqslant r, \quad \forall\, i, \quad \forall\, j & (7.8.\mathrm{c}) \\[2mm] u_{ij}.\, d\,(U_i, P_j) = u_{ij}. \min\,\{d\,(U_{i'}, P_j)\,, i'=1,2,\cdots,m\}\,, \quad \forall\, i, \quad \forall\, j & (7.8.\mathrm{d}) \end{cases}$$

其中,约束(7.8.a)表示地面终端是否接入某个 UAV-BS;约束(7.8.b)表示每个地面终端接入一个 UAV-BS;约束(7.8.c)和(7.8.d)表示若 UAV-BS 为地面终端提供接入,则两者之间的距离小于覆盖半径 r,且地面终端距离该 UAV-BS 是到所有 UAV-BS 中最近的。

7.3.3　求解算法

式(7.8)理论上是 NP 难的,但基于动态蜂窝结构,可以构建规则化的 UAV-BS 位置候选集,从候选集中搜索最优解,求解的算法伪码 7—4 如下:

P2 模型求解算法伪码 7—4:

Input:终端分布区域 $L_x \times L_y$,终端位置 $P_j, j=1,2,\cdots,n$,蜂窝结构小区半径 r,平移搜索位置间距 ε_x 和 ε_y

1. 根据区域 $L_x \times L_y$,并考虑一定平移位置冗余,确定蜂窝网结构区域大小参数 (b_x, b_y)

$$b_x = \mathrm{ceil}\left(\frac{2}{3} * \left(\frac{L_x}{r} + 1\right) + 1\right) + \delta_x, \quad b_y = \mathrm{ceil}\left(\frac{2 * L_y}{\sqrt{3}\, r} + 2\right) + \delta_y$$

其中 ceil 表示向上取整,δ_x,δ_y 为较小的正整数,如 $\delta_x = \delta_y = 2$

2. 确定蜂窝网结构各小区位置(即 UAV-BS 位置候选集 C)

for $nx = 0:2:(b_x - 1)$

　　for $ny = 0:2:(b_y - 1)$

　　$C(nx, ny) = \left(\dfrac{3r}{2} * i, \dfrac{\sqrt{3}\, r}{2} * j\right)$, $C(nx+1, ny+1) = \left(\dfrac{3r}{2} * (i+1), \dfrac{\sqrt{3}\, r}{2} * (j+1)\right)$

　　end

end

---

3. 从候选集中选择最少数量小区覆盖所有地面终端,得到 UAV-BS 部署集合 U 和最小数量 m

for $C_z \in C$

 if $(\exists P_j, d(C_z, P_j) \leqslant r \& d(C_z, P_j) = \min\{d(C_z, P_j), \forall C_z\})$

  $U = \{U\ C_z\}$

  $m = \text{length}(U)$

 end

end

4. 蜂窝网结构整体平移,UAV-BS 位置候选集由 C 调整到 C',更新 UAV-BS 部署集合 U 和最小数量 m

for $\Delta x = 0 : \varepsilon_x : \dfrac{3}{2}r$

 for $\Delta y = 0 : \varepsilon_y : \dfrac{\sqrt{3}\,r}{2}$

  $C'(nx, ny) = C(nx, ny) - (\Delta x, \Delta y)$

 对位置候选集 C',类似执行步骤 3,得到 UAV-BS 部署集合 U' 和最小数量 m'

  If $(m' < m)$ $U = U', m = m'$ end

 end

end

Output:UAV-BS 部署集合 U 和最小数量 m

通过对 P1 和 P2 建模及求解,对于在区域 $L_x \times L_y$ 内随机分布的地面终端,可以实现部署尽可能少的 UAV-BS,且具有连通骨干网,覆盖所有地面终端,同时保证边缘终端用户的信号质量要求。但是,在一些非随机分布的场景中,UAV-BS 之间骨干网的连通性可能会难以保证,可以补充少量 UAV-BS 作为空中中继节点,修复骨干网的连通性,中继节点部署的求解过程如下:

记空中 UAV-BS 构成的骨干网络为 $G(E, V)$。其中,V 是空中 UAV 构成的顶点集合,可表示为 $V = \{U_i\}, i = 1, 2, \cdots, m, E = \{e_{i_1 i_2}, i_1, i_2 = 1, 2, \cdots, m, i_1 \neq i_2\}$,其中 $e_{i_1 i_2}$ 的距离 $d(U_{i_1}, U_{i_2}) = \|U_{i_1} - U_{i_2}\| = \sqrt{(x_{i_1} - x_{i_2})^2 + (y_{i_1} - y_{i_2})^2}$。若 $d(U_{i_1}, U_{i_2}) \leqslant R$,视为两者连通,可以得到 $G(E, V)$ 的邻接矩阵 $\boldsymbol{A} = \{a_{i_1 i_2}\}, i_1, i_2 = 1, 2, \cdots, m$,即若 $d(U_k, U_w) \leqslant R$,则 $a_{kw} = 1$;若矩阵 $\boldsymbol{B} = \sum\limits_{\xi=1}^{m-1} A^\xi$,若 $\boldsymbol{B}$ 中元素全部为非零元素,则 $G(E, V)$ 是连通图。反之,若 $\boldsymbol{B}$ 中存在零元素,则为非连通图,B

中非零元素对应的顶点之间可以直接连通或经其他节点连通。按一定步长（ΔR）增加中继链路距离，即 $R=R+\Delta R$，更新邻接矩阵 A'，直到 G 为连通图。记 $\Delta A=A'-A$，根据 B 中非零元素位置将 ΔA 对应位置元素置为 0，接下来 ΔA 中的非零元素即为原骨干网络需要修复的中继链路。其伪码 7-5 如下：

算法伪码 7-5：中继链路修复算法

Input：UAV-BS 部署位置 $(U_1,U_2,\cdots,U_m)$，UAV-BS 之间通信链路传输距离 R，链路传输距离增加步长 ΔR

1. 根据 UAV-BS 部署位置为顶点构建图 G，计算顶点间的距离 $d(U_{i_1},U_{i_2})$，$i_1,i_2=1,2,\cdots,m$，得到邻接矩阵 A

2. 判断 UAV-BS 骨干网络（即图 G）的连通性，若 G 是连通图，终止

3. 当图 G 非连通时

while（图 G 非连通）

   3.1 按一定步长（ΔR）增加中继链路距离，即 $R=R+\Delta R$，更新邻接矩阵 A'

   3.2 根据邻接矩阵 A' 判断图 G 的连通性，若 G 是连通图，终止；若为非连通图，继续循环

end

4. 得到需修复链路表达式 $\Delta A=A'-A$，并基于 B 中非零元素位置将 ΔA 对应位置元素置 0，若 $B(i_1,i_2)\neq 0$，则 $\Delta A(i_1,i_2)=0$，则 ΔA 中的非零元素就是原骨干网络需要修复的中继链路

5. 逐一修复链路

for $i_1,i_2=1,2,\cdots,m$

  if $\Delta A(i_1,i_2)=1$

    补充部署的中继节点数量 $w=\mathrm{ceil}\left(\dfrac{d(U_{i_1},U_{i_2})}{R}\right)-1$，其部署位置为 $\left(\dfrac{\rho U_{i_1}+(w+1-\rho)U_{i_2}}{w+1}\right)$，$\rho=1,2,\cdots,w$

    如果修复链路后网络连通，链路修复终止，记已修复链路集合 E。

  end

end

Output：$\left(\dfrac{\rho U_{i_1}+(w+1-\rho)U_{i_2}}{w+1}\right)$，$\rho=1,2,\cdots,w$，$(i_1,i_2)\in E$

需要指出的是，对一些非随机分布的场景，若通信区域大、终端分布稀疏或用户群之间空间割裂较严重，用 UAV-BS 作为空中中继节点来修复连通性代价

太大。此时,不适合采用多个 UAV-BS 以自组织网络形式构建连通骨干网,而应通过卫星等远程中继链路来实现连通性。

7.3.4 仿真分析

仿真场景中,假设一个 24 km×18 km 的郊区环境,传播环境常数 $a=4.88$ 和 $b=0.43$,LoS 传播和 NLoS 传播在自由空间传输损耗基础上的附加损耗 $\eta_{\mathrm{LoS}}=0.1$ 和 $\eta_{\mathrm{NLoS}}=21$,高斯白噪声功率 $\sigma^2=-96$ dBm,UAV-BS 发射功率 $P_t=30$ dBm,工作频率在 2 GHz 频段,在此频段内划分 3 个子频段供频率复用,$\Lambda_{\mathrm{th}}=-80$ dBm,$Y=8$ dB,$R=8$ km,200 个地面终端分布在该地域内。基于上述条件,通过模型 P1 可求解得到 $r=3.45$ km。当应用 UAV-BS 蜂窝网结构来覆盖地面终端时,考虑地面终端呈现不同的随机分布。如图 7.10(a) 所示,终端整体线状分布,基于模型 P2 的求解,部署 9 个 UAV-BS 实现了对区域的全部覆盖,并

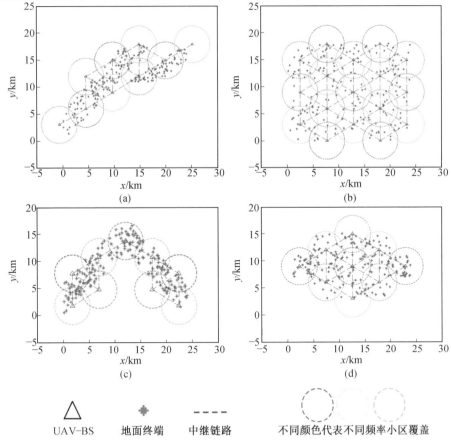

图 7.10 不同终端分布的 UAV-BS 蜂窝覆盖网络

规划了每个 UAV-BS 对应小区的频率以及三个频率的复用情况,同时保证了 UAV-BS 之间骨干网络的连通性。如图 7.10(b)所示,区域内终端位置随机,分布较广,整体位置态势呈面状,类似求解可以得到,通过频率分配与复用,部署 17 个 UAV-BS 组成的蜂窝网络能够覆盖所有地面终端,并且 UAV-BS 骨干网是连通的。图 7.10(c)和图 7.10(d)分别展示了当终端整体分布为折线或菱形时,通过 P2 模型求解,能够部署尽可能少的 UAV-BS 数量,构建蜂窝网络覆盖所有地面终端。蜂窝网络结构在频率分配与复用,以及骨干网连通性等方面具有优势。仿真结果表明,所提方法具有较好的适应性,能够适应终端分布,部署尽可能少的 UAV-BS 实现有效覆盖。

7.3.5 动态调整策略分析

在所提出的模型中,UAV-BS 的相对位置和频率分配比较规则,求解方法效率高,能够适应终端用户动态变化。这里的网络调整只针对终端用户变化超出所有 UAV-BS 的覆盖范围,由于动态蜂窝网对应用地域是无缝覆盖,一般构网时会有网络边界的冗余,这种架构设计能够明显降低网络调整的频次。

网络具体调整的触发策略参考多基站同频组网部分。当进行网络调整时,动态蜂窝网有三种调整策略。

(1)网络整体平移。

由于覆盖需要,一些情况下地面用户行动路线兼具方向性或聚集特征,在超过原先 UAV-BS 覆盖范围后,UAV-BS 通过模型计算,可以向用户群移动方向平移一段距离即可保持用户网络覆盖(这里的计算参考模型 P2),则网络可以进行整体平移,调整比较简单。

(2)网络局部调整。

一部分用户超出网络覆盖范围,UAV-BS 通过模型计算,需要调整基站部署点位,由于 UAV-BS 预期点位都是规则位置集,因此仅需要调整部分基站点位,如图 7.11 所示。

(3)混合调整。

集成前面两种策略,针对新的场景进行动态蜂窝网络模型计算,明确在当前场景 UAV-BS 点位的基础上,需要整体平移再进行局部调整,从而能够维持对用户的跟踪覆盖。

此外,位置调整时,还需要考虑 UAV-BS 频率的相应调整。在三频复用的动态蜂窝网架构中,明确位置调整后,所有 UAV-BS 位置是规则的,按照频率交叉间隔即可。

接下来对区域内地面终端移动带来的网络调整变化进行仿真评估。假设 200 个地面终端在 24 km×18 km 区域内随机分布,根据式(7.7),最少部署 13

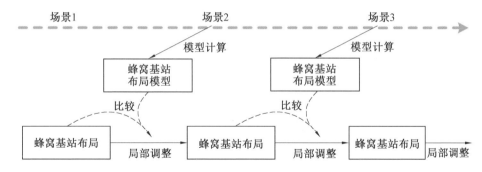

图 7.11　场景驱动的网络局部调整策略示意

个 UAV-BS 组成的蜂窝网才能覆盖所有终端,如图 7.12(a)所示。假设网络运行一段时间后,其中 50 个地面终端移动,位置发生变化,部分终端已经超出了原有 UAV-BS 网络的覆盖范围,如图 7.12(b)所示。为确保对全部终端的覆盖,针对新的终端位置分布,采用式(7.7)求解得到了图 7.12(d)所示的结果,新的 UAV-BS 蜂窝网络能够实现对所有终端的覆盖。对比原来的网络,新的网络可以在原来网络的基础上进行规则地调整来实现,如图 7.12(c)所示。调整变化主要有两点:一是移除 2 个 UAV-BS 对应的小区(图中"remove"标识的小区),增加 3 个 UAV-BS 构建新的小区(图中"add"标识的小区);二是网络整体(即每个 UAV-BS)直线平移,分解到 x 轴正方向和 y 轴正方向的平移量分别为 1.725 km 和 0.919 3 km。在这一网络调整过程中,无须进行频率和中继链路的全局性调整和重新规划,所提蜂窝网络结构及模型,能够适应终端的动态变化。在上一个网络状态的基础上,以尽可能少的网络构建成本,通过增量方式保持对所有终端的持续覆盖。

当地面用户分布在空间上分片割裂时,可以采取调整修补策略。在动态蜂窝网络结构下,通过对 P1 和 P2 建模及求解,可以实现部署尽可能少的 UAV-BS,覆盖所有地面终端,同时保证边缘终端用户的信号质量要求。但是,当区域内终端分布态势出现割裂的情况时,如图 7.13(a)所示,UAV-BS 骨干网的连通性可能难以保证,提出的修补方法能够有效应对这一场景。接下来展示一组仿真结果,所提方法能够根据 UAV-BS 位置及连通情况,补充部署 2 个 UAV 中继节点,可修复两条中继链路,形成连通的骨干网,结果如图 7.13(b)所示。UAV 中继节点仅为 UAV-BS 之间提供信息中继,而不提供对地接入,因此它无须在蜂窝网结构下分配频率和规划位置。通过部署尽可能少的 UAV 中继节点来修复链路,确保 UAV-BS 骨干网络的连通性。但是,若终端分布在较大区域,且位置分布稀疏或用户群之间空间割裂较严重,用 UAV 中继节点来修复骨干网连通性代价太大。此时,采用多个 UAV-BS 以自组织网络形式构建连通骨干网不是合适的解决方案,而应通过卫星等远程中继链路来实现连通性。

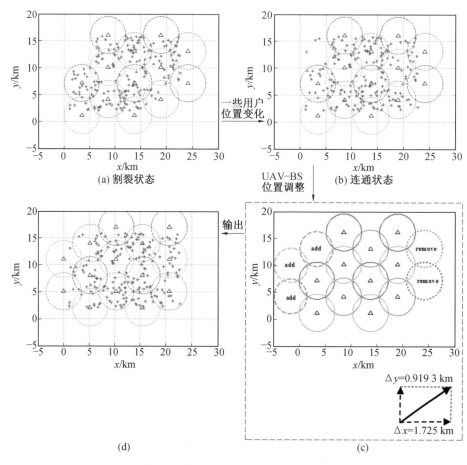

图 7.12　部分终端移动后 UAV-BS 蜂窝网络的动态调整

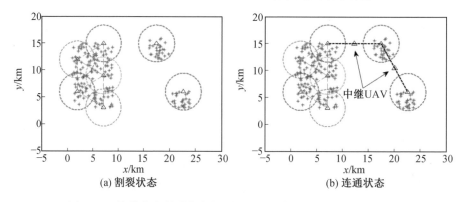

图 7.13　终端分布割裂状态的 UAV-BS 网络覆盖与中继点补充

空中动态蜂窝网结构采用三频复用方式,保证小区边缘用户 SINR 要求,并能根据地面用户分布特征,最小化无人机基站部署数量,支持基站间形成连通的骨干网。当区域内终端移动时,所提蜂窝网络结构及模型,无须进行频率和中继链路的全局性调整和重新规划,在上一个网络状态的基础上,以尽可能少的网络构建成本,通过增量方式保持对所有终端的持续覆盖,适应地面用户的动态变化。此外,针对终端分布割裂状态,所提方法能够根据 UAV-BS 位置及连通情况,以尽可能少成本补充部署 UAV 中继节点,形成连通的骨干网。

本章参考文献

[1] HU Y Z, TIAN C Y, MA D W, et al. Deployment algorithms of multi-UAV-BS networks with frequency reuse and power optimization[J]. Telecommunication systems,2024,86(4):729-741.

[2] HU Y Z, TIAN C Y, ZHANG F B, et al. A dynamic cellular network framework for multi-UAV-BS deployment [J]. Wireless personal communications,2023,131(4):2991-3007.

[3] AL-HOURANI A, KANDEEPAN S, LARDNER S. Optimal LAP altitude for maximum coverage[J]. IEEE wireless communications letters,2014,3(6):569-572.

[4] SABZEHALI J, SHAH V K, FAN Q, et al. Optimizing number, placement, and backhaul connectivity of multi-UAV networks[J]. IEEE Internet of Things journal,2022,9(21):21548-21560.

[5] ALZENAD M, EL-KEYI A, LAGUM F, et al. 3-D placement of an unmanned aerial vehicle base station (UAV-BS) for energy-efficient maximal coverage[J]. IEEE wireless communications letters,2017,6(4):434-437.

第8章

系留无人机基站组网分析

理论层面研究较多的是非系留无人机基站(UAV-BS,简称非系留基站)组网与优化,其传输信道、网络模型等也适用于系留无人机基站(tUAV-BS,简称系留基站)通信组网。系留基站由于供电可持续,在实际场景中应用更加常见,而且具有一些差异化应用和组网特征,下面予以介绍。

8.1 概述

在应急保障、地理测绘、农林植保、环境检测、物流配送等民用领域,以及侦察监视、火力打击、通信保障、电子对抗、后装保障等军事领域,非系留基站具有高度的移动自由性和部署灵活性,获得了广泛应用。但是,在通信领域的应用中,存在以下三个方面的不足[1]。

一是载荷能力有限,影响通信载荷安装。当搭载通信基站设备,作为空中基站为地面用户提供移动网络接入时,需要为它安装天线和多个处理单元(包括基带处理和射频单元)。这对非系留基站的载荷能力提出了高要求。然而,其可用的载荷能力是有限的,特别是小中型非系留无人机,这将影响基站设备和天线组件的安装。

二是机载电源受限,通信能耗面临挑战。非系留基站的飞行动力推进和载荷能源供给均来自机载电源(如旋翼无人机电池),飞行动力耗能占据绝大多数,留给通信载荷的能源十分有限。信号发送和接收、数据处理等,都需要消耗机载电源的能量,而且基站设备的耗能也在增加,5G基站大约是4G基站能耗的3倍,这就引发了机载电源的有限性供给与基站设备的高耗能需求之间的矛盾。

三是飞行时间有限,空中服务性能降低。大多数非系留基站,在机载电池耗尽之前能够支持飞行或悬停的时间不超过 1 h[1]。因此,每隔 1 h 左右,就需要重新返回地面充电或更换电池,然后再飞回原部署位置或空域。非系留基站临时离开其空中定位点,导致网络接入中断,势必会降低其空中服务性能。

能源供给是非系留基站存在不足的根本原因所在,要获得可靠和持续的飞行,最为关键的办法是确保无人机平台拥有持续稳定的能源供给[2,3]。幸运的是,系留无人机可以较好地解决该问题[3]。

在系留无人机辅助的通信系统中,搭载通信设备(如基站、中继或终端设备等)的无人机与地面站(Ground Station, GS)之间连接着一条系留线缆(简称系缆),通常由一条电源电缆和一条信号光缆构成。通过电源电缆,GS 可以为空中 UAV 提供持续不间断的能源供给,支持 UAV 动力系统和载荷设备 24 h 不间断工作;通过信号光缆,GS 可以为空中基站提供大容量的回传链路,像陆地基站一样,支持空中基站与核心网之间的大容量、低时延通信链路建立。同时,还可以将基站设备中除天线和射频单元以外的设备部署安装在地面,进一步降低 UAV 通信载荷,支持 UAV 搭载更多的天线、射频单元以及其他载荷设备。

因此,通过系缆,空中的无人机不再受机载电源的限制,满足各类载荷设备能耗需求,支持更长的飞行时间。同时,还解决了非系留无人机作为空中基站面临的另一个挑战——无线回传通信[4-7]。目前,针对非系留无人机通信组网的研究工作较多,但是针对系留无人机的研究工作则十分有限,而且主要聚焦于某一性能的优化部署。

针对一种点对点单用户通信链路场景,文献[1]对 tUAV 的优化部署进行研究,给出了 tUAV 悬停区域的定义和优化问题的形式化描述,推导确定在不同距离条件下 tUAV 系缆长度和系缆倾角最优解的上限和下限,同时基于最大化 LoS 路径概率给出了 tUAV 部署的一种次优解。

针对地面区域内的多用户通信场景,文献[8]试图找到 tUAV 的最优部署,在确保对地面用户的全部覆盖和相邻 tUAV 之间的持续连接的条件下,使得区域覆盖组网所用 tUAV 的数量最少。在文献[9]中,作者给出一种 tUAV 辅助的空中基站与陆地基站协作构建异构蜂窝网络的方法,基于网络用户总速率最大化策略优化空中基站和陆地基站的部署,同时将该优化问题分解为 tUAV 部署、用户连接和资源分配三个子问题进行优化解决。在文献[10]中,作者比较分析了 tUAV 辅助的和 uUAV 辅助的陆地蜂窝小区流量卸载,采用随机几何工具,推导出用户与陆地基站和空中基站之间的联合距离分布;基于最大化端到端信噪比(SNR),明确了用户连接策略和标识相应连接区域问题;基于陆地基站的位置,给出了 tUAV 辅助的和 uUAV 辅助的网络总覆盖概率,同时分析证明了 UAV 的最优部署。在文献[11]中,考虑到用户分布在时间上的潮汐效应,针对三种典型的 tUAV 应用场景,基于平均路径损耗最小化策略,作者采用随机几何工具,分析了 tUAV 的覆盖性能、能量效益及其最优部署。

针对陆地蜂窝网络规模化组网问题,文献[12]给出了一种 tUAV 辅助的大规模蜂窝网络部署方法,对 tUAV 部署最优系缆长度和最优系缆倾角进行分析,同时基于信干噪比分析空中基站的覆盖概率。文献[13]给出了一种 tUAV 搭载4G 和 5G 基站的通信方案,并对其下行链路预算与覆盖能力进行仿真分析。考虑到 tUAV 在未来 6G 蜂窝网络中的应用潜力,文献[14]对 tUAV 的系统构成、主要优点和典型用例等进行了研究,对基于 tUAV 和 uUAV 的空中基站覆盖概率进行仿真比较,分析了 tUAV 作为空中基站所面临的困难与挑战。

此外,针对应急通信场景,文献[15]提出一种使用 tUAV 和 uUAV 混合组网的方法,用于恢复受地震、水灾等影响而中断的 4G/5G 网络信号覆盖,并基于能量消耗最小化策略对网络进行优化部署。文献[16]针对海上应急通信场景,对 tUAV 空中中继应急通信系统进行了研究,包括系统构成、主要功能和信息接口等,同时还对系统覆盖能力进行仿真分析。

综上所述,在通信组网应用中,tUAV 可以解决 uUAV 面临的能源供给、飞行时间以及回传链路容量等问题,得到了越来越多的关注。但是,在 tUAV 系统中,受限于 UAV 与 GS 之间连接的系缆,使得 tUAV 不再像 uUAV 那样具有移动的自由性和部署的灵活性,会受到约束:一是受地面站位置及其所处屋顶或安装平台的可用性和可达性的限制;二是考虑系缆最大长度,tUAV 围绕 GS 移动的自由度有限;三是受周围环境的影响,为保证系缆不会缠绕上周围建筑物或树木等物体,确保系缆及系统的安全,系缆的最小倾角会受到影响,从而约束 UAV 的移动和部署。

tUAV 部署涉及三个方面:一是 GS 的位置和高度,二是 tUAV 的系缆长度,三是 tUAV 的系缆倾角。与 uUAV 相比,tUAV 的部署具有三个显著的区别:一是由于具有稳定的能源供给,tUAV 并不关心其移动最小化和飞行时间问题,因此移动轨迹并非其关注点;二是 tUAV 的飞行高度及其在地面上的投影位置要受到最大系缆长度和最小系缆倾角的限制;三是因其有限的移动自由度和部署灵活性,tUAV 完成的可能是次优部署,而不像 uUAV 可以实现理论上的最优部署。也要认识到,在通信组网应用中,tUAV 的部署与使用并非易事,除需考虑 GS 的高度与位置、系缆长度和系缆倾角等表象因素之外,还需考虑诸如覆盖半径、覆盖概率、路径损耗、发射功率等更深层次的通信系统性能与效能问题。

8.2　系统组成与相对优势

8.2.1　系统组成

tUAV 是像"风筝"一样放飞的无人机,因其具有长时间不间断工作、传输容量大、信号稳定可靠、操作简便等突出特点,在应急通信、灾害救援等领域具有较多实际应用。tUAV 主要由无人机(UAV)、地面站(GS)、数据链、任务载荷、系留线缆(系缆)五部分组成[17],如图 8.1 所示。

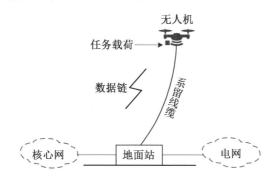

图 8.1　tUAV 组成结构示意图

(1)无人机。

无人机是基于多旋翼无人机、飞艇和无人直升机等飞行器研发的,适用于长时间滞空作业的无人飞行平台。对于 tUAV,通常是低空平台,由机体、动力系统、电气系统、电源监控系统、飞行控制与导航系统等构成。

(2)地面站。

地面站主要由电源、收放线装置和控制单元构成。电源可以是市电、油机或发电机。收放线装置是一种可手动或自动地对系留线缆进行放线、排线和收线的线缆收纳控制装置。控制单元接收来自飞行控制与导航系统的飞行控制模式、飞行状态信息、遥控控制信息和导航数据,采集处理电源监控系统数据,并对电源监控系统和收放线装置进行控制。

(3)数据链。

作为 UAV 与 GS 联系的纽带,数据链是一种由数据终端和通信协议构成的数据通信网络,用于实现对 UAV 的遥测(机载设备工作状态参数和 UAV 飞行参数)、遥控(机载设备工作状态和 UAV 飞行状态)、定位跟踪、任务载荷信息传输等。数据链通常由机载数据终端和地面数据终端两部分组成。

（4）任务载荷。

任务载荷是搭载到无人机平台上的各类设备，是 tUAV 用于执行特定任务的工具。例如，用于侦察监视的雷达、光电设备，用于通信的基站、终端或中继设备，用于图像采集的摄像机、照相机，等等。

（5）系留线缆。

系留线缆是一种特殊的电力和信号复合线缆，采用电缆传输电力，采用光纤传输任务载荷的光电信号。通过系留线缆可以给无人机和任务载荷提供持续的电源，使无人机可 24 h 不间断地在空中悬停，确保搭载的任务载荷设备 24 h 不间断工作，并可将空中信号通过线缆内的光纤实时稳定回传至地面网络。

为了描述和使用的方便，在不特别强调的情况下，通常也使用 tUAV 指代系留无人机的重要组成部分之一——无人机。

8.2.2 相对优势

当 tUAV 被用作辅助通信而成为空中基站（tUAV-BS）时，其部署高度通常高于地面基站（TBS），而低于 uUAV 搭载基站设备构成的空中基站（uUAV-BS）部署高度。正是因为 tUAV-BS 部署高度适中，相较于 TBS 和 uUAV-BS，具有一些相对优势。在持续工作时间、机载载荷能力、回传链路容量、LoS 路径概率、自由移动性和部署灵活性等六个方面，三种类型基站的相对优势比较如表 8.1 所示。

表 8.1 三种 BS 相对优势比较

	持续时间	载荷能力	回传容量	LoS 概率	自由移动性	部署灵活性
TBS	高	高	高	低	低	低
uUAV-BS	低	低	低	高	高	高
tUAV-BS	高	中	高	中	中	中

相较于 uUAV-BS，tUAV-BS 具有以下三个方面的优势。

（1）持续工作时间更长。

uUAV 机载电池容量有限，每隔一段时间（约 1 h），需要重返地面充电或更换电池，再按计划飞回指定位置。但是，tUAV 与 GS 之间通过电源电缆可以实现持续能源供给，确保 UAV 可以不间断飞行（或悬停）和通信载荷 24 h 不间断工作，无须重返地面补充能源。

（2）机载载荷能力更强。

tUAV 通过系留线缆（电源电缆），可以获得充足的能源供给，其机载载荷能力将得到大大提高。同时，在 tUAV-BS 系统中，由于 UAV 与 GS 之间有系留线缆(信号光缆),可以将通信载荷的基带处理单元卸载至地面,在 UAV 上仅保留天线和射频单元,将进一步提高 tUAV 的机载载荷能力,使得 tUAV 能够安放更多的天线和承载更强配置的无线链路,服务更多的地面用户。

(3)回传链路容量更大。

在 uUAV-BS 系统中,UAV 与地面网络设施的回传信号,只能依靠无线链路。但是,tUAV-BS 系统中,UAV 与 GS 之间的信号光缆可以提供比无线链路性能更稳定、容量更大的传输通道。

相较于 TBS,tUAV-BS 具有以下三个方面的优势。

(4)LoS 路径概率更高。

通常,TBS 高度为 20~30 m,乡村地区基站可达 50 m,地面用户的天线高度一般为 1~1.5 m 左右。乡村地区的 LoS 路径概率较高,而城市环境下 LoS 路径概率较低。在地面用户天线高度不变的情况下,BS 高度越高,LoS 路径概率就越大。相较于 TBS,tUAV-BS 的高度更高,一是系留线缆的长度通常在 80~150 m,有的长达 200 m;二是 tUAV 地面站可以在楼顶安装部署。无论是郊区环境,还是市区环境,或是高楼林立的都市环境,相较于 TBS 与地面用户之间的LoS 路径概率,tUAV-BS 与地面用户之间建立 LoS 路径的概率会更高。

(5)移动自由度更高。

在建设陆地移动通信网络时,通常会根据地形地物、用户分布和业务需求,进行网络规划,确定 TBS 的安装部署位置和网络资源配置。TBS 地址一旦规划确定,通常不会临时调整或变更。因此,TBS 部署位置无法按照用户分布和业务需求的变化而移动至最优位置,不具可移动性。tUAV 地面站安装部署在楼顶时,通过系留线缆连接的 UAV 则具有有限的移动性,可在半径为 80~150 m 的半球内自由飞行或悬停,即根据业务需求,实时调整部署位置和优化网络覆盖。

(6)部署灵活性更大。

tUAV-BS 系统除了固定安装在楼顶上,还可以安装在车载移动平台上,支持部署在任何需要的地方。因此,tUAV-BS 部署灵活性主要体现在两个方面:一是 tUAV 地面站可灵活部署,二是 tUAV 可在地面站和系留线缆约束的半球内灵活调整。例如,在城市环境下,国际会议、体育比赛等大型活动现场,用户大量集中、业务需求量大,形成短时热点区域。原有的 TBS 无法完全满足热点区域用户需求,易造成业务拥塞,服务质量下降。此时,则可充分发挥 tUAV-BS 部署灵活性的优势,将地面站安放在活动现场附近,tUAV-BS 升空部署至会场热点上空,作为 TBS 的补充,卸载热点区域流量。此外,在地震、水灾等自然灾害损毁陆地移动通信基础设施时,为灾害现场救援和灾后恢复工作,tUAV-BS 可提供24 h 不间断的通信服务,直至通信基础设施重建恢复。

8.3 网络结构与典型应用

8.3.1 网络结构

在实际应用中,tUAV 系统可以独立组网,包括单 tUAV 组网、双 tUAV 组网和多 tUAV 组网。网络结构包括点状、线状、面状或混合状等多种形式,在多 tUAV 组网时,tUAV 之间互联互通的链路有空中链路(空空信道,AA)和地面链路(或地面网络)两种。此外,tUAV 系统也可以接入蜂窝移动通信网络、互联网等其他地面网络。

1. 单 tUAV 组网

图 8.2 所示为单 tUAV 组网结构示意图。tUAV 搭载任务载荷(如通信设备)升空部署至预定空域,通过数据链接受地面站控制设备的遥测、遥控和定位跟踪,通过系留线缆与地面站进行连接,实现持续的高压电源输送和稳定的通信信号传输。

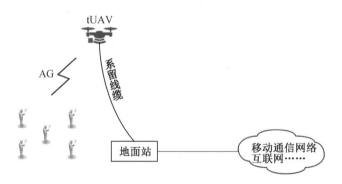

图 8.2　单 tUAV 组网结构示意图

如果任务载荷为中继设备,则可为地面用户提供通信中继服务;如果任务载荷为基站设备,则可为地面用户提供通信接入服务。此时,tUAV 既可以独立组网使用,也可以通过地面站接入蜂窝移动通信网络,实现与地面网络的互联互通。

2. 双 tUAV 组网

图 8.3 所示为双 tUAV 组网结构示意图。tUAV 搭载通信设备升空部署至各自预定空域,通过数据链和系留线缆与地面站交互。

tUAV 之间的互联互通有两种方式:一种是通过机载通信设备,构建两

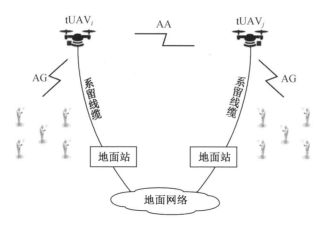

图 8.3　双 tUAV 组网结构示意图

tUAV 之间的空空链路(信道);另一种是两个 tUAV 分别通过系留线缆连接至各自的地面站,再通过地面站连接至地面网络,从而实现两 tUAV 的互联互通。

3. 多 tUAV 组网

图 8.4 所示为多 tUAV 组网结构示意图。tUAV 搭载通信设备升空部署至各自预定空域,通过数据链和系留线缆与地面站进行交互。

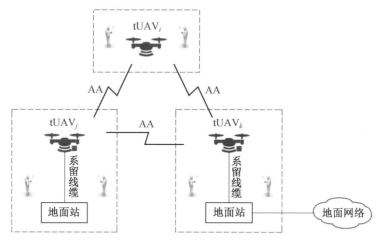

图 8.4　多 tUAV 组网结构示意图

与双 tUAV 组网类似,可以建立空中链路或地面链路(网络),实现 tUAV 之间的互联互通,还可通过某一地面站连接至地面网络,从而实现更大范围的连通网络。

8.3.2 典型应用

在 tUAV 系统组成要素中,无人机、地面站、数据链、系留线缆均是基础性构成要素,而任务载荷则是功能性叠加要素。当搭载不同类型的载荷时,tUAV 系统就具有不同类型的功能,担负不同类型的任务。当搭载通信基站或接入点设备,作为系留基站(tUAV-BS)进行部署,为地面或空中用户提供无线接入和通信,改善信号传播环境,扩展通信距离和范围;当搭载通信中继设备,作为空中中继进行部署,为地面或空中用户提供通信中继,扩展无线网络的覆盖范围和连接能力;当搭载通信终端设备,作为空中终端,低空接入地面通信基础设施。因此 tUAV-BS 可以广泛应用于救灾现场应急通信、热点区域流量卸载、乡村地区覆盖增强、城市地区超密集组网、军事通信中继支援等各类典型场景。

1. 救援现场应急通信

地震、水灾、海啸、飓风等灾害,容易造成地面通信基础设施部分或全部损毁,可用通信网络资源数量急剧减少,网络拥塞甚至网络中断,影响用户通信联络,甚至引起恐慌。同时,也无法满足灾害救援和现场指挥的通信联络需求,影响救援的进度和成效。此时,如果能够恢复或部分恢复灾害现场的网络通信,将极大地有助于自救互救和灾害救援。由此,不受地面固定基础设施影响的应急通信系统应运而生,包括应急短波通信系统、卫星通信系统、应急移动通信系统(包括无人机搭载移动通信基站)等。

例如,2021 年 7 月河南省巩义市米河镇遭受暴雨灾害,2022 年 9 月四川省甘孜藏族自治州泸定县发生 6.8 级地震,2023 年 12 月甘肃省临夏州积石山县发生 6.2 级地震,在这些灾害救援行动中,都出现了各型无人机搭载移动通信基站,临时构建区域网络覆盖,直至地面通信基础设施恢复。其中,通过光电复合线缆,tUAV 可以获得地面站的不间断能源供给和大容量信息回传,实现 24 h 不间断工作和无线网络全时覆盖。

2. 热点区域流量卸载

陆地蜂窝移动通信网络是预先经过精确规划和设计的通信网络。其站点选择、网络结构、资源配置等网络建设考虑的是用户的长期分布和业务的常态需求,并不适应临时突发状况或显著变化的业务需求。当遇到大型会议、体育赛事、大型展览等,往往会造成局部区域业务流量短期激增。这势必会极大地增加 TBS 的业务负荷,严重时会造成网络拥塞,甚至网络中断。因此,把发生这些临时状况或事件的区域,称为网络业务的热点区域。

解决热点区域业务流量短期激增的办法是网络扩容,即增加热点区域服务基站的数量,为用户提供更多的网络资源,实现热点区域的负荷分担或流量卸载。在实际操作层面,具体途径包括:一是预先补建 TBS,建设成本较大,长期网络利用率较低,会造成网络资源的浪费,补建 TBS 不可移动,部署灵活性极低,但可安装在较高的建筑物或铁塔上;二是临时部署车载移动基站,可移动,有一定灵活性,但是部署地点有限,仅限于热点区域周边地域,可能处于非最优部署位置和状态,对热点区域的覆盖能力、功率效益发挥受限,仅可安装在车载升降设备上;三是临时部署 tUAV-BS,可移动性、灵活性高,可以部署在热点区域上空而非其周边的地面上,可处于更优的部署位置和状态,辅助原有 TBS,形成对热点区域的覆盖,具有更好的通视效果。当 TBS 位于热点区域边缘时,tUAV-BS 可部署在热点区域的对称边缘,合理设置 TBS 和 tUAV-BS 发射功率,实现热点区域的分割覆盖,部分用户接入 TBS,部分用户接入 tUAV-BS,从而实现热点区域内流量卸载;当 TBS 位于热点区域内部时,可将 tUAV-BS 部署在热点区域中心上空,采用重复覆盖方式,实现对 TBS 的流量卸载。如表 8.2 所示,对实现热点区域流量卸载的三种基站进行了分析比较。

表 8.2　三种基站热点区域流量卸载分析比较

环境	使用时间	安装方式	基站高度	覆盖能力	成本效益	灵活性	可移动性
TBS	长期	固定	中	中	低	极低	极低
车载 BS	临时	移动	低	弱	高	高	高
tUAV-BS	临时	固定/移动	高	强	高	高	高

当陆地蜂窝移动通信网络中出现突发的热点区域时,部署 tUAV-BS 实现对 TBS 的流量卸载,具有明显优势。热点区域用户接收到来自 TBS 和 tUAV-BS 发射的信号,依据信号质量好坏,决定接入 TBS 或 tUAV-BS。因此,可以通过调控 TBS 和 tUAV-BS 的发射功率大小,来调整负荷分担的比例。

3. 乡村地区覆盖增强

在乡村地区特别是偏远地区,相较于城市地区,其用户密度、业务流量都非常低。乡村地区网络建设,通常有两种方式:一是全域覆盖,无论是村庄还是农田、土地、树林等,均有无线信号覆盖;二是点状覆盖,重点对人员活动频繁的村庄及其附近区域进行无线信号覆盖。前者满足任何区域实时的用户用网需求,但是乡村地区用户密度和业务流量低,特别是空旷的农田、土地和树林等区域占据多数,造成网络资源的极大浪费,网络建设成本急剧增加,效费比极大降低。后者重点关注人员聚居的村庄及其附近区域的无线网络覆盖,而不考虑空旷的农田、土地和树林等区域,其网络建设成本低效益高,但是无法满足劳作时间用户对网络业务的需求,存在网络覆盖盲区,极大地降低用户体验。

此外,乡村地区用户在白天与夜晚呈现出一种潮汐分布:白天时间绝大多数用户田间地头劳作,少量用户留在村庄打理家务,用户在整个乡村地区可视作均匀分布,但其密度较小;夜晚时间用户均已回到村庄及其附近,在空旷的农田、土地和树林等区域内几乎无用户,用户成簇分布特征明显。

基于此,可以采取 TBS 与 tUAV-BS 相结合的方式,实现乡村地区的动态全域覆盖。一是建设 TBS,实现对用户聚居的村庄及其附近区域的点状覆盖,解决容量承载问题;二是部署 tUAV-BS,利用 LoS 路径概率大、覆盖范围广的优势,解决广域覆盖问题。tUAV-BS 和 TBS 发挥各自优势,构建分层网络。在人员聚居的村庄及其附近区域,TBS 的信号较强且稳定,可以为用户提供基本话音业务和高速数据业务。tUAV-BS 信号覆盖距离远范围广,使得更远距离的终端可以实时在线,为用户提供基本话音业务,还能为用户提供中低速数据业务,满足用户基本业务需求。此外,与 TBS 一样,tUAV-BS 拥有 24 h 不间断工作能力,可以支持长期部署。在夜晚时段,空旷的农田、土地、树林等区域,几乎无任何业务需求,tUAV-BS 可以返回地面站,停机修整,以待凌晨升空工作。不但节约能耗,而且无须人工操控或干预,从而实现对乡村地区的动态全域覆盖。

4.城市地区超密集组网

超密集组网是解决用户业务流量爆速增长需求的关键技术之一,常见于商场、写字楼、车站、校园等人员密集场所。超密集组网通常有两种模式[18]。一是"宏基站+微基站"模式,用户可同时连接至宏基站和微基站。宏基站作为主基站,提供集中统一的控制功能,如信令基站控制、微基站接入控制、无线资源协调、移动性管理、干扰协调、区外基站切换控制,以及没有微基站覆盖区域的数据承载;微基站作为辅助基站,提供其覆盖区域内的用户数据承载,实现数据分流。主基站和辅助基站之间通过 X2 接口连接。二是"微基站+微基站"模式,与前者不同,没有一个可以提供广域覆盖的"宏基站"存在。通常采用虚拟小区技术,将紧邻的多个微基站小区构建成为一个虚拟宏小区,形成由一个虚拟宏小区和多个物理微小区构成的多层网络。虚拟宏小区担负宏基站的职责和任务,物理微小区则仅负责其覆盖区域内的用户数据承载。

tUAV-BS 可以升空部署作为宏基站使用:一是它可以部署在数十米甚至数百米的空中,相较于 TBS,升空部署带来的最直接影响就是 tUAV-BS 与地面用户之间建立 LoS 路径的概率极大增加,路径传播损耗更小,信号覆盖范围更大;二是 tUAV-BS 可以支持大容量数据回传,能够与地面的 TBS 和核心网建立高可靠、低时延、高速率的数据连接。因此,tUAV-BS 能够担负主基站的角色和任务,与地面的微基站协作,共同构建分层异构网络,实现超密集组网,满足特定区域用户业务流量爆速增长的需求。

5.军事通信中继支援

无论是地震、水灾等救援现场应急通信,还是大型会议、体育赛事等热点区域流量卸载,抑或是乡村地区覆盖增强、城市地区超密集组网,在这些典型场景中,tUAV 在通信网络中扮演的角色都是空中基站。在军事通信中,存在一些无中心的自组织网络通信或点对点链路通信,受任务地域地形,特别是山地、树林阻隔的影响,通信网络容易被割裂成为多个局部连通网络,从而影响整体网络的连通性。基于此,可以利用 tUAV 搭载通信载荷,作为空中中继,部署在任务空域,为地面无线用户终端提供空中中继信道。把 tUAV 作为空中中继,可以支持通信载荷 24 h 不间断工作,还能利用 tUAV 升空部署带来的 LoS 路径优势,提高网络连通性和链路传输性能;此外,还可以根据战场用户的分布和战场通信网络的割裂情况,实时调整 tUAV 的部署位置和高度,适应网络的动态变化。

8.4　tUAV-BS 覆盖能力仿真分析

在 tUAV-BS 系统中,系留线缆的一端连接无人机(UAV),另一端连接地面站(GS),UAV 升空高度及其空间位置,会受其最大升限、载荷能力、载荷质量、系缆长度及其重量等主体因素影响,也会受海拔高度、天气状况、风速大小等客观因素影响。对于 tUAV-BS 的三维部署,通常会受地面站位置及其移动性、周围建筑物位置及其高度等直接因素影响,还会受用户分布情况、业务需求状况、网络资源状态等间接因素影响。

tUAV 辅助的通信系统设计开发和部署应用,其理论模型是基础,包括tUAV-BS 系统的系留模式、系缆长度、系缆倾角、盘旋区域、覆盖区域、覆盖半径、链路预算等,对后续优化 tUAV-BS 部署高度、悬停位置、覆盖半径、发射功率等,起着关键作用。

8.4.1　tUAV-BS 系统模型

按照地面站安装平台是否可移动,tUAV-BS 可以分为两种:一种是固定模式,即 tUAV-BS 地面站安装在不可移动的固定平台上,如安装在地面上、屋顶上或者铁塔上,多用于长期使用,如乡村地区覆盖增强、城市地区超密集组网等;另一种是移动模式,即 tUAV-BS 地面站安装在可移动的平台上,如安装在车上或其他可移动平台上,可以根据实际应用场景或业务需求,随平台移动而灵活部署,多用于临时场景,如救援现场应急通信、热点区域流量卸载、军事领域通信支援等。

无论是固定模式,还是移动模式,为不失一般性,在三维空间 $\mathbf{R}^3$ 中,采用直角坐标系对 tUAV-BS 系统进行建模。如图 8.5 所示,以地面站安装平台(如建筑物)所在位置为原点 $O(0,0,0)$,建立三维直角坐标系 (x,y,z)。

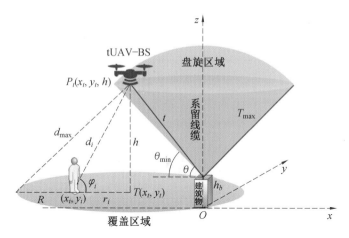

图 8.5　tUAV-BS 系统模型示意图

假设建筑物高度为h_b；tUAV-BS 部署在点$p_t(x_t,y_t,h)$，其地面投影坐标为$T(x_t,y_t)$，系缆长度用t表示，最大长度表示为T_{max}，系缆倾角用θ表示，最小倾角表示为θ_{min}；地面用户i的位置坐标为$p_i(x_i,y_i)$，与 tUAV-BS 投影点$T(x_t,y_t)$的距离为$r_i=\sqrt{(x_i-x_t)^2+(y_i-y_t)^2}$，与 tUAV-BS 的距离$d_i=\sqrt{h^2+r_i^2}$，地面用户$i$与 tUAV-BS 之间连线的仰角$\varphi_i=\arctan\left(\dfrac{h}{r_i}\right)$，称为用户仰角。

1. tUAV-BS 盘旋区域

如图 8.5 所示，在三维空间$\mathbf{R}^3$中，tUAV-BS 的部署和使用，特别是具体部署位置，需要根据用户分布或用户需求来定。但是，受限于安装平台、系留线缆、周围环境的影响和限制，tUAV-BS 不可能完全自由地飞行或悬停。主要体现在两个方面：一是受安装平台（如建筑物）高度h_b和系留线缆最大长度T_{max}的限制，tUAV-BS 能够飞行到达的位置空间是有限的；二是受安装平台（如建筑物）与周围建筑物、树木或其他障碍物的相互位置关系及其高差的影响，为了确保系留线缆不被缠绕而产生安全隐患，系留线缆与水平地面之间的夹角θ（称为系缆倾角）应当保持一个最小倾角θ_{min}（$0\leqslant\theta_{min}<\dfrac{\pi}{2}$）的限制。

因此，与 uUAV 部署相比，tUAV-BS 只能在一个有限的三维空间中飞行或悬停。这个有限的三维空间就称为 tUAV-BS 盘旋区域[1]，它应当是一个半球状或锥球状的三维空间区域，用$\mathcal{M}$表示如下：

$$\mathcal{M}=\left\{\begin{array}{c}p_t(x_t,y_t,h)\in\mathbf{R}^3:\sqrt{x_t^2+y_t^2+(h-h_b)^2}\leqslant T_{max}\\[2mm]\arctan\left(\dfrac{h-h_b}{\sqrt{x_t^2+y_t^2}}\right)\geqslant\theta_{min}\end{array}\right\} \qquad (8.1)$$

tUAV-BS 盘旋区域给出了可供无人机飞行和悬停的最大三维空间区域，也是 tUAV-BS 优化部署的限制区域。地面站与周围建筑物(或其他障碍物)的距离越远、比高越小,系留线缆最小倾角 $\theta_{\min}$ 就越小,tUAV-BS 盘旋区域就越大,反之则越小;系留线缆最大长度 $T_{\max}$ 越大,tUAV-BS 盘旋区域就越大,反之则越小。与 uUAV 相比,系留线缆的最大长度 $T_{\max}$、最小倾角 $\theta_{\min}$ 和有限的盘旋区域 $\mathcal{M}$,就是 tUAV-BS 系统的最大不同之处。这三个方面对 tUAV-BS 优化部署及其系统性能的影响,将在后续研究中给出,不再赘述。

2. tUAV-BS 覆盖区域

如图 8.5 所示,受系统的最大允许路径损耗(PL$_{\max}$)影响,tUAV-BS 到地面用户的传输距离不能无限制增大,始终有个最大上限距离 $d_{\max}$ 限制。超过了这个距离,无线信号损耗过大,用户接收后无法正常解调和通信;反之,则可正常解调和通信。在地面上,这个最大传输距离 $d_{\max}$ 的投影距离为 R,即 tUAV-BS 投影点至最远可以正常通信的用户的距离。以 tUAV-BS 投影点 T 为圆心,以 R 为半径,可以获得一个圆碟形区域。分析可知,如果用户处于该圆碟形区域之内,则可与 tUAV-BS 建立正常通信;如果处于该圆碟形区域之外,则无法与 tUAV-BS 建立正常通信。该圆碟形区域就称为 tUAV 覆盖区域,可用 A_T 表示如下:

$$A_T = \left\{ \begin{array}{c} p_i \in \mathbf{R}^2 : \sqrt{(x_i - x_t)^2 + (y_i - y_t)^2} \leqslant R \\ R = \sqrt{d_{\max}^2 - h^2} \\ d_{\max} = d \mid_{PL = PL_{\max}} \end{array} \right\} \tag{8.2}$$

式中,计算获取 $d_{\max}$ 的模型,包括但不限于自由空间路径损耗模型、双径模型、对数距离路径损耗模型和 LoS 概率路径损耗模型,但需根据实际环境和研究需要而定,不再赘述。

3. tUAV-BS 用户分布

在研究网络覆盖或优化部署时,地面用户通常呈均匀分布或成簇分布。当用户均匀分布时,常采用泊松点过程(Poisson Point Process,PPP)对其进行建模;当用户成簇分布时,常采用泊松簇过程(Poisson Cluster Process,PCP)对其进行建模。

采用 PPP 生成用户分布(包括用户数量和用户位置),在一定的区域(如二维圆形区域、矩形区域,或三维球形区域、方形区域等)内,用户数量 N 服从均值为 λ 的泊松分布,即 $N \sim \text{Poisson}(\lambda)$,用户位置在区域内服从均匀分布。例如,在 4 km×4 km 区域内,用户密度为 6 用户/km^2 时,二维 PPP 分布如图 8.6 所示。

采用 PCP 分布生成用户分布(包括用户数量和用户位置),通常有两种:Matern 簇分布和 Thomas 簇分布。其中,Matern 簇分布是指簇个数和中心位置的分布服从均值为 λ 的 PPP 过程,簇内用户围绕中心位置,在半径为 r 的圆(或

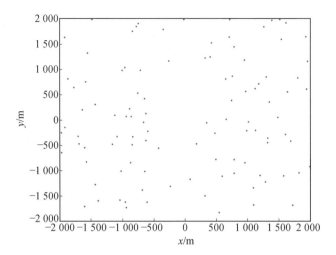

图 8.6　二维 PPP 分布示意图(用户密度为 6 用户/km²)

球)内均匀分布,簇内用户的个数 N_i 服从均值为 λ_i 的泊松分布,即 $N_i \sim$ Poisson (λ_i)。Thomas 簇分布是指簇个数和中心位置的分布服从均值为 λ 的 PPP 过程,簇内用户围绕中心位置,在半径为 r 的圆(或球)内正态分布,簇内用户的个数 N_i 服从均值为 λ_i 的泊松分布,即 $N_i \sim$ Poisson(λ_i)。例如,在 4 km×4 km 区域内,λ 为 2、λ_i 为 32,簇半径为 750 m 时,二维 Matern 簇分布如图 8.7 所示。

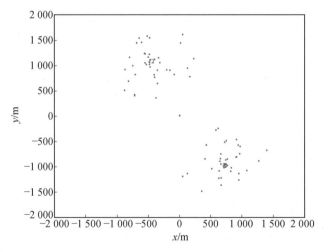

图 8.7　二维 Matern 簇分布示意图($\lambda = 3$、$\lambda_i = 32$,簇半径为 750 m)

直观看来,在城市地区,以住宅小区为聚集地,用户也相对集中居住,但各小区较为密集、距离较近且用户密度较大,用户均匀分布特征明显;在地震、海啸等灾害救援现场,用户分布较为分散且用户密度较小,其均匀分布特征也非常明显。在乡村地区,以村庄为聚集地,用户相对集中居住,但各村庄较为分散、距离较远且用户密度较小,用户成簇分布特征明显;在大型音乐会、体育赛事等临时场景,短时期内用户非常集中且用户密度较大,其成簇分布特性也非常明显。

这也从直观上和事实上印证了泊松点过程和泊松簇过程算法对于用户分布建模的合理性和可行性。但是,具体采用哪种模型,或者其他算法,对用户分布进行建模,还需依据具体问题和实际需要而定。

8.4.2　tUAV-BS 覆盖半径

随着无人机从地面站飞行升空的高度增加,tUAV-BS 与地面用户之间的通视条件越来越好,其覆盖区域 A_T 的半径和范围将随之增大;反之则通视条件越来越差,其覆盖区域 A_T 的半径和范围随之减小。但是,随着 tUAV-BS 飞行升空越来越高,离地面距离越来越远,其传播路径损耗将增大,产生的后果将是其覆盖区域 A_T 的半径和范围越来越小。一种极端情况是,如果 tUAV-BS 的高度超过了 $d_{\max}$ 的大小,那么用户即使处于 tUAV-BS 的投影点,也无法与 tUAV-BS 建立正常通信。也就是说,随着 tUAV-BS 部署高度 h 的增加,其覆盖半径 R 并非一直增大,而是先增大后减小,直至覆盖半径 R 为 0。

如图 8.5 所示,在三维空间 $\mathbf{R}^3$ 中,地面用户 i 与 tUAV-BS 地面投影点的距离 $r_i = \sqrt{(x_i - x_t)^2 + (y_i - y_t)^2}$,与 tUAV-BS 的距离 $d_i = \sqrt{h^2 + r_i^2}$,用户仰角 $\varphi_i = \arctan\left(\dfrac{h}{r_i}\right)$。此时,可得 tUAV-BS 至地面用户 i 的总路径损耗为[19]:

$$\mathrm{PL}(h, r_i) = \frac{A}{1 + a \exp\left(-b\left(\dfrac{180}{\pi}\arctan\left(\dfrac{h}{r_i}\right) - a\right)\right)} + 10\lg(h^2 + r_i^2) + B \tag{8.3}$$

式中,$A = \eta_{\mathrm{LoS}} - \eta_{\mathrm{NLoS}}$;$B = 20\lg\dfrac{4\pi f_c}{c} + \eta_{\mathrm{NLoS}}$;$c$ 是光速;f_c 是 tUAV-BS 系统载波频率;η_{LoS} 和 η_{NLoS} 分别代表信号经历 LoS 路径和 NLOS 路径传播后产生的额外损耗的平均值。

在链路预算中,仅考虑关键的 tUAV-BS 发射功率 P_t、路径损耗 $\mathrm{PL}(h, r_i)$ 和噪声功率 P_n,各类增益、余量及其他损耗等暂且不考虑(不影响确定各参量之间的大小关系),那么用户 i 接收信号功率 $P_{r_i} = P_t - \mathrm{PL}(h, r_i)$,用户接收信号信噪比 $\mathrm{SNR}_i = P_{r_i} - P_n$。无线电波经历传播路径损耗之后,用户接收信号信噪比 SNR_i 会随着路径损耗 $\mathrm{PL}(h, r_i)$ 的增大而逐渐减小。当 $\mathrm{SNR}_i > \mathrm{SNR}_{\mathrm{th}}$($\mathrm{SNR}_{\mathrm{th}}$ 是信号解调的信噪比门限)时,可以正常解调接收信号和建立通信,称此时用户处于 tUAV-BS 覆盖区域之内;当 $\mathrm{SNR}_i < \mathrm{SNR}_{\mathrm{th}}$ 时,无法正常解调接收信号和建立通信,称此时用户不在 tUAV-BS 覆盖区域之内;当 $\mathrm{SNR}_i = \mathrm{SNR}_{\mathrm{th}}$ 时,用户恰好处于 tUAV-BS 覆盖区域的最边缘,此时 $r_i = R$。因此,由用户接收信号解调信噪比门限 $\mathrm{SNR}_{\mathrm{th}}$,可以计算获得用户接收信号的最小功率 $P_{r-\min} = \mathrm{SNR}_{\mathrm{th}} + P_n$,以及

tUAV-BS 系统的最大允许路径损耗 $PL_{max} = P_t - P_{r-min}$。

分析式(8.3)可知，tUAV-BS 覆盖半径 R、部署高度 h 和最大允许路径损耗 PL_{max}，三者之间关系密切且并非线性，可表示为 $PL(h,R) = PL_{max}$，而且与所处环境有关。在 R、h 和 PL_{max} 三者之中，环境和任意两个变量确定了，那么第三个变量值就可以计算获得。例如，已知 h 和 PL_{max} 的值，tUAV-BS 覆盖半径 R 就可以由式(8.3)计算获得。但是，最大允许路径损耗 PL_{max} 与 tUAV-BS 系统的链路预算紧密相关，相关问题待后续深入研究，不再赘述。

为了弄清楚三者之间的关系，令 $\frac{\partial R}{\partial h} = 0$，期望获得 tUAV-BS 最优部署高度 h，使得 tUAV-BS 覆盖半径 R 最大，即基于最大覆盖半径 R 优化 tUAV-BS 部署高度 h，可以得到[19]

$$\frac{abA\exp\left(-b\left(\frac{180}{\pi}\arctan\left(\frac{h}{R}\right)-a\right)\right)}{\left(1+a\exp\left(-b\left(\frac{180}{\pi}\arctan\left(\frac{h}{R}\right)-a\right)\right)\right)^2} + \frac{\pi}{9\ln 10}\frac{h}{R} = 0 \tag{8.4}$$

式中，$\arctan\left(\frac{h}{R}\right) = \varphi$ 是用户仰角，即 $\tan\varphi = \frac{h}{R}$。此时，由式(8.4)可解得用户仰角 φ 的唯一值(用 φ_{opt} 表示)，满足 $\frac{\partial R}{\partial h}\bigg|_{\frac{h}{R}=\tan\varphi_{opt}} = 0$。也就是说，当 tUAV-BS 覆盖半径 R 和其部署高度 h 满足 $\arctan\left(\frac{h}{R}\right) = \varphi_{opt}$ 时，可以使得 tUAV-BS 覆盖半径 R 最大(用 R_{max} 表示)，此时的部署高度 h 则是 tUAV-BS 最优的部署高度(用 h_{opt} 表示)，即 $\tan\varphi_{opt} = \frac{h_{opt}}{R_{max}}$。值得关注的是，$R_{max}$ 和 h_{opt} 的取值与 PL_{max} 和所处环境相关。因此，tUAV-BS 最大覆盖半径 R_{max} 可表示为：

$$R_{max} = R\big|_{PL(h,R)=PL_{max},\frac{h}{R}=\tan\varphi_{opt}} \tag{8.5}$$

8.4.3 tUAV-BS 链路预算

由 $PL(h,R) = PL_{max}$ 可知，要获得 tUAV-BS 的最优部署高度 h_{opt} 和最大覆盖半径 R_{max}，首先需要确定的就是 tUAV-BS 最大允许路径损耗 PL_{max}。链路预算可以分析 tUAV-BS 与用户终端之间无线链路的各种增益、损耗和余量情况，进而计算出一定场景或环境下 tUAV-BS 最大允许路径损耗 PL_{max}，并根据相应场景或环境下的传播模型，分析计算 tUAV-BS 覆盖能力，为后续优化部署提供理论基础。

以 tUAV-BS 辅助的 LTE 网络下行链路为例，主要包括发射功率、基站天线增益、发射分集增益、基站线缆损耗、干扰余量、阴影衰落余量、穿透损耗、接收天线增益、接收分集增益、人体及其他损耗、参考信号接收功率 RSRP(在此不关注不同类型物理信道的链路预算,重点关注基站信号强度等级)等。

其中,参考信号接收功率 RSRP 是 LTE 网络中代表无线信号强度的关键参数,也是其物理层测量的关键指标之一。依据用户端测量的 RSRP 数值大小,可以将 tUAV-BS 覆盖强度分为五个等级:极好、好、中、差和极差,如表 8.3 所示。

表 8.3 tUAV-BS 辅助的 LTE 网络覆盖强度等级

RSRP/dBm	>−85	(−95,−85]	(−105,−95]	(−115,−105]	<−115
强度等级	极好	好	中	差	极差

在市区环境下,当 tUAV-BS 辅助的 LTE 网络工作在 3 500 MHz 频段时,以"中"以上覆盖强度(RSRP>−105 dBm)为基准,其下行链路预算如表 8.4 所示。

表 8.4 tUAV-BS 辅助的 LTE 网络下行链路预算[13,20]

链路参数		室内 RSRP	室外 RSRP
tUAV 基站发射参数	基站类型	64T64R	64T64R
	信道带宽/MHz	100	100
	RB 总数	273	273
	总发射功率/dBm	53	53
	业务信道发射功率/dBm	17.86	17.86
	发射天线增益/dBi	10	10
	波束赋型增益/dBi	14	14
	跳线馈线损耗/dB	0	0
	EIRP/dBm	41.86	41.86
终端接收参数	终端类型	2T4R	2T4R
	接收天线增益/dBi	0	0
	接收分集增益/dBi	3	3
	人体及其他损耗/dB	0	0
	热噪声(RB)/dBm	−118.4	−118.4
	噪声系数/dB	7	7
	SINR/dBi	6.4	6.4
	RSRP/dBm	−105	−105
其他损耗余量	干扰余量/dB	6	6
	穿透损耗/dB	22.85	11.4
	阴影衰落余量/dB	10.25	10.25
	阴影衰落标准方差/dB	8	8
最大允许路径损耗 PL_{max}/dB		110.76	122.21

在室内,最大允许路径损耗$PL_{max}=110.76$ dB;在室外,最大允许路径损耗$PL_{max}=122.21$ dB。相较于市区环境,郊区和乡村地区的最大允许路径损耗PL_{max}将进一步增大,而密集市区和高楼市区的最大允许路径损耗PL_{max}则会相应减小。依据不同的 RSRP 值,可以预估出不同环境下不同强度等级对应的最大允许路径损耗PL_{max},再由式(8.5)可以计算获得 tUAV-BS 最大覆盖半径R_{max}。不同强度等级的 RSRP 值,对应着不同大小的 tUAV-BS 最大覆盖半径R_{max}。随着 RSRP 值的增大,tUAV-BS 最大覆盖半径R_{max}随之减小,最终形成半径不等的同心圆覆盖区域,以示不同等级的 tUAV-BS 覆盖强度。

值得注意的是,在乡村、郊区、市区和密集市区等不同环境中,阴影衰落余量、穿透损耗和干扰余量是不同的,阴影衰落与 tUAV-BS 所处环境和覆盖区域的边缘覆盖率密切相关,穿透损耗与 tUAV-BS 所处环境和载波频率也密切相关,如表 8.5 和表 8.6 所示。

表 8.5　3 500 MHz 载波在不同环境和边缘覆盖率下的阴影衰落余量和穿透损耗

环境	乡村	郊区	市区	密集市区
边缘覆盖率	75%	80%	90%	90%
阴影衰落标准偏差/dB	6	8	8	10
阴影衰落余量/dB	4.05	6.73	10.25	12.82
穿透损耗/dB	15.85	18.85	22.85	26.85

表 8.6　密集市区不同载波频率下的穿透损耗(dB)[21]

频率/GHz	0.7	0.9	1.8	2.1	2.6	3.5	4.9
密集市区	17.75	18.50	21.74	22.76	24.36	26.85	29.51

8.4.4　代表性仿真结果

在不同环境和载波频率条件下,仿真分析 tUAV-BS 覆盖半径R与其部署高度h之间的关系,确定其最优部署高度h_{opt}和最大覆盖半径R_{max},同时验证其最优用户仰角φ_{opt}。仿真中,tUAV-BS 所处环境有郊区、市区、密集市区、高楼市区等四种,最大允许路径损耗PL_{max}分别取 110 dB 和 113 dB,系统载波频率f_0分别为700 MHz、2 000 MHz 和 5 800 MHz。仿真结果及其关键信息如图 8.8 和表 8.7所示。

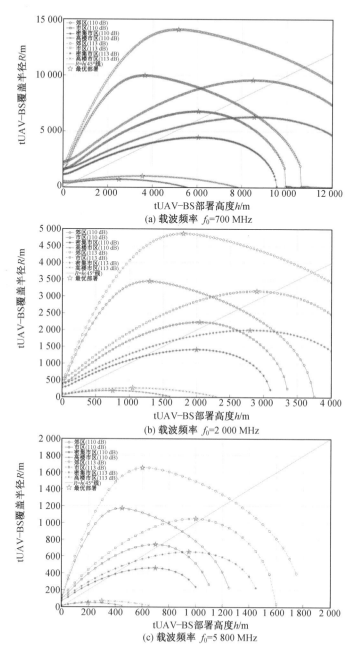

图 8.8　tUAV-BS 部署高度与覆盖半径关系示意图①

————————

①　在复现文献[19]基础上，针对更多的参数条件进行仿真分析。

表 8.7 tUAV-BS 最优部署高度与最大覆盖半径统计表

载波频率	最优参数	郊区	市区	密集市区	高楼市区	PL_{max}/dB
2 000 MHz	φ_{opt}(°) （仿真）	20.34	42.43	54.62	75.53	110
		20.34	42.44	54.62	75.52	113
700 MHz	h_{opt}/m	3 650	6 050	6 050	2 500	110
		5 150	8 500	8 550	3 550	113
	R_{max}/m	9 973	6 785	4 465	722	110
		14 088	9 585	6 307	1 019	113
2 000 MHz	h_{opt}/m	1 276	2 042	1 995	743	110
		1 803	2 885	2 818	1 049	113
	R_{max}/m	3 443	2 234	1 417	192	110
		4 863	3 155	2 001	271	113
5 800 MHz	h_{opt}/m	450	700	700	200	110
		600	1 000	950	300	113
	R_{max}/m	1 171	742	462	49	110
		1 653	1 048	654	70	113

综合分析可得出以下几个结论。

一是随着最大允许路径损耗 PL_{max} 增大，tUAV-BS 覆盖半径 R（包括 R_{max}）和部署高度 h（包括 h_{opt}）均增大。

二是随着系统载波频率 f_0 的降低，因载波频率产生的路径损耗减小，tUAV-BS 覆盖半径 R（包括 R_{max}）和部署高度 h（包括 h_{opt}）均增大。

三是随着无线电波传播环境变得越来越友好，从高楼市区环境到密集市区环境，再到一般市区环境，最后到郊区环境，建立 LoS 路径的概率 P_{LoS} 越来越大，tUAV-BS 覆盖半径 R（包括 R_{max}）和部署高度 h（包括 h_{opt}）均随之增大。

四是无论哪种工作环境，载波频率 f_0 是多少，最大允许路径损耗 PL_{max} 是多大，tUAV-BS 覆盖半径 R 始终是关于其部署高度 h 的凹函数。当 $h < h_{opt}$ 时，覆盖半径 R 随着部署高度 h 的增加而增大；当 $h > h_{opt}$ 时，覆盖半径 R 随着部署高度 h 的增加而减小；当 $h = h_{opt}$ 时，tUAV-BS 覆盖半径 R 最大，即 $R = R_{max}$。

五是用户仰角的最优值 φ_{opt} 与其理论值 20.34°、42.44°、54.62° 和 75.52° 一致。它与系统的最大允许路径损耗 PL_{max} 和载波频率 f_0 均无关，只与 tUAV-BS 所处环境（如郊区、市区、密集市区、高楼市区环境；a、b、η_{LoS}、η_{NLoS}）有关。

tUAV-BS 支持 24 h 不间断工作和大容量链路回传，部署高度适中，相较于

TBS 和 uUAV-BS,在持续工作时间、机载载荷能力、回传链路容量、LoS 路径概率、自由移动性和部署灵活性等六个方面,具有相对的综合优势。从而使得 tUAV-BS 在救灾现场应急通信、热点区域流量卸载、农村地区覆盖增强、城市地区超密集组网、军事通信中继支援等各类场景中,可以发挥重要作用,应用前景广阔。

本章参考文献

[1] KISHK M A, BADER A, ALOUINI M S. On the 3-D placement of airborne base stations using tethered UAVs[J]. IEEE transactions on communications, 2020, 68(8): 5202-5215.

[2] LONG T, OZGER M, CETINKAYA O, et al. Energy neutralInternet of drones[J]. IEEE communications magazine, 2018, 56(1): 22-28.

[3] GALKIN B, KIBILDA J, DASILVA L A. UAVs as mobile infrastructure: Addressing battery lifetime[J]. IEEE communications magazine, 2019, 57(6): 132-137.

[4] ALZENAD M, SHAKIR M Z, YANIKOMEROGLU H, et al. FSO-based vertical backhaul/fronthaul framework for 5G+ wireless networks[J]. IEEE communications magazine, 2018, 56(1): 218-224.

[5] CHANDRASEKHARAN S, GOMEZ K, AL-HOURANI A, et al. Designing and implementing future aerial communication networks[J]. IEEE communications magazine, 2016, 54(5): 26-34.

[6] CICEK C T, GULTEKIN H, TAVLI B, et al. Backhaul-aware optimization of UAV base station location and bandwidth allocation for profit maximization[J]. IEEE access, 2020, 8: 154573-154588.

[7] GALKIN B, KIBILDA J, DASILVA L A. Backhaul for low-altitude UAVs in urban environments[C]//2018 IEEE International Conference on Communications (ICC). May 20-24, 2018. Kansas City, MO. IEEE, 2018: 1-6.

[8] KIRUBAKARAN B, HOSEK J. Optimizing tethered UAV deployment for on-demand connectivity in disaster scenarios [C]//2023 IEEE 97th Vehicular Technology Conference (VTC2023-Spring). June 20-23, 2023. Florence, Italy. IEEE, 2023: 1-6.

[9] ZHANG S, LIU W Q, ANSARI N. On tethered UAV-assisted heterogeneous network[J]. IEEE transactions on vehicular technology, 2022, 71(1): 975-983.

[10] BUSHNAQ O M, KISHK M A, CELIK A, et al. Optimal deployment of tethered drones for maximum cellular coverage in user clusters[J]. IEEE transactions on wireless communications, 2021, 20(3): 2092-2108.

[11] KHEMIRI S, KISHK M A, ALOUINI M S. Tethered UAV deployment strategies: The coverage and energy efficiency trade-off[J]. IEEE open journal of the communications society, 2023, 4: 2561-2577.

[12] KHEMIRI S, KISHK M A, ALOUINI M S. Coverage analysis of tethered UAV-assisted large-scale cellular networks [J]. IEEE transactions on aerospace and electronic systems, 2023, 59 (6): 7890-7907.

[13] LIU L. A downlink coverage scheme of tethered UAV [C]//2020 International Wireless Communications and Mobile Computing (IWCMC). June 15-19, 2020. Limassol, Cyprus. IEEE, 2020:685-691.

[14] KISHK M, BADER A, ALOUINI M S. Aerial base station deployment in 6G cellular networks using tethered drones: The mobility and endurance tradeoff[J]. IEEE vehicular technology magazine, 2020, 15(4): 103-111.

[15] SELIM M Y, KAMAL A E. Post-disaster 4G/5G network rehabilitation using drones: Solving battery and backhaul issues [C]//2018 IEEE Globecom Workshops (GC Wkshps). December 9-13, 2018. Abu Dhabi, United Arab Emirates. IEEE, 2018:1-6.

[16] XU Z Q. Application research of tethered UAV platform in marine emergency communication network [J]. Journal of web engineering, 2021,20(2):491-511.

[17] 郎为民, 马卫国, 赵卓萍, 等. 系留无人机系统研究[J]. 电信快报, 2022(11): 1-6.

[18] 周桂森. 5G 超密集组网关键技术与组网架构探讨[J]. 电信工程技术与标准化, 2020, 33(10): 64-67.

[19] AL-HOURANI A, KANDEEPAN S, LARDNER S. Optimal LAP altitude for maximum coverage [J]. IEEE wireless communications letters, 2014, 3(6): 569-572.

[20] 程敏, 马宝娟, 吴赛, 等. 电网 5G 链路预算关键项分析[J]. 电力信息与通信技术, 2020, 18(12): 36-42.

[21] 3GPP. Study on channel model for frequencies from 0.5 to 100 GHz[R/OL]. TR 38.901 V17.0.0, 2022. https://www.3gpp.org/ftp/Specs/archive/38_series/38.901/38901−h00.zip.

第9章

系留无人机基站组网优化模型

在系留基站(tUAV-BS)系统中,地面站部署位置、系留线缆长度、系留线缆倾角、无线传播环境等,都会影响系留基站的部署和使用,也关系到网络覆盖能力。本章主要基于最小平均路损、最优功率效益和最大有效覆盖,分别对系留基站组网优化问题进行系统建模、问题求解和仿真验证,简要分析连续覆盖、协同覆盖、相互干扰、资源分配等组网问题。

9.1 基于最小平均路损的 tUAV-BS 优化部署

无论是乡村地区的增强覆盖,还是城市热点的流量卸载,抑或是辅助陆地基站的超密集组网,在大多数场景下,系留基站与地面用户均是点对多点的通信,即单个系留基站需要覆盖一定区域范围内的所有用户。下面主要以一个用户簇为例,采取有效降低系留基站发射功率的平均路径损耗最小化策略,研究其优化部署问题。

9.1.1 系统模型与问题描述

如图 9.1 所示,以簇区域 C_0 的中心为原点 O,指向建筑物的方向为 x 轴,垂直地面向上为 z 轴,建立三维直角坐标系。簇区域 C_0 呈圆碟形,半径为 R_0,用户在 C_0 内均匀分布;安放地面站的建筑物与簇中心的距离为 x_b,建筑物高度为 h_b;地面站位于建筑物屋顶,系缆长度为 t,最大长度为 $T_{\max}$,系缆倾角为 θ,最小倾角为 $\theta_{\min}$。那么,簇中心坐标为 $(0,0,0)$,建筑物坐标为 $(x_b,0,0)$,地面站坐标为 $(x_b,0,h_b)$。如果将其部署在点 $p(x_p,y_p,h)$ 或 $p(x_p,y_p,z_p)$,那么系留基站在地

面的投影点为 $T(x_p, y_p, 0)$，且 $h = z_p = h_b + t\sin\theta$。

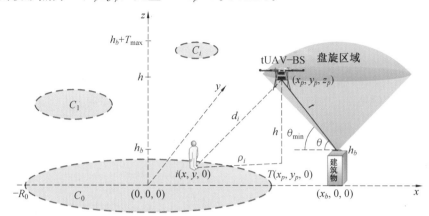

图 9.1　tUAV-BS 对簇用户部署示意图

tUAV-BS 盘旋区域[1] $\mathcal{M}$ 可表示为：

$$\mathcal{M} = \left\{ \begin{array}{l} p(x_p, y_p, h) \in \mathbf{R}^3 : \sqrt{(x_p - x_b)^2 + (y_p)^2 + (h - h_b)^2} \leqslant T_{\max}, \\[2mm] \arcsin\left(\dfrac{h - h_b}{\sqrt{(x_p - x_b)^2 + (y_p)^2 + (h - h_b)^2}} \right) \geqslant \theta_{\min} \end{array} \right\} \tag{9.1}$$

用户所在的簇区域 C_0 可表示为：

$$C_0 = \left\{ i(x, y) \in \mathbf{R}^2 : \sqrt{x^2 + y^2} \leqslant R_0 \right\} \tag{9.2}$$

簇区域 C_0 的最小外接圆 C'_0（简称簇外接圆）可表示为：

$$C'_0 = \left\{ i(x, y) \in \mathbf{R}^2 : \sqrt{x^2 + y^2} = R_0 \right\} \tag{9.3}$$

在区域 C_0 内，用户均匀分布，用户 i 位于 $(x, y, 0)$ 的概率可表示为：

$$f_i = \frac{1}{\pi R_0^2}, \quad i(x, y) \in C_0 \tag{9.4}$$

系留基站至用户 i 的路径损耗可表示为：

$$\mathrm{PL}_i = A P_{\mathrm{LoS}} + 10\lg d_i^2 + B \tag{9.5}$$

式中，P_{LoS} 是用户 i 与 tUAV-BS 之间能够建立 LoS 路径的概率；$d_i = \sqrt{h^2 + \rho_i^2}$ 是用户 i 与 tUAV-BS 的距离；$\rho_i = \sqrt{(x - x_p)^2 + (y - y_p)^2}$ 是用户 i 与 tUAV-BS 地面投影点 T 之间的距离；$\varphi_i = \arctan\left(\dfrac{h}{\rho_i} \right)$ 是用户 i 至系留基站连线的仰角（称为用户仰角）；$A = \eta_{\mathrm{LoS}} - \eta_{\mathrm{NLoS}}$；$B = 20\lg \dfrac{4\pi f_c}{c} + \eta_{\mathrm{NLoS}}$；$f_c$ 是系留基站工作载波频率；η_{LoS} 和 η_{NLoS} 分别代表无线信号经历 LoS 路径和 NLOS 路径传播后产生的额外损耗的平均值，且 $\eta_{\mathrm{LoS}} < \eta_{\mathrm{NLoS}}$。

因此，tUAV-BS 与簇区域 C_0 内的所有用户的平均路径损耗可表示为：

$$\mathrm{PL_{avg}} = E[\mathrm{PL}_i] = \iint\limits_{i \in C_0} f_i \, \mathrm{PL}_i \, \mathrm{d}x \mathrm{d}y \tag{9.6}$$

那么,系留基站优化部署问题(记为OP_1)可以表述为:在 tUAV-BS 盘旋区域$\mathcal{M}$内,搜寻一个最优位置用于部署系留基站,使得系留基站至簇区域C_0内的所有用户的路径损耗平均值最小。该优化问题可表示如下:

$$\mathrm{OP}_1 : \min_{p \in \mathbf{R}^3} \{\mathrm{PL_{avg}}\}$$

s. t.

$$\begin{cases} t = \sqrt{(x_p - x_b)^2 + (y_p)^2 + (h - h_b)^2} \leqslant T_{\max} \\ \theta = \arcsin\left(\dfrac{h - h_b}{\sqrt{(x_p - x_b)^2 + (y_p)^2 + (h - h_b)^2}}\right) \geqslant \theta_{\min} \end{cases} \tag{9.7}$$

式中有两个约束条件,一个是系缆长度t,不能超过系统的最大长度$T_{\max}$;另一个是系缆倾角θ,不能低于确保其安全的最小倾角$\theta_{\min}$。

9.1.2　问题简化与求解

定理 1:假设系留基站被分别部署在$p_1(x_{p_1}, y_{p_1}, z_{p_1})$和$p_2(x_{p_2}, y_{p_2}, z_{p_2})$,其平均路径损耗分别为$\mathrm{PL_{avg-}}_{p_1}$和$\mathrm{PL_{avg-}}_{p_2}$,$p_1$和$p_2$的投影点分别为$T_1(x_{p_1}, y_{p_1}, 0)$和$T_2(x_{p_2}, y_{p_2}, 0)$,$T_1$和$T_2$至簇中心的距离分别为$r_{p_1} = \sqrt{x_{p_1}^2 + y_{p_1}^2}$和$r_{p_2} = \sqrt{x_{p_2}^2 + y_{p_2}^2}$,且$z_{p_1} = z_{p_2} = h$。当$r_{p_1} = r_{p_2}$时,$\mathrm{PL_{avg-}}_{p_1} = \mathrm{PL_{avg-}}_{p_2}$;当$r_{p_1} < r_{p_2}$时,$\mathrm{PL_{avg-}}_{p_1} < \mathrm{PL_{avg-}}_{p_2}$;如果将系留基站部署在相同高度时,当且仅当系留基站位于簇中心正上方时,其平均路径损耗最小。

证明:如果将$x \sim y$平面的直角坐标系(x, y)转换为极坐标系(r, φ),那么用户$i(x, y)$的极坐标表示为$i(r, \varphi)$,$T_1(x_{p_1}, y_{p_1}, 0)$的极坐标表示为$T_1(r_1, \varphi_1)$,$T_2(x_{p_2}, y_{p_2}, 0)$的极坐标表示为$T_2(r_2, \varphi_2)$。而且,$x = r\cos\varphi$、$y = r\sin\varphi$、$x_{p_1} = r_1\cos\varphi_1$、$y_{p_1} = r_1\sin\varphi_1$,$x_{p_2} = r_2\cos\varphi_2$、$y_{p_2} = r_2\sin\varphi_2$。

当系留基站被部署在$p_1(x_{p_1}, y_{p_1}, z_{p_1})$时,其平均路径损耗为:

$$\mathrm{PL_{avg-}}_{p_1} = f_i \int_0^{2\pi} \int_0^{R_0} \Big[\frac{A}{1 + a\exp\left(-b\left(\frac{180}{\pi}\arctan\left(\frac{h}{\rho_{i1}}\right) - a\right)\right)} + $$
$$10\lg(h^2 + \rho_{i1}^2) + B\Big] r \mathrm{d}r \mathrm{d}\varphi \tag{9.8}$$

式中,仅$\rho_{i1} = \sqrt{r^2 + r_1^2 - 2rr_1\cos(\varphi - \varphi_1)}$含有积分变量$r$和$\varphi$,因而可用$\varphi$代替$\varphi - \varphi_1$,其积分区间变为$[-\varphi_1, 2\pi - \varphi_1]$。在极坐标系中,$\varphi$在$[-\varphi_1, 2\pi - \varphi_1]$上积分与在$[0, 2\pi]$上积分是相同的。因此,仍可用式(9.8)表示 tUAV-BS 被部署在$p_1(x_{p_1}, y_{p_1}, z_{p_1})$时的平均路径损耗,但式中$\rho_{i1} = \sqrt{r^2 + r_1^2 - 2rr_1\cos\varphi}$。

所以,当系留基站被分别部署在$p_1(x_{p_1}, y_{p_1}, z_{p_1})$和$p_2(x_{p_2}, y_{p_2}, z_{p_2})$且$z_{p_1} =$

$z_{p_2}=h$ 时，如果 $r_1=r_2$，即 $r_{p_1}=r_{p_2}$，那么 $\rho_{i1}=\rho_{i2}$ 且 $\mathrm{PL}_{\mathrm{avg}-p_1}=\mathrm{PL}_{\mathrm{avg}-p_2}$。

这种情况也比较好理解，用户所在的簇呈圆碟形，用户在圆碟内均匀分布，该圆碟是一个均质（圆碟内各处的用户密度均等）的圆碟。因此，只要 tUAV-BS 的部署高度相同并且与簇中心的水平距离相等，无论系留基站被部署在簇的哪个方向上，簇内用户的分布始终是相同而无差别的，与其坐标系的建立无关。即系留基站与簇内用户的平均路径损耗只与其部署高度及其与簇中心的水平距离有关，而与其在簇的四周部署方位无关。

当 $r_1<r_2$（即 $r_{p_1}<r_{p_2}$）时，在 OT_2 上始终可以找到一点 $T_3(r_3,\varphi_2)$，其直角坐标记为 $T_3(x_{p_3},y_{p_3},0)$，使得 $r_3=r_1$。当 tUAV-BS 被分别部署在 $p_1(x_{p_1},y_{p_1},z_{p_1})$ 和 $p_3(x_{p_3},y_{p_3},z_{p_3}=z_{p_1})$ 时，其平均路径损耗分别为 $\mathrm{PL}_{\mathrm{avg}-p_1}$ 和 $\mathrm{PL}_{\mathrm{avg}-p_3}$，因为系留基站部署的高度相同，且 $r_3=r_1$ 即 $r_{p_3}=r_{p_1}$，所以 $\mathrm{PL}_{\mathrm{avg}-p_1}=\mathrm{PL}_{\mathrm{avg}-p_3}$。

假设以簇中心为原点 O，以 OT_3（即 OT_2 的方向）为 x 轴正向，垂直向上为 z 轴正向，建立三维直角坐标系 (x,y,z)。那么 tUAV-BS 的部署位置分别为 $p_3(x_{p_3},0,z_{p_3})$ 和 $p_2(x_{p_2},0,z_{p_2})$，其在 $x\sim y$ 平面上的投影点分别为 $T_3(x_{p_3},0,0)$ 和 $T_2(x_{p_2},0,0)$，且 $z_{p_3}=z_{p_1}=z_{p_2}=h$，$r_{p_3}=x_{p_3}<r_{p_2}=x_{p_2}$。设 $T_{\mathrm{mid}}(x_{\mathrm{mid}},0,0)$ 为 T_3 和 T_2 的中间点，即 $x_{\mathrm{mid}}=(x_{p_3}+x_{p_2})/2$，$x=x_{\mathrm{mid}}$ 是 T_3T_2 的中垂线。

如图 9.2 所示，下面分 $x_{\mathrm{mid}}>R_0$ 和 $x_{\mathrm{mid}}<R_0$ 两种情况分别进行讨论。

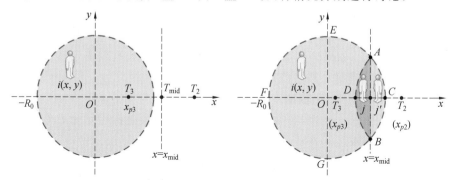

图 9.2　tUAV-BS 对簇用户部署示意图

当 $x_{\mathrm{mid}}>R_0$ 时，簇内用户均位于直线 $x=x_{\mathrm{mid}}$ 的左侧，由于 $x=x_{\mathrm{mid}}$ 是 T_3T_2 的中垂线，簇内的任意一个用户 $i(x,y)$ 到投影点 T_3 的距离 ρ_{i3} 小于到投影点 T_2 的距离 ρ_{i2}。由 $\rho_{i3}<\rho_{i2}$ 且 $z_{p_3}=z_{p_2}=h$ 可知，用户 $i(x,y)$ 到 $p_3(x_{p_3},0,z_{p_3})$ 的用户仰角 φ_{i3} 大于到 $p_2(x_{p_2},0,z_{p_2})$ 的用户仰角 φ_{i2}（$\varphi_{i3}>\varphi_{i2}$），用户 $i(x,y)$ 到 $p_3(x_{p_3},0,z_{p_3}=z_{p_1})$ 的距离 d_{i3} 小于到 $p_2(x_{p_2},0,z_{p_2})$ 的距离 d_{i2}（$d_{i3}<d_{i2}$）。由此可知，相较于 $p_2(x_{p_2},0,z_{p_2})$，当被部署在 $p_3(x_{p_3},0,z_{p_3})$ 时，系留基站到簇内的任意一个用户 $i(x,y)$ 的路径损耗均要小一些。因此，当 $x_{\mathrm{mid}}>R_0$ 时，系留基站部署在 $p_3(x_{p_3},0,z_{p_3})$ 时平均路径损耗小于部署在 $p_2(x_{p_2},0,z_{p_2})$ 时的平均路径损耗，即 $\mathrm{PL}_{\mathrm{avg}-p_3}<$

PL_{avg-p_2}。

当 $x_{mid} < R_0$ 时,直线 $x = x_{mid}$ 将簇区域 C_0 分为了左右两部分,左部分记为区域 C_{AEFGBA},右部分记为区域 C_{ACBA},即 $C_0 = C_{AEFGBA} \bigcup C_{ACBA}$。以直线 $x = x_{mid}$ 为对称轴,画出区域 C_{ACBA} 的对称区域 C_{ADBA},从而将区域 C_0 又分为了区域 $C_{AEFGBDA}$ 和区域 C_{ACBDA} 两部分,即 $C_0 = C_{AEFGBDA} \bigcup C_{ACBDA}$。

区域 $C_{AEFGBDA}$ 内的用户均位于直线 $x = x_{mid}$ 的左侧,同"当 $x_{mid} > R_0$ 时"的证明方法,对区域 $C_{AEFGBDA}$ 内的所有用户,系留基站部署在 $p_3(x_{p_3}, 0, z_{p_3})$ 时平均路径损耗小于部署在 $p_2(x_{p_2}, 0, z_{p_2})$ 时的平均路径损耗。

区域 C_{ACBDA} 是关于直线 $x = x_{mid}$ 对称的,T_3 和 T_2 也是关于直线 $x = x_{mid}$ 对称的,对于区域 C_{ACBDA} 内的任意一个用户 $j(x, y)$,其关于直线 $x = x_{mid}$ 对称的用户 $j'(2x_{mid} - x, y)$ 始终存在且也位于区域 C_{ACBDA} 内。也就是说,在区域 C_{ACBDA} 内关于直线 $x = x_{mid}$ 对称的任意一对用户 $j(x, y)$ 和 $j'(2x_{mid} - x, y)$,无论是用户 $j(x, y)$ 到 $p_3(x_{p_3}, 0, z_{p_3})$ 的用户仰角、距离、路径损耗与用户 $j'(2x_{mid} - x, y)$ 到 $p_2(x_{p_2}, 0, z_{p_2})$ 的用户仰角、距离、路径损耗,还是用户 $j(x, y)$ 到 $p_2(x_{p_2}, 0, z_{p_2})$ 的用户仰角、距离、路径损耗与用户 $j'(2x_{mid} - x, y)$ 到 $p_3(x_{p_3}, 0, z_{p_3})$ 的用户仰角、距离、路径损耗,都是分别对应相等的。因此,对区域 C_{ACBDA} 内的所有用户,系留基站部署在 $p_3(x_{p_3}, 0, z_{p_3})$ 时平均路径损耗与部署在 $p_2(x_{p_2}, 0, z_{p_2})$ 时的平均路径损耗是相等的。

所以,当 $x_{mid} < R_0$ 时,对于簇区域 $C_0 = C_{AEFGBDA} \bigcup C_{ACBDA}$ 内的所有用户,tUAV-BS 部署在 $p_3(x_{p_3}, 0, z_{p_3})$ 时的平均路径损耗小于部署在 $p_2(x_{p_2}, 0, z_{p_2})$ 时的平均路径损耗,即 $PL_{avg-p_3} < PL_{avg-p_2}$。

综上所述,无论是 $x_{mid} > R_0$,还是 $x_{mid} < R_0$,由于 $r_{p_3} = x_{p_3} < r_{p_2} = x_{p_2}$,均有 $PL_{avg-p_3} < PL_{avg-p_2}$。又因 $PL_{avg-p_1} = PL_{avg-p_3}$,所以 $PL_{avg-p_1} < PL_{avg-p_2}$。tUAV-BS 分别部署在 $p_1(x_{p_1}, y_{p_1}, z_{p_1})$ 和 $p_2(x_{p_2}, y_{p_2}, z_{p_2})$,当 $z_{p_1} = z_{p_2}$ 且 $r_{p_1} < r_{p_2}$ 时,$PL_{avg-p_1} < PL_{avg-p_2}$。

最终可知,当系留基站部署在高度相同的平面上的不同位置时,其在 $x \sim y$ 平面上的投影点与簇中心的距离越近,其平均路径损耗 PL_{avg} 越小;当两个距离相等时,其平均路径损耗 PL_{avg} 也相等;当且仅当系留基站位于簇中心正上方时,即 tUAV-BS 投影点位于簇中心时,其平均路径损耗 PL_{avg} 最小。因此,在实际应用中,应尽可能趋近用户簇中心部署系留基站,以使平均路径损耗 PL_{avg} 尽可能小。

推论 1:如果点 $p_{opt}(x_{opt}, y_{opt}, z_{opt})$ 是系留基站最优部署位置,那么 $y_{p_{opt}} = 0$,即系留基站最优部署位置在 $x \sim y$ 平面上的投影点 T 一定位于 x 轴上,即位于簇中心与建筑物所在位置的连线上。

证明:假设系留基站分别部署在 $p_1(x_{opt}, 0, z_{opt})$ 和 $p_2(x_{opt}, y_p, z_{opt})$($y_p \neq 0$),对应的平均路径损耗分别为 PL_{avg-p_1} 和 PL_{avg-p_2},p_1 和 p_2 在 $x \sim y$ 平面上的投影点

分别为$T_1(x_{\text{opt}},0,0)$和$T_2(x_{\text{opt}},y_p,0)$，$T_1$和$T_2$至簇中心（坐标原点）的距离分别为$r_{p_1}=|x_{\text{opt}}|$，$r_{p_2}=\sqrt{x_{\text{opt}}^2+y_p^2}$。因为$y_p\neq0$，所以$r_{p_1}<r_{p_2}$，即相较于$T_2$，$T_1$到簇中心的距离更近。又因$p_1$和$p_2$处于相同的高度，由定理1可知，$\text{PL}_{\text{avg}-p_1}<\text{PL}_{\text{avg}-p_2}$。

依据推论1的相关结论，对于系留基站优化部署问题OP_1，其最优解搜索空间可以由$\mathcal{M}$缩简为$\mathcal{M}'$[1]，如下所示：

$$\mathcal{M}'=\left\{\begin{array}{l}p(x_p,y_p,h)\in\mathbf{R}^3:\sqrt{(x_p-x_b)^2+(h-h_b)^2}\leqslant T_{\max},\\[2mm]\arcsin\left(\dfrac{h-h_b}{\sqrt{(x_p-x_b)^2+(h-h_b)^2}}\right)\geqslant\theta_{\min}\\[4mm]y_p=0\end{array}\right\} \tag{9.9}$$

推论2：如果点$p_{\text{opt}}(x_{\text{opt}},y_{\text{opt}},z_{\text{opt}})$是系留基站最优部署位置，那么$0\leqslant x_{\text{opt}}\leqslant x_b$。

证明：假设系留基站部署在其最优部署位置$p(x_p,y_p,z_p)$，由推论1可知$y_p=0$，即$p\in\mathcal{M}'$。那么系留基站的最优部署位置可记为$p(x_p,0,z_p)$。

当$x_p>x_b$时，在$\mathcal{M}'$内始终可以找到点$p(x_p,0,z_p)$关于平面$x=x_b$对称的一点$p'(x'_p,0,z_p)$，且$x'_p=2x_b-x_p<x_b$。因为，点p和点p'高度相同，而且相较于点p，点p'在$x\sim y$平面上的投影点与簇中心（坐标原点）的距离更近，其平均路径损耗更小。所以，对于系留基站部署，点$p'(x'_p,0,z_p)$要优于点$p(x_p,0,z_p)$，即如果点$p_{\text{opt}}(x_{\text{opt}},y_{\text{opt}},z_{\text{opt}})$是tUAV-BS最优部署位置，那么$x_{\text{opt}}<x_b$。

当$x_p=x_b$时，$x_{\text{opt}}=x_p=x_b$。

当$x_p<0$时，在$\mathcal{M}'$内始终可以找到点$p(x_p,0,z_p)$关于平面$x=0$对称的一点$p''(x''_p,0,z_p)$，且$x''_p=-x_p>0$。因为点p和点p''高度相同，而且两者在$x\sim y$平面上的投影点与簇中心（坐标原点）的距离相同，其平均路径损耗相等。但是，点p''与tUAV-BS地面站均位于平面$x=0$的右侧，而点p与地面站则分别位于平面$x=0$的两侧。相较于点p，当部署在点p''时，系缆长度更短、系缆倾角更大，系留基站及其系缆更安全，更易部署。所以，当$x_p<0$时，对于系留基站部署，点$p''(x''_p=-x_p,0,z_p)$要优于点$p(x_p,0,z_p)$。即如果点$p_{\text{opt}}(x_{\text{opt}},y_{\text{opt}},z_{\text{opt}})$是tUAV-BS最优部署位置，那么$x_{\text{opt}}\geqslant0$。

综上，如果点$p_{\text{opt}}(x_{\text{opt}},y_{\text{opt}},z_{\text{opt}})$是系留基站最优部署位置，那么$0\leqslant x_{\text{opt}}\leqslant x_b$。

依据推论2的相关结论，对于系留基站优化部署问题OP_1，其最优解搜索空间可以由$\mathcal{M}'$缩简为$\mathcal{M}''$[1]，如下所示：

$$\mathcal{M}''=\left\{\begin{array}{l}p(x_p,y_p,h)\in\mathbf{R}^3:\sqrt{(x_p-x_b)^2+(h-h_b)^2}\leqslant T_{\max},\\[2mm]\arcsin\left(\dfrac{h-h_b}{\sqrt{(x_p-x_b)^2+(h-h_b)^2}}\right)\geqslant\theta_{\min},\\[4mm]y_p=0,0\leqslant x_p\leqslant x_b\end{array}\right\} \tag{9.10}$$

或表示为：

$$\mathcal{M}'' = \left\{ p(t_p, \theta_p) : \theta_{min} \leqslant \theta_p \leqslant \frac{\pi}{2}, 0 \leqslant t_p \leqslant T_{max}, t_p \cos(\theta_p) \leqslant x_b \right\} \quad (9.11)$$

图 9.3 所示为系留基站优化部署问题 OP_1 的最优解搜索空间由 $\mathcal{M}$ 到 $\mathcal{M}'$ 再到 $\mathcal{M}''$ 的缩简变化过程的示意图。

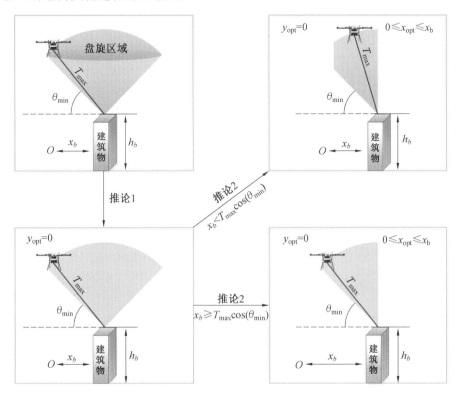

图 9.3 OP_1 的最优解搜索空间缩简变化过程示意图①

定理 2：如果系留基站的最优部署位置为点 $p_{opt}(t_{opt}, \theta_{opt})$，那么点 p_{opt} 的搜索区间范围可表示为 Γ_{opt}，即 $p_{opt} \in \Gamma_{opt}$，如图 9.4 所示。其中

$$\Gamma_{opt} = \begin{cases} \Gamma_1 \cup \Gamma_2 \cup \Gamma_3 & x_b < T_{max} \cos(\theta_{min}) \\ \Gamma'_1 \cup \Gamma'_2 & x_b \geqslant T_{max} \cos(\theta_{min}) \ \text{且} \ x_b - R_0 \leqslant F \\ \Gamma'_1 & x_b \geqslant T_{max} \cos(\theta_{min}) \ \text{且} \ x_b - R_0 > F \end{cases} \quad (9.12)$$

式中，

---

① 本模型针对多用户场景，得到了与文献[1]单用户场景类似的结论与图示。

$$\begin{cases} \Gamma_1 = \left\{ (T_{\max}, \theta_{opt}) : \arccos \dfrac{x_b}{T_{\max}} \leqslant \theta_{opt} \leqslant \dfrac{\pi}{2} \right\} \\[3mm] \Gamma_2 = \left\{ (t_{opt}, \theta_{\min}) : \max(0, t^*(\theta_{\min})) \leqslant t_{opt} \leqslant \dfrac{x_b}{\cos(\theta_{\min})} \right\} \\[3mm] \Gamma_3 = \left\{ (t_{opt}, \theta_{opt}) : t_{opt} = \dfrac{x_b}{\cos(\theta_{opt})}, \theta_{\min} \leqslant \theta_{opt} \leqslant \arccos \dfrac{x_b}{T_{\max}} \right\} \\[3mm] \Gamma'_1 = \left\{ (T_{\max}, \theta_{opt}) : \theta_{\min} \leqslant \theta_{opt} \leqslant \dfrac{\pi}{2} \right\} \\[3mm] \Gamma'_2 = \left\{ (t_{opt}, \theta_{\min}) : \max(0, t^*(\theta_{\min})) \leqslant t_{opt} \leqslant T_{\max} \right\} \\[3mm] F = h_b \tan(\theta_{\min}) + \dfrac{T_{\max}}{\cos(\theta_{\min})} \\[3mm] t^*(\theta_{\min}) = (x_b - R_0) \cos(\theta_{\min}) - h_b \sin(\theta_{\min}) \end{cases} \quad (9.13)$$

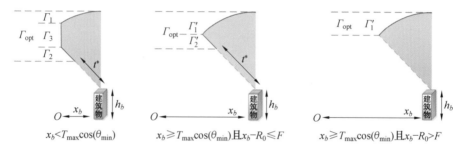

图 9.4　tUAV-BS 最优部署位置 $p_{opt} \in \Gamma_{opt}$ 示意图①

证明：如图 9.5 所示，用户簇中心位于原点 O，簇半径为 R_0，簇外接圆 C'_0 与 x 正半轴相交于点 R；建筑物位于点 Q，建筑物高度为 h_b，建筑物到簇中心的水平间距为 $x_b (x_b = |OQ|)$；地面站位于屋顶 G，最大系缆长度为 $T_{\max}$，最小系缆倾角为 $\theta_{\min}$。$\mathcal{M}''$ 是压缩简化后的最优部署位置区域，位于 $x \sim z$ 平面，呈扇形（其顶点分别为点 A、B 和 G）。过点 B 作 BG 的垂线，与 x 轴相交于点 S，过点 B 作 x 轴的垂线，垂足为点 T。不难获得，$|TQ| = T_{\max} \cos(\theta_{\min})$，$|SQ| = h_b \tan \theta_{\min} + \dfrac{T_{\max}}{\cos(\theta_{\min})} = F$。

（1）当 $x_b \geqslant T_{\max} \cos(\theta_{\min})$ 且 $x_b - R_0 > F$ 时，$\mathcal{M}''$ 是一个平面扇形区域 ABG，如图 9.6 所示。

假设 tUAV-BS 部署在 $\mathcal{M}''$ 上任意一点 $p(t_p, \theta_p)$，且点 p 不在圆弧 AB 和线段 BG 上，即 $p \in \mathcal{M}''$ 但 $p \notin AB \cup BG$。过点 p 作 OQ 的平行线，与 AB 或 BG 相交于点 p^*。因此，相较于点 p，点 p^* 在 $x \sim y$ 平面上的投影点与簇中心 O 的距离更

---

① 本模型针对多用户场景，得到了与文献[1]单用户场景类似的结论与图示。

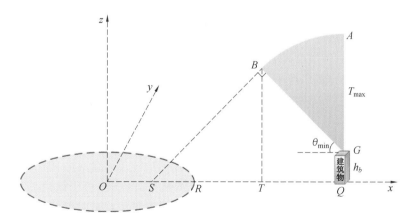

图 9.5　F 取值示意图

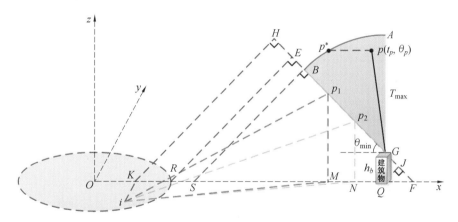

图 9.6　$x_b \geqslant T_{\max}\cos(\theta_{\min})$ 且 $x_b - R_0 > F$ 时 $p_{\mathrm{opt}} \in \Gamma_{\mathrm{opt}}$ 示意图

近。由定理 1 可知，当系留基站部署在点 p^* 时，其平均路径损耗更小，即 $\mathrm{PL}_{\mathrm{avg}}|_{\mathrm{tUAV\text{-}BS}=p^*} < \mathrm{PL}_{\mathrm{avg}}|_{\mathrm{tUAV\text{-}BS}=p}$。因此，$p_{\mathrm{opt}} \in AB \bigcup BG$，其中 $AB = \left\{(T_{\max}, \theta_{\mathrm{opt}}): \theta_{\min} \leqslant \theta_{\mathrm{opt}} \leqslant \dfrac{\pi}{2}\right\}$，$BG = \{(t_{\mathrm{opt}}, \theta_{\min}): 0 \leqslant t_{\mathrm{opt}} \leqslant T_{\max}\}$。

任取两点 $p_1, p_2 \in BG$，且 $|p_1 G| = t_1 > |p_2 G| = t_2$，过 p_1 和 p_2 作 OQ 的垂线，垂足分别为点 M 和点 N；延长 BG 与 x 轴相交于点 F；过点 Q 作 GF 的垂线，垂足为点 J；过 R 作 GB 的垂线，垂足为点 E；簇内任意一个用户 i 位于点 $i(x, y)$，过点 i 作 OQ 的垂线，垂足为点 K；过点 K 作 GB 的垂线，垂足为点 H；连接 ip_1、ip_2、iM 和 iN。那么

$$|ip_1|^2 = |p_1 M|^2 + |iM|^2 = |p_1 M|^2 + |iK|^2 + |KM|^2$$
$$= (h_b + t_1\sin\theta_{\min})^2 + y^2 + (x_b + t_1\cos\theta_{\min} - x)^2$$
$$|ip_2|^2 = |p_2 N|^2 + |iN|^2 = |p_2 N|^2 + |iK|^2 + |KN|^2$$

$$= (h_b + t_2 \sin\theta_{\min})^2 + y^2 + (x_b + t_2 \cos\theta_{\min} - x)^2$$

$$|ip_1|^2 - |ip_2|^2$$

$$= (t_1 - t_2)\{t_1 + t_2 - 2[(x_b - x)\cos\theta_{\min} - h_b \sin\theta_{\min}]\}$$

$$= (t_1 - t_2)[t_1 + t_2 - 2(|JH| - |JG|)]$$

$$< (t_1 - t_2)(2t_1 - 2|GH|)$$

$$< 0$$

即用户 i 至 p_1 的距离小于用户 i 至 p_2 的距离。而且 $|iM| < |iN|$、$|p_1M| > |p_2N|$，即对于簇内的任意一个用户 i，ip_1 的用户仰角大于 ip_2 的用户仰角，用户 i 至 p_1 的 LoS 概率大于用户 i 至 p_2 的 LoS 概率。因此，对于簇内的任意一个用户 i，系留基站部署在 p_1 时的平均路径损耗小于部署在 p_2 时的平均路径损耗，即 $\mathrm{PL}_{\mathrm{avg}}|_{\mathrm{tUAV\text{-}BS}=p_1} < \mathrm{PL}_{\mathrm{avg}}|_{\mathrm{tUAV\text{-}BS}=p_2}$。

对于簇内的任何一个用户 i，始终有 $|GH| \geqslant |GE|$。因此，可得出一个推论，如下所示。

推论 3：当 $\theta_{\mathrm{opt}} = \theta_{\min}$ 时，只要系缆长度不超过 $|GE|$ 的长度，随着系缆长度的增加，系留基站到用户簇的平均路径损耗减小。

因为 $|GE| > |GB|$，所以在线段 GB 范围内，依据推论 3 可知，系留基站部署在点 B 时，其平均路径损耗最小，即 $\min\limits_{\mathrm{tUAV\text{-}BS}\in GB}\{\mathrm{PL}_{\mathrm{avg}}\} = \mathrm{PL}_{\mathrm{avg}}|_{\mathrm{tUAV\text{-}BS}=B}$。

综上所述，当 $x_b \geqslant T_{\max}\cos(\theta_{\min})$ 且 $x_b - R_0 > F$ 时，$p_{\mathrm{opt}} \in \Gamma_{\mathrm{opt}} = \Gamma'_1$，其中 $\Gamma'_1 = \left\{(T_{\max}, \theta_{\mathrm{opt}}) : \theta_{\min} \leqslant \theta_{\mathrm{opt}} \leqslant \dfrac{\pi}{2}\right\}$。

(2) 当 $x_b \geqslant T_{\max}\cos(\theta_{\min})$ 且 $x_b - R_0 \leqslant F$ 时，$\mathcal{M}''$ 是一个平面扇形区域 ABG，如图 9.7 所示。延长 BG 与 x 轴相交于点 F；过点 Q 作 GF 的垂线，垂足为点 J；过 R 作 GB 的垂线，垂足为点 E；任取两点 $p_1, p_2 \in EG$，且 $|p_1G| = t_1 > |p_2G| = t_2$，过 p_1 和 p_2 作 OQ 的垂线，垂足分别为点 M 和点 N；簇内任意一个用户 i 位于点 i (x, y)，过点 i 作 OQ 的垂线，垂足为点 K；过点 K 作 GB 的垂线，垂足为点 H；连接 ip_1、ip_2、iM 和 iN。

首先，与 (1) 类似，易得 $p_{\mathrm{opt}} \in AB \bigcup BG$，其中 $AB = \left\{(T_{\max}, \theta_{\mathrm{opt}}) : \theta_{\min} \leqslant \theta_{\mathrm{opt}} \leqslant \dfrac{\pi}{2}\right\}$，$BG = \{(t_{\mathrm{opt}}, \theta_{\min}) : 0 \leqslant t_{\mathrm{opt}} \leqslant T_{\max}\}$。

其次，依据推论 3 可知，在线段 GE 范围之内，系留基站部署在点 E 时，其平均路径损耗最小，即 $\min\limits_{\mathrm{tUAV\text{-}BS}\in GE}\{\mathrm{PL}_{\mathrm{avg}}\} = \mathrm{PL}_{\mathrm{avg}}|_{\mathrm{tUAV\text{-}BS}=E}$。

最后，还有一个特殊情况需要说明，由于用户簇外接圆上的点 R 与建筑物的距离 $x_b - R_0$、建筑物高度 h_b 和最小系缆倾角 $\theta_{\min}$ 的相对大小关系不一，点 R 至 BG 的垂足点 E，可能位于线段 BG 上，也可能位于线段 BG 之外（位于其延长线 GF

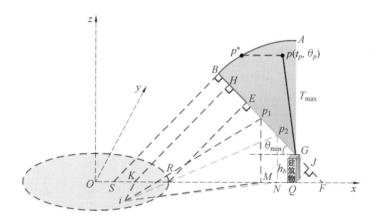

图 9.7　$x_b \geqslant T_{\max} \cos(\theta_{\min})$ 且 $x_b - R_0 \leqslant F$ 时 $p_{\mathrm{opt}} \in \Gamma_{\mathrm{opt}}$ 示意图

上）。当 $t^*(\theta_{\min}) = |EJ| - |GJ| = (x_b - R_0)\cos\theta_{\min} - h_b\sin\theta_{\min} > 0$ 时，点 E 位于线段 BG 上，$p_{\mathrm{opt}} \in AB \cup BE$。当 $t^*(\theta_{\min}) = |EJ| - |GJ| = (x_b - R_0)\cos\theta_{\min} - h_b$ $\sin\theta_{\min} \leqslant 0$ 时，点 E 位于线段 GF 上，$p_{\mathrm{opt}} \in AB \cup BG$。

综上所述，当 $x_b \geqslant T_{\max}\cos(\theta_{\min})$ 且 $x_b - R_0 \leqslant F$ 时，$p_{\mathrm{opt}} \in \Gamma_{\mathrm{opt}} = \Gamma'_1 \cup \Gamma'_2$，其中 $\Gamma'_1 = \left\{ (T_{\max}, \theta_{\mathrm{opt}}) : \theta_{\min} \leqslant \theta_{\mathrm{opt}} \leqslant \dfrac{\pi}{2} \right\}$，$\Gamma'_2 = \{ (t_{\mathrm{opt}}, \theta_{\min}) : \max(0, t^*(\theta_{\min})) \leqslant t_{\mathrm{opt}} \leqslant T_{\max} \}$。

（3）当 $x_b < T_{\max}\cos(\theta_{\min})$ 时，$\mathcal{M}''$ 是一个缺角的扇形平面区域 $ABCG$，如图 9.8 所示。

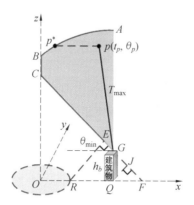

图 9.8　$x_b < T_{\max}\cos(\theta_{\min})$ 时 $p_{\mathrm{opt}} \in \Gamma_{\mathrm{opt}}$ 示意图

与（1）类似，易得 $p_{\mathrm{opt}} \in AB \cup BC \cup CG$，其中 $AB = \left\{ (T_{\max}, \theta_{\mathrm{opt}}) : \arccos\dfrac{x_b}{T_{\max}} \leqslant \theta_{\mathrm{opt}} \leqslant \dfrac{\pi}{2} \right\}$，$BC = \left\{ (t_{\mathrm{opt}}, \theta_{\mathrm{opt}}) : t_{\mathrm{opt}} = \dfrac{x_b}{\cos(\theta_{\mathrm{opt}})}, \theta_{\min} \leqslant \theta_{\mathrm{opt}} \leqslant \arccos\dfrac{x_b}{T_{\max}} \right\}$，$CG =$

$\left\{ (t_{\text{opt}}, \theta_{\min}) : 0 \leqslant t_{\text{opt}} \leqslant \dfrac{x_b}{\cos(\theta_{\min})} \right\}$。与（2）类似，点 R 到 CG 的垂足点 E，可能位于线段 CG 上，也可能位于线段 CG 之外（位于其延长线 GF 上）。

综上所述，当 $x_b < T_{\max} \cos(\theta_{\min})$ 时，$p_{\text{opt}} \in \Gamma_{\text{opt}} = \Gamma_1 \bigcup \Gamma_2 \bigcup \Gamma_3$，其中 $\Gamma_1 = \left\{ (T_{\max}, \theta_{\text{opt}}) : \arccos\dfrac{x_b}{T_{\max}} \leqslant \theta_{\text{opt}} \leqslant \dfrac{\pi}{2} \right\}$，$\Gamma_2 = \left\{ (t_{\text{opt}}, \theta_{\min}) : \max(0, t^*(\theta_{\min})) \leqslant t_{\text{opt}} \leqslant \dfrac{x_b}{\cos(\theta_{\min})} \right\}$，$\Gamma_3 = \left\{ (t_{\text{opt}}, \theta_{\text{opt}}) : t_{\text{opt}} = \dfrac{x_b}{\cos(\theta_{\text{opt}})}, \theta_{\min} \leqslant \theta_{\text{opt}} \leqslant \arccos\dfrac{x_b}{T_{\max}} \right\}$，$t^*(\theta_{\min}) = (x_b - R_0)\cos\theta_{\min} - h_b\sin\theta_{\min}$。

推论 4：当系缆倾角 $\theta_{\min} = 0°$ 时，可以将定理 2 中的 Γ_{opt} 进一步简化为 Γ'_{opt}，即

$$\Gamma'_{\text{opt}} = \begin{cases} \Gamma_1 \bigcup \Gamma_3 & x_b < T_{\max} \\ \Gamma_4 & x_b \geqslant T_{\max} \end{cases} \tag{9.14}$$

式中，

$$\begin{cases} \Gamma_1 = \left\{ (T_{\max}, \theta_{\text{opt}}) : \arccos\dfrac{x_b}{T_{\max}} \leqslant \theta_{\text{opt}} \leqslant \dfrac{\pi}{2} \right\} \\ \Gamma_3 = \left\{ (t_{\text{opt}}, \theta_{\text{opt}}) : t_{\text{opt}} = \dfrac{x_b}{\cos(\theta_{\text{opt}})}, 0 \leqslant \theta_{\text{opt}} \leqslant \arccos\dfrac{x_b}{T_{\max}} \right\} \\ \Gamma_4 = \left\{ (T_{\max}, \theta_{\text{opt}}) : 0 \leqslant \theta_{\text{opt}} \leqslant \dfrac{\pi}{2} \right\} \end{cases} \tag{9.15}$$

推论 5：当地面站位于簇中心（$x_b = 0$）时，可以将定理 2 中的 Γ_{opt} 进一步简化为 Γ''_{opt}，即

$$\Gamma''_{\text{opt}} = \left\{ \left(t_{\text{opt}}, \dfrac{\pi}{2} \right) : 0 \leqslant t_{\text{opt}} \leqslant T_{\max} \right\} \tag{9.16}$$

9.1.3　代表性仿真结果

在仿真中，以单个用户簇 C_0 为例，其半径为 R_0，用户在簇内均匀分布，其分布概率为 $f_i = \dfrac{1}{\pi R_0^2}$；以簇中心为原点，指向建筑物的方向为 x 轴，垂直地面向上为 z 轴，建立三维直角坐标系。安装地面站的建筑物与簇中心的距离为 x_b，建筑物的高度为 h_b；系留基站部署在点 $p(x_p, y_p, h)$，系缆长度为 t_p（最大长度为 $T_{\max}$），系缆倾角为 θ_p（最小倾角为 $\theta_{\min}$），系留基站在 $x \sim y$ 平面上的投影点与簇中心的距离为 r_p。

图 9.9 所示为系留基站到簇用户的平均路径损耗 PL_{avg} 与其投影点至簇中心距离 r_p 的关系。

分析可知，当用户簇部署在同一高度（例如，部署高度 $h = 200$ m 或 $h = 400$ m）时，无论在哪种环境下，随着 r_p 的增加，平均路径损耗 PL_{avg} 逐渐增大；反之则逐渐减小。当且仅当用户簇部署在簇中心正上方，即其投影点位于簇中心时，

平均路径损耗PL$_{avg}$最小。

如图 9.10 所示,展示的是系留基站到簇用户的平均路径损耗PL$_{avg}$与其部署位置 y 轴坐标即其投影点 y 轴坐标y_p的关系。

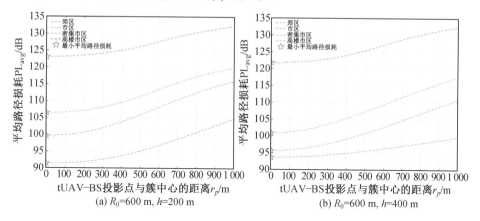

图 9.9　PL$_{avg}$ 随r_p 增大而减小示意图

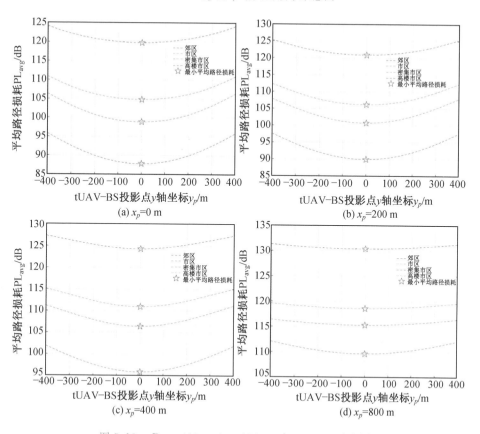

图 9.10　$R_0 = 400$ m、$h = 100$ m 时$y_{p_{opt}} = 0$ 示意图

分析可知,当系留基站部署在同一高度(如 $h=100$ m)时,无论其 x 轴坐标 x_p 是多少(如 0 m、200 m、400 m、800 m),随着 $|y_p|$ 的增加,平均路径损耗 $\mathrm{PL}_{\mathrm{avg}}$ 都会逐渐增大,反之则减小;x_p 越小,随着 $|y_p|$ 的增加,$\mathrm{PL}_{\mathrm{avg}}$ 增大越快。当且仅当 $|y_p|=0$ 时,平均路径损耗 $\mathrm{PL}_{\mathrm{avg}}$ 最小。即如果点 $p_{\mathrm{opt}}(x_{\mathrm{opt}},y_{\mathrm{opt}},z_{\mathrm{opt}})$ 是系留基站最优部署位置,那么其最优部署位置在 $x\sim y$ 平面上的投影点一定位于 x 轴上,即 $y_{p_{\mathrm{opt}}}=0$。

图 9.11、9.12、9.13、9.14、9.15 和 9.16 所示为在不同条件下系留基站最优部署,包括最小平均路径损耗 $\mathrm{PL}_{\mathrm{avg-min}}$、最优系缆倾角 θ_{opt} 和最优系缆长度 t_{opt}。

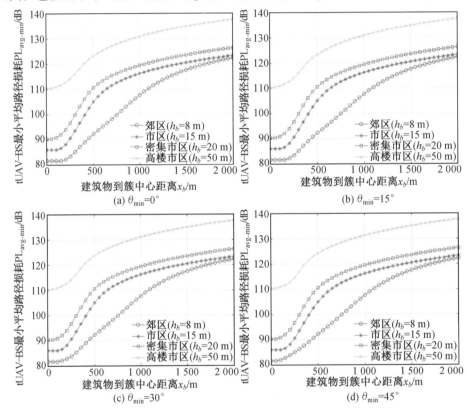

图 9.11　$R_0=200$ m、$T_{\max}=150$ m 时最小平均路径损耗 $\mathrm{PL}_{\mathrm{avg-min}}$ 示意图

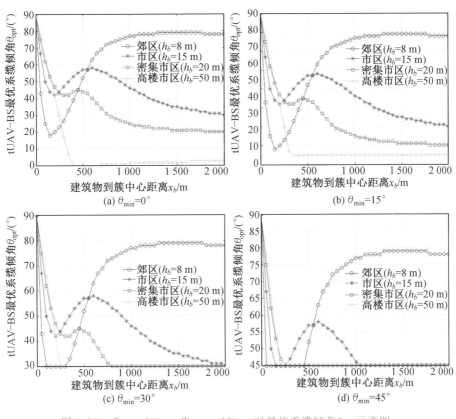

图 9.12　$R_0 = 200$ m、$T_{max} = 150$ m 时最优系缆倾角 θ_{opt} 示意图

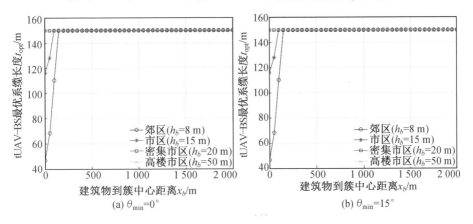

图 9.13　$R_0 = 200$ m、$T_{max} = 150$ m 时最优系缆长度 l_{opt} 示意图

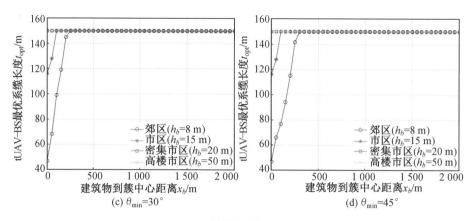

(c) $\theta_{\min}=30°$

(d) $\theta_{\min}=45°$

续图 9.13

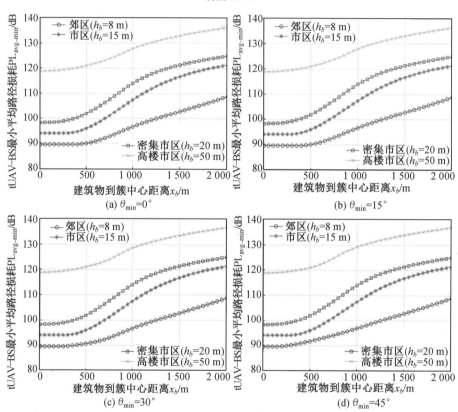

(a) $\theta_{\min}=0°$

(b) $\theta_{\min}=15°$

(c) $\theta_{\min}=30°$

(d) $\theta_{\min}=45°$

图 9.14 $R_0 = 500$ m、$T_{\max} = 400$ m 时最小平均路径损耗 $PL_{avg-min}$ 示意图

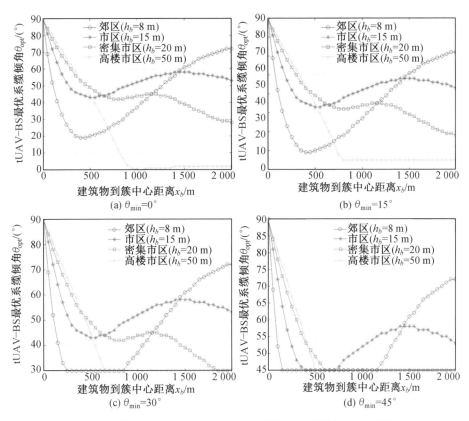

图 9.15　$R_0 = 500\text{ m}$、$T_{\max} = 400\text{ m}$ 时最优系统倾角 θ_{opt} 示意图

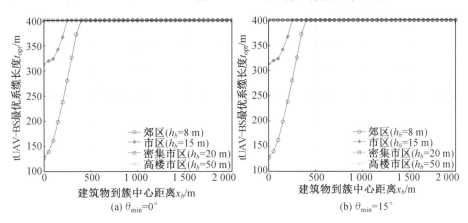

图 9.16　$R_0 = 500\text{ m}$、$T_{\max} = 400\text{ m}$ 时最优系统长度 t_{opt} 示意图

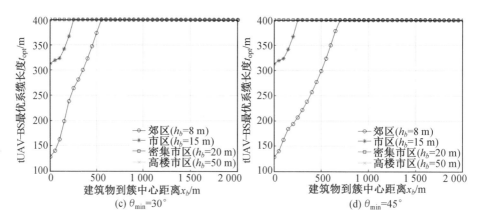

(c) $\theta_{min}=30°$ (d) $\theta_{min}=45°$

续图 9.16

分析可知,无论处于何种环境、无论系缆倾角多大,随着建筑物至簇中心距离 x_b 的增加,最小平均路径损耗 $PL_{avg-min}$ 均增大。当 $x_b=0$ 时,系留基站处于最佳的簇中心正上方,最优系缆倾角 $\theta_{opt}=\dfrac{\pi}{2}$,而依所处环境不同,最优系缆长度 t_{opt} 或小于 T_{max} 或达到最大长度 T_{max};随着 x_b 的增大,为确保平均路径损耗 PL_{avg} 最小化,四种环境下最优系缆长度 t_{opt} 均会伸展到最大长度 T_{max},最优系缆倾角 θ_{opt} 则会经历一个逐渐减小、增大、再减小的起伏过程。郊区环境对无线电波传播最友好,最优系缆倾角 θ_{opt} 的这个起伏过程最明显,高楼市区环境对无线电波传播影响最大,最优系缆倾角 θ_{opt} 的这个起伏过程最不明显。

图 9.17 所示为当 $x_b=0$ 时不同环境和不同簇半径条件下平均路径损耗 PL_{avg} 与系缆长度 t_p 之间的关系;表 9.1 统计的是当 $x_b=0$ 时不同环境和不同簇半径条件下最小平均路径损耗 $PL_{avg-min}$ 和最优系缆长度 t_{opt}。

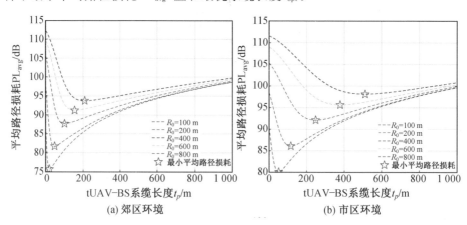

(a) 郊区环境   (b) 市区环境

图 9.17   当 $x_b=0$ m 时 tUAV 最优部署示意图

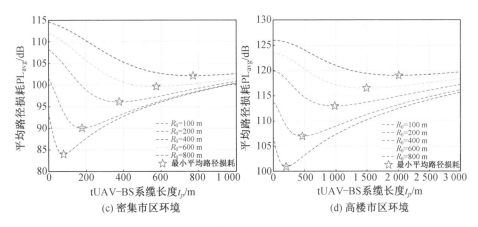

(c) 密集市区环境　　　　　　　　(d) 高楼市区环境

续图 9.17

表 9.1　当 $x_b = 0$ m 时的最小 $\mathrm{PL}_{avg-min}$ (dB) 和最优高度 h_{opt} (m)

环境	R_0/m				
	100	200	400	600	800
郊区	75.7/19	81.7/47	87.7/101	91.2/155	93.7/210
市区	80.1/51	86.1/116	92.1/248	95.6/379	98.1/510
密集市区	84.1/79	90.1/178	96.1/376	99.6/574	102.1/771
高楼市区	101.0/207	107.0/464	113.0/978	116.5/1492	119.0/2006

分析可知,当簇半径相等时,从郊区到市区,再到密集市区、高楼市区,平均路径损耗 PL_{avg} 会逐渐增大;在相同环境下,无论簇半径的大小,随着系缆长度 t_p 的增加,平均路径损耗 PL_{avg} 会先减小,再逐渐增大。因此,当 $x_b = 0$ 时,要使得平均路径损耗 PL_{avg} 最小化,并非系留基站部署高度越高越好,而是要依据所处环境和簇的大小而定,同时也会受到最大系缆长度 T_{max} 的约束。

9.2　基于最优功率效益的 tUAV-BS 优化部署

通常情况下,系留基站覆盖半径越大,覆盖用户数量将越多,覆盖相同大小区域所需的基站数量则越少,网络建设效费比就越高。此外,如果能够在确保系留基站覆盖能力的情况下,尽可能降低其发射功率,将会极大地提高其功率效益。因此,深入研究系留基站覆盖能力及其功率效益问题是非常必要的,也是多系留基站协同组网的基础。

9.2.1 系统模型与问题描述

为了把研究重心聚焦在关键问题上,假设用户分布在某一地面区域 $A=\{(x,y):X_{\min}\leqslant x\leqslant X_{\max},Y_{\min}\leqslant y\leqslant Y_{\max}\}$ 内,且该区域足够大(远超系留基站覆盖区域大小),用户数量足够多;在区域 A 内恰好有合适的楼顶可供安装地面站,或者安装地面站的车载移动平台能够到达该区域的任何地方,从而能够将系留基站部署至想要达到的任何地方。

如图 9.18 所示,在三维空间 $\mathbf{R}^3$ 中,使用直角坐标系来表示系留基站和地面用户的位置关系。其中,地面用户群体用 U 表示,其总数量表示为 $|U|$,用户 i 的位置为点 $(x_i,y_i,0)$;建筑物位于点 $(x_b,y_b,0)$,建筑物高度为 h_b;系留基站位于其盘旋区域 $\mathcal{M}$ 内某一点 $p(x_t,y_t,h)$,系缆长度为 t,系留基站在地面上的投影点为 $T(x_t,y_t,0)$,其覆盖区域的半径为 R。

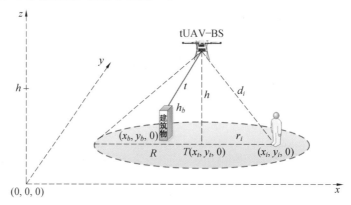

图 9.18　tUAV-BS 对地覆盖示意图

研究系留基站功率效益问题,其最终目标就是最大化系留基站发射机的功率效益,即以最小的发射功率代价,覆盖最多的用户数量。该优化问题的重点就在于搜寻到一个可供系留基站部署的最优位置,从而使得其发射功率效益最大化[2],即

$$\min_{p(x_t,y_t,h)\in\mathbf{R}^3}(P_t)\text{ 且 }\max_{p(x_t,y_t,h)\in\mathbf{R}^3}\left(\sum_i u_i\right)$$

s. t.

$$\begin{cases}u_i=1 & \text{若}\sqrt{(x_i-x_t)^2+(y_i-y_t)^2}\leqslant R\\ u_i=0 & \text{若}\sqrt{(x_i-x_t)^2+(y_i-y_t)^2}>R\\ x_i,x_t\in[X_{\min},X_{\max}]\\ y_i,y_t\in[Y_{\min},Y_{\max}]\end{cases} \tag{9.17}$$

从前面的研究来看,系留基站覆盖半径 R 是关于部署高度 h 的凹函数。随

着部署高度 h 的增加,覆盖半径 R 先增大后减小。也就是说,当 $\dfrac{h}{R} = \tan \varphi_{\text{opt}}$ 时, 系留基站部署高度最优,其覆盖半径最大。当系留基站覆盖半径 R 最大时,其覆盖区域范围内的用户数量就越多。因此,上述优化问题可以分解为三个子问题来解决。

一是在最大允许路径损耗的约束下,优化系留基站的部署高度 h,使得其覆盖半径 R 最大,即系留基站覆盖范围最大。二是在获得系留基站最大覆盖半径后,优化其投影位置,使得进入其覆盖区域范围内的用户数量最多。三是在确保其覆盖用户数量不变的情况下,尽量收缩系留基站覆盖范围和调整其投影位置,以便尽量降低其发射功率。

针对该应用场景及其优化问题,文献[2]给出了优化思路,进行了仿真验证,但未给出后两个子问题的具体求解算法。

9.2.2　基于最多覆盖用户优化 tUAV-BS 投影位置

在系留基站优化部署中,其最大覆盖半径 $R_{\max} = R \mid_{\text{PL}(h,R) = \text{PL}_{\max}, \frac{h}{R} = \tan\varphi_{\text{opt}}}$,当系留基站处于最优部署高度 h_{opt} 时,其覆盖半径达到最大 $R_{\max}$,其覆盖的圆碟形区域也最大(用 C_0 表示)。进入其覆盖区域 C_0 的用户,就可以接入系留基站进行正常通信;没有进入其覆盖区域 C_0 的用户,则无法接入系留基站进行正常通信。在地面用户分布相对稳定的情况下,为了使进入系留基站覆盖区域 C_0 的用户数量尽量多,就需要在地面用户分布的整个区域内进行搜索,以确定系留基站覆盖区域 C_0 中心的平面位置,即系留基站在地面上投影的二维坐标。

假设,系留基站部署位置为 $(x_t, y_t, h_{\text{opt}})$,其地面上投影的二维坐标为 (x_t, y_t),系留基站在地面上的覆盖区域用 C_0 表示,其半径为 $R_{\max}$;地面用户群体用 U 表示,其用户总数为 N,用户 i 在地面上的二维坐标为 (x_i, y_i),用 $u_i = 1$ 表示用户 i 处于系留基站覆盖区域 C_0 之内,否则 $u_i = 0$。那么,系留基站投影坐标优化问题,即搜索系留基站在地面上投影(覆盖区域中心)的二维坐标 (x_t, y_t),使得进入其覆盖区域的用户数量最多,就可以表示为[2]:

$$\max_{x_t, y_t} \left(\sum_i u_i \right)$$

s. t.

$$
\begin{cases}
u_i = 1 & \text{若 } \sqrt{(x_i - x_t)^2 + (y_i - y_t)^2} \leqslant R_{\max}, \quad \forall i \in U \\
u_i = 0 & \text{若 } \sqrt{(x_i - x_t)^2 + (y_i - y_t)^2} > R_{\max}, \quad \forall i \in U \\
x_i, x_t \in [X_{\min}, X_{\max}] \\
y_i, y_t \in [Y_{\min}, Y_{\max}]
\end{cases}
\tag{9.18}
$$

在地面上,系留基站投影的最优二维坐标用 $(x_{t-\text{opt}}, y_{t-\text{opt}})$ 表示,即覆盖区域

C_0 的中心的最优位置坐标；当处于最优位置时，其覆盖区域 C_0 覆盖范围内的用户群体用 $U_{opt} \subset U$ 表示，该群体的用户数量用 $|U_{opt}|$ 表示。

分析可知，该优化问题是一个混合整数非线性问题（Mixed Integer Non-linear Problem，MINLP），可以采用 MOSEK 工具进行求解，或者采用粒子群优化[3]（Particle Swarm Optimaliation，PSO），在用户分布区域 $[X_{min}, X_{max}; Y_{min}, Y_{max}]$ 内寻优。

假设在一个二维目标搜索空间（$\mathbf{R}^2$）中，一共有 N 个粒子组成一个群体，每个粒子可以在其内自由"飞行"，每个粒子的位置就是一个系留基站投影二维坐标潜在的解，评判一个粒子"好坏"程度的依据就是粒子的适应度值，即把系留基站部署在该粒子位置上空时，进入其覆盖区域内的用户数量。粒子 j（$j = 0, 1, 2, \cdots, N-1$）的位置表示为 $P_j(P_{j1}, P_{j2})$（P_{j1} 是 P_j 的 x 轴坐标，P_{j2} 是 P_j 的 y 轴坐标），其"飞行"速度表示为 $V_j(v_{j1}, v_{j2})$；粒子 j 的个体极值（经历过的"最好"位置）记为 $p_j(p_{j1}, p_{j2})$，整个群体的全局极值（群体中所有粒子经历过的"最好"位置）记为 $p_g(p_{g1}, p_{g2})$。

在目标搜索空间（$\mathbf{R}^2$）内，为了能够保证粒子能够"飞行"，需要保持其速度的惯性（称为速度惯性）；同时，为避免盲目"飞行"而没有方向性，每个粒子需要向自己的历史经验学习（称为自我认知），也要向整个群体的历史经验学习（称为社会经验）。速度惯性、自我认知和社会经验三个方面，共同决定了在 $t+1$ 时刻粒子 j 的速度和位置，如下所示[3]：

$$v_{jk}(t+1) = \omega \times v_{jk}(t) + c_1 \times rand_1 \times [p_{jk}(t) - P_{jk}(t)] +$$
$$c_2 \times rand_2 \times [p_{gk}(t) - P_{jk}(t)] \tag{9.19}$$

$$P_{jk}(t+1) = P_{jk} + v_{jk}(t+1) \tag{9.20}$$

式（9.19）中，右侧第一部分是粒子的速度惯性，第二部分是粒子的自我认知，第三部分是群体的社会经验；c_1 和 c_2 是粒子的学习因子或加速系数（一般取正常数 2），表明了粒子自我总结和向群体中优秀个体学习的能力，有时称 c_1 为认知系数，称 c_2 为社会系数；$rand_1$ 和 $rand_2$ 是在 $[0,1]$ 上均匀分布的随机数；ω 是速度惯性的权重，决定了粒子对当前速度的继承度，合适的选择可以平衡粒子的全局搜索能力和局部搜索能力。

当 ω 较大时，粒子具有较好的全局搜索能力，当 ω 较小时，粒子具有较好的局部搜索能力。通常，采用动态 ω 取值，以确保粒子群优化算法的收敛性，即搜索初期采用较大的 ω 取值，搜索后期采用较小的 ω 取值。假设 ω 的最大值和最小值分别为 ω_{max} 和 ω_{min}，粒子群优化算法总迭代次数为 $iter_{max}+1$，当前迭代次数为 $iter$（$iter = 0, 1, 2, \cdots, iter_{max}$），那么[3]

$$\omega_{iter} = \omega_{max} - iter \times \frac{\omega_{max} - \omega_{min}}{iter_{max}} \tag{9.21}$$

其中，$\omega_{max} = 0.9$，$\omega_{min} = 0.4$。

9.2.3　基于最小发射功率优化 tUAV-BS 区域覆盖

在地面上，R_{max} 表征的是系留基站覆盖区域的最大半径，其覆盖的用户群体为 U_{opt}。此时，有的用户位于覆盖区域 C_0 中心位置附近，有的用户位于覆盖区域 C_0 边沿附近，甚至有的用户恰好位于覆盖区域 C_0 的边沿上。无论用户在覆盖区域 C_0 内怎样分布，总会存在一种可能，即在确保覆盖用户数量不变的条件下，覆盖区域 C_0 存在收缩（减小 C_0 的半径）的可能性。这就为系留基站部署提供了进一步优化的空间，主要有两方面的工作：一是在保证覆盖区域 C_0 覆盖用户数量保持不变的情况下，进一步收缩其大小，使其覆盖半径 $R < R_{max}$，从而使得系留基站发射功率可以适当降低；二是适当调整覆盖区域 C_0 的中心位置，尽可能进一步收缩其大小，使得系留基站发射功率可以进一步降低。因此，可以通过收缩系留基站覆盖区域 C_0（半径为 R_{max}），进一步降低系统的发射功率，而保持其覆盖用户总数不变。

因此，基于最小发射功率的系留基站覆盖半径优化问题可以表示为[2]：

$$\min_{x_t, y_t}(r)$$

s.t.
$$\sqrt{(x_i - x_t)^2 + (y_i - y_t)^2} \leqslant r \quad \forall i \in U_{opt} \tag{9.22}$$

假设，经过优化处理之后的新覆盖区域 C_0^* 的中心位置为 $(x_{t-opt}^*, y_{t-opt}^*)$，其覆盖半径为 $R_{max-min}$。那么，有 $R_{max-min} \leqslant R_{max}$，同时 $\arctan\left(\dfrac{h_{opt}}{R_{max-min}}\right) \geqslant \varphi_{opt}$。此时，可以适当降低系留基站的最优部署高度 h_{opt}（新的最优部署高度用 h_{opt}^* 表示），直至 $\arctan\dfrac{h_{opt}^*}{R_{max-min}} = \varphi_{opt}$。考虑到在不同环境下系留基站和系留线缆的安全性，其部署时应当有一个最低部署高度（用 h_{min} 表示）限制。那么，优化之后的最优部署高度 h_{opt}^* 可表示为：

$$h_{opt}^* = \max\left(h_{min}, R_{max-min}\tan(\varphi_{opt})\right) \tag{9.23}$$

可见，在确保最大覆盖用户数量不变的情况下，存在系留基站部署高度及其覆盖半径进一步减小的可能性，从而进一步降低其发射功率至 P_t^*。

$$P_t^* = P_{r-min} + L(h_{opt}^*, R_{max-min}) \tag{9.24}$$

式中，P_{r-min} 是信号能够正常解调所需的最小接收信号功率。分析可知：进一步优化后的 φ_{opt} 保持不变（P_{LoS} 保持不变），$h_{opt}^* \leqslant h_{opt}$，且 $R_{max-min} \leqslant R_{max}$，系留基站到覆盖区域 C_0^* 边缘的传输距离减小了，传播路径损耗也相应降低了（$L(h_{opt}^*, R_{max-min}) \leqslant L(h_{opt}, R_{max})$），所需的系留基站发射功率存在相应减小（$P_t^* \leqslant P_t$）的可能性。其中，$P_t^* = P_t$ 表示一种特殊情况，即系留基站覆盖区域 C_0 已是用户群体 U_{opt} 的最小外接圆，此时不存在进一步优化的可能性。

该优化问题实际上是一个求解最小圆覆盖问题，可以将其转化为一个二阶锥规划问题（Second Order Cone Problem, SOCP）来处理，也可以采用汪卫等提出的最远点优先渐近算法[4]来求解。该算法快速而且准确，具体步骤如下[4]：

第 1 步,在点集中任取 3 点,分别记为 A、B、C。

第 2 步,作一个包含 A、B、C 三点最小圆。

第 3 步,在点集中找出距离上述最小圆圆心最远的点 D。判断 D 点位置,若已在圆内或圆周上,则该圆为包含所有点的最小圆,算法结束。否则,执行第 4 步。

第 4 步,在 A、B、C、D 中任选 3 个点作圆且包含这 4 个点,比较得到包含 4 个点的最小圆,此时对应的 3 个点成为新的 A、B 和 C,返回执行第 2 步。

若在第 4 步生成的圆的圆周只通过 A、B、C、D 中的两点,则圆周上的两点取成新的 A 和 B,从另两点中任取一点作为新的 C。

9.2.4　代表性仿真结果

基于最优功率效益的系留基站优化部署仿真工作包括两部分:一是基于覆盖用户最大化策略,采用 PSO 算法,搜索系留基站覆盖区域 C_0 中心最优位置 (x_{t-opt}, y_{t-opt});二是基于发射功率最小化策略,采用最远点优先渐近算法,收缩系留基站覆盖区域 C_0 半径,获得新覆盖区域 C_0^* 中心最优位置 $(x_{t-opt}^*, y_{t-opt}^*)$。

仿真中,用户分布在 4 km×4 km 的方形区域内,分别采用 PPP 点过程和 Matern 簇过程方法生成地面用户群体 U。当用户位置服从 PPP 分布时,针对用户密度分别为 6 用户/km² 和 12 用户/km²、系留基站最大覆盖半径 R_{max} 分别为 706 m 和 1 000 m 四种情况,进行优化部署仿真,具体结果和统计信息如图 9.19 和表 9.2 所示。

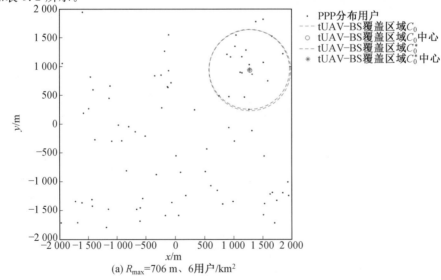

(a) R_{max}=706 m、6 用户/km²

图 9.19　用户 PPP 分布时 tUAV-BS 优化部署示意图①

———————————

①　采用不同求解算法得到与文献[2]类似结果。

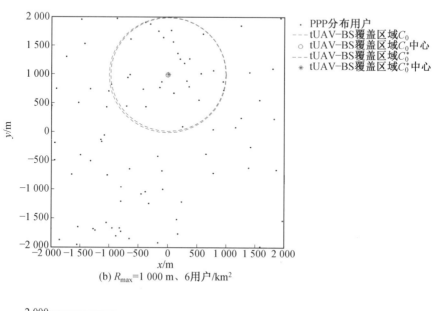

(b) $R_{max}=1\ 000$ m、6用户/km²

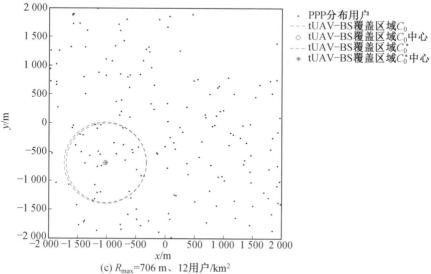

(c) $R_{max}=706$ m、12用户/km²

续图 9.19

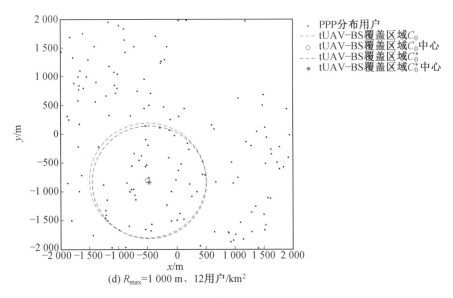

(d) R_{max}=1 000 m、12用户/km²

续图 9.19

表 9.2 用户 PPP 分布时 tUAV-BS 优化部署关键信息统计表

用户密度 /(用户·km⁻²)	用户总数	最大用户数	最多覆盖用户策略		最小发射功率策略	
			C_0 中心位置 /m,m	覆盖半径 R_{max}/m	C_0^* 中心位置 /m,m	最优半径 $R_{max-min}$/m
6	90	18	1279.1, 933.6	706	1271.2, 948.1	692.5
6	99	29	3.5, 991.6	1000	6.2, 1000.6	984.6
12	203	30	−1028.4, −687,6	706	−1013.7, −689.2	689.7
12	180	48	−496.6, −805.9	1000	−469.5, −836.9	981.3

当用户位置服从 Matern 簇分布时，针对系留基站最大覆盖半径 R_{max} 为 706 m、簇用户平均数 λ_M 分别为 32 和 64、簇半径 R_M 分别为 $0.8 R_{max}$ 和 $1.2 R_{max}$ 等情况，进行优化部署仿真，具体结果和统计信息如图 9.20 和表 9.3 所示。

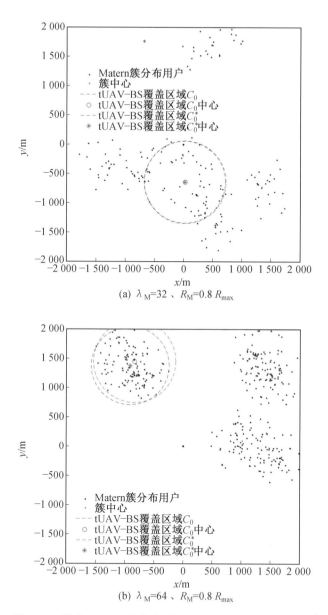

(a) $\lambda_M=32$、$R_M=0.8\,R_{max}$

(b) $\lambda_M=64$、$R_M=0.8\,R_{max}$

图 9.20　用户 Matern 簇分布时 tUAV-BS 优化部署示意图①

①　采用不同求解算法得到与文献[2]类似结果。

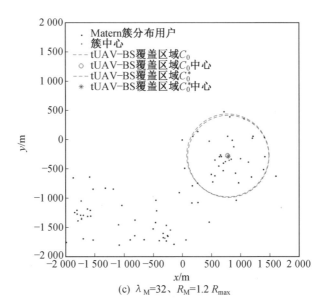

(c) $\lambda_M=32$、$R_M=1.2\,R_{max}$

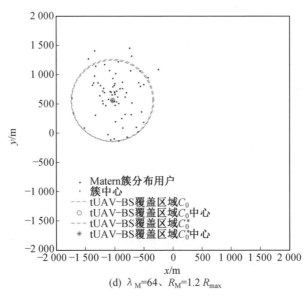

(d) $\lambda_M=64$、$R_M=1.2\,R_{max}$

续图 9.20

表 9.3　用户 Matern 簇分布时 tUAV-BS 优化部署关键信息统计表

簇用户平均数 λ_M	簇半径 R_M	用户总数	最大用户数	最多覆盖用户策略		最小发射功率策略	
				C_0 中心位置 /m,m	覆盖半径 R_{max}/m	C_0^* 中心位置 /m,m	最优半径 $R_{max-min}$/m
32	$0.8 R_{max}$	206	91	29.0，$-$640.5	706	24.8，$-$638.8	698.1
64	$0.8 R_{max}$	397	126	$-$839.4，1452.9	706	$-$915.6，1378.1	667.5
32	$1.2 R_{max}$	104	31	782.9，$-$262.8	706	791.4，$-$279.5	699.1
64	$1.2 R_{max}$	68	62	$-$1033.9，560.5	706	$-$1037.5，553.9	693.3

分析可知：在系留基站优化部署时，仿真结果与理论分析、实际预期是一致的。一是基于覆盖用户最大化策略，采用粒子群优化算法，成功搜索了系留基站投影最优位置 (x_{t-opt}, y_{t-opt})，确定了其覆盖区域 C_0，其半径为 R_{max}；二是基于发射功率最小化策略，采用最远点优先渐近算法，在保证覆盖用户数量不变的情况下，成功地对其覆盖区域 C_0 及其半径 R_{max} 进行了压缩，同时优化了其投影位置，由点 (x_{t-opt}, y_{t-opt}) 移动到点 $(x_{t-opt}^*, y_{t-opt}^*)$，其覆盖半径也由 R_{max} 减小到 $R_{max-min}$，从而重新确定了系留基站新的覆盖区域 C_0^*。因为，在确保覆盖用户数量不变的情况下，新的覆盖区域 C_0^* 的半径小于原覆盖区域 C_0 的半径，即 $R_{max-min} < R_{max}$，所以系留基站可进一步适当降低部署高度和减小发射功率。

9.3　基于最大有效覆盖的 tUAV-BS 优化部署

有时，用户分布区域内没有适合安装地面站的楼顶，或者有适合安装地面站的楼顶但受系缆最小倾角和最大长度约束，或者安装在移动车载平台上，受地形和地物影响无法将系留基站部署在理想区域（如用户簇区域）的上空。总体来看，地面站离用户簇中心越远，系留基站对用户覆盖能力就会越差。基于此，对上述场景进行建模，在盘旋区域 M 内寻得系留基站最优位置，研究系留基站的部署优化问题。

9.3.1　系统模型与问题描述

假设用户呈簇分布，受某些现实条件限制，无法将系留基站部署到用户簇区域中心上空。为不失一般性，以用户簇中心为原点 $O(0,0,0)$，簇中心与安装地面站的建筑物（或车载平台）所在位置连线为 x 轴，垂直地面向上为 z 轴，建立三维直角坐标系,如图 9.21 所示。假设建筑物(或车载平台)位于点$(x_b, 0, 0)$,其高度为h_b;系留基站位于点 $p(x_p, y_p, z_p)$,其部署高度为 h,即 $h = z_p$,系缆长度为 t、最大长度为 $T_{\max}$,系缆倾角为 θ、最小倾角为 $\theta_{\min}$;用户所在的簇区域(C_0)半径为 R_0,系留基站在地面($x \sim y$ 平面)上的投影为点 T,其覆盖区域用 A_T 表示,覆盖区域半径为 R。

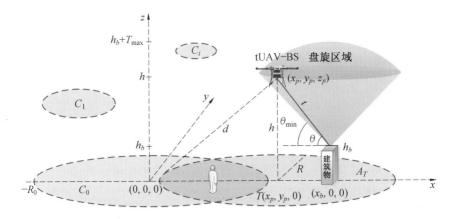

图 9.21   tUAV-BS 对簇用户的有效覆盖示意图

用户簇区域C_0可表示为:

$$C_0 = \{(x, y) \in \mathbf{R}^2 : \sqrt{x^2 + y^2} \leqslant R_0\} \tag{9.25}$$

tUAV-BS 盘旋区域[1]$\mathcal{M}$可表示为:

$$\mathcal{M} = \left\{ \begin{array}{l} p(x_p, y_p, z_p) \in \mathbf{R}^3 : \sqrt{(x_p - x_b)^2 + (y_p)^2 + (h - h_b)^2} \leqslant T_{\max}, \\ \arcsin\left(\dfrac{h - h_b}{\sqrt{(x_p - x_b)^2 + (y_p)^2 + (h - h_b)^2}}\right) \geqslant \theta_{\min} \end{array} \right\} \tag{9.26}$$

tUAV-BS 覆盖区域A_T可表示为:

$$A_T = \{(x, y) \in \mathbf{R}^2 : \sqrt{(x - x_p)^2 + (y - y_p)^2} \leqslant R, R = \sqrt{d^2 - h^2}\} \tag{9.27}$$

式中,$d = \sqrt{h^2 + R^2}$ 是 tUAV-BS 到其覆盖区域最边缘的距离,它的取值与系留基站系统允许的最大路径损耗有关。

分析可知,如果系留基站覆盖区域A_T与用户簇区域C_0交叠的区域面积越大,覆盖的用户数量就会越多,表示系留基站对簇内用户的覆盖能力越强,反之则覆盖的用户数量就会越少,系留基站对簇内用户的覆盖能力越弱。因此,把覆盖区域A_T与用户簇区域C_0的交叠区域,称为 tUAV-BS 有效覆盖区域(用$A_T \bigcap C_0$表示,其覆盖面积用$S_{A_T \bigcap C_0}$表示);进入 tUAV-BS 有效覆盖区域的用户,则称为 tUAV-BS 有效覆盖用户。

综上所述,当采取最大有效覆盖策略时,系留基站优化部署问题可表示如下:

$$\max_{p(x_p, y_p, h)} \{S_{A_T \cap C_0}\}$$

s.t.

$$
(9.28)
\begin{cases}
A_T = \{(x, y) : (x - x_p)^2 + (y - y_p)^2 \leqslant R^2\} \\
C_0 = \{(x, y) : x^2 + y^2 \leqslant R_0^2\} \\
p(x_p, y_p, h) \in \mathcal{M} \\
(h, R) : \mathrm{PL}(h, R) = \mathrm{PL}_{\max}
\end{cases}
$$

9.3.2 优化部署问题假设

在给定系统最大允许路径损耗$\mathrm{PL}_{\max}$时,系留基站覆盖半径R是随着其部署高度h变化的函数。当且仅当$\frac{h}{R} = \tan \varphi_{\mathrm{opt}}$时,系留基站部署高度最优(记为$h_{\mathrm{opt}}$),其覆盖半径最大(记为$R_{\max}$),且$R_{\max} = R \mid_{\mathrm{PL}(h,R)=\mathrm{PL}_{\max}, \frac{h}{R}=\tan\varphi_{\mathrm{opt}}}$。其中,$\varphi_{\mathrm{opt}}$是系留基站至其覆盖区域最边缘连线的最优用户仰角,其取值仅与系留基站所处环境有关。在郊区、市区、密集市区、高楼市区四种环境中,φ_{opt}取值分别为$20.34°$、$42.44°$、$54.62°$和$75.52°$。

系留基站自地面站升空,随着其部署高度的增加,其覆盖半径也增大,直至系留基站飞行至最优部署高度h_{opt},其覆盖半径达到最大$R_{\max}$;此后,随着系留基站部署高度的增加,受无线传播环境影响和最大路径损耗限制,其覆盖半径会减小。也就是说,系留基站覆盖半径R是关于其部署高度h的凹函数。

当最大允许路径损耗$\mathrm{PL}_{\max}$分别为 110 dB 和 113 dB 时,系留基站最优部署高度h_{opt}和最大覆盖半径$R_{\max}$,如表 9.4 所示。

表 9.4 tUAV-BS 最优部署高度与最大覆盖半径统计表

环境	郊区	市区	密集市区	高楼市区	$\mathrm{PL}_{\max}$/dB
φ_{opt}/(°)	20.34	42.44	54.62	75.52	
h_{opt}/m	1276	2042	1995	743	110
	1803	2885	2818	1049	113
$R_{\max}$/m	3443	2234	1417	192	110
	4863	3155	2001	271	113

当最大允许路径损耗$\mathrm{PL}_{\max} = 110$ dB 时,在无线电波传播环境最恶劣的高楼

林立的城市环境下,系留基站最优部署高度h_{opt}可达743 m,其他三种环境下,系留基站最优部署高度h_{opt}则更高,分别是1 995 m、2 042 m、1 276 m;当最大允许路径损耗$PL_{max} = 113$ dB时,四种环境下系留基站最优部署高度h_{opt}分别为1 049 m、2 818 m、2 885 m和1 803 m。因此,随着系留基站最大允许路径损耗的增加,其最优部署高度h_{opt}也会增加。

此外,系缆长度通常为150 m[1]和400 m[5],均小于最小的$h_{opt} = 743$ m,特别是系缆长度为150 m的系留基站应用最为广泛。在高楼林立的环境下,建筑物高度平均为50 m[6],tUAV-BS系统安装在楼顶上,其最高飞行高度也不会超过743 m。

综上所述,可以得出两个重要结论,这也是解决优化问题的前提条件。

一是在tUAV-BS盘旋区域M内,受系缆长度的限制,系留基站飞行高度h的最大高度不会超过其不受限时的最优部署高度h_{opt},即对于基于最大有效覆盖的系留基站优化部署问题,其部署高度$h \leqslant h_{opt}$是始终满足的。

二是当系留基站部署高度$h \leqslant h_{opt}$时,其覆盖半径R会随着其部署高度h的增加而增大,即系留基站覆盖半径R是关于其部署高度h的增函数。在相同环境下,部署在不同水平位置但高度相同的tUAV-BS,其覆盖区域大小和覆盖半径均相等。

9.3.3　问题化简与求解

为简化和求解式(9.28)中的优化问题,给出如下四个命题,其简化求解示意如图9.22所示。

命题1:如果点$p_{opt}(x_{opt}, y_{opt}, z_{opt})$是系留基站最优部署位置,那么$y_{p_{opt}} = 0$,即tUAV-BS最优部署位置在$x \sim y$平面上的投影点$T$一定位于$x$轴上。

证明:如图9.23所示,在$x \sim y$平面上,假设用户所在的簇中心位于原点O(0,0),簇覆盖区域用C_0表示,地面站位于点$G(x_b, 0)$。

首先,假设系留基站部署位置$p(x_p, y_p, z_p)(p \in M)$位于$x$轴正上方(即$y_p = 0$),其在$x \sim y$平面上的投影点$T(x_p, y_p)$一定位于$x$轴上。以点$T$为中心,以$R$(系留基站覆盖区域半径)为半径作圆,其覆盖区域用$A_T$表示,其面积用$S_{A_T}$表示,系留基站覆盖区域$A_T$与用户簇区域$C_0$的交叠区域用$A_T \cap C_0$表示,其面积用$S_{A_T \cap C_0}$表示。

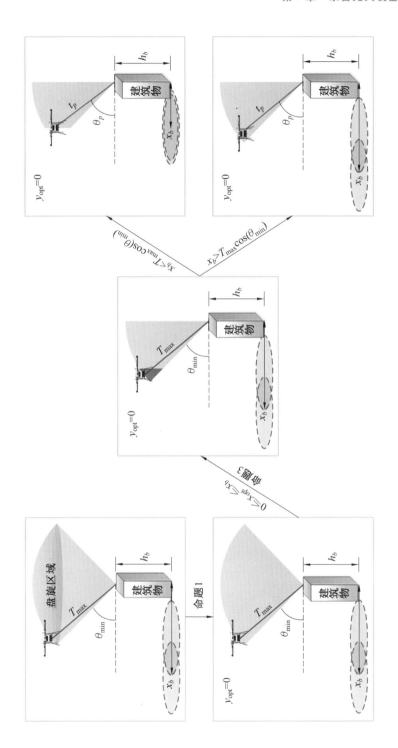

图 9.22　命题 1 和命题 3 结论示意图

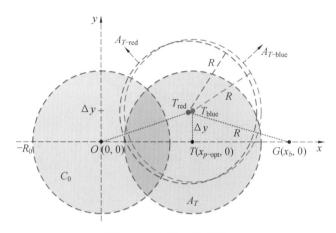

图 9.23　命题 1 示意图

其次,将系留基站部署位置 p 沿 y 轴移动 $\Delta y(\Delta y \neq 0, x_p$ 和 z_p 保持不变),得到系留基站的一个新的部署位置 $p_{\text{blue}}(x_p, \Delta y, z_p)(p_{\text{blue}} \in \mathcal{M})$,其在 $x \sim y$ 平面上的投影点为 $T_{\text{blue}}(x_p, \Delta y)$。以点 T_{blue} 为中心,以 R(tUAV-BS 部署高度 z_p 不变,其覆盖区域半径不变)为半径作圆,其覆盖区域用 $A_{T-\text{blue}}$ 表示,其面积用 $S_{A_{T-\text{blue}}}$ 表示。$A_{T-\text{blue}}$ 与用户簇区域 C_0 的交叠区域用 $A_{T-\text{blue}} \bigcap C_0$ 表示,其面积用 $S_{A_{T-\text{blue}} \cap C_0}$ 表示。分析可知,线段 $T T_{\text{blue}}$ 与线段 OT 相互垂直,且 $|OT_{\text{blue}}| > |OT|$。

最后,在线段 OT_{blue} 上取一点 $T_{\text{red}}(x'_p, y'_p)$ 作为系留基站另一个新的部署位置 $p_{\text{red}}(x'_p, y'_p, z_p)(p_{\text{red}} \in \mathcal{M})$ 在 $x \sim y$ 平面上的投影点,使得 $|OT_{\text{red}}| = |OT|$。以点 T_{red} 为中心,以 R(系留基站部署高度 z_p 不变,其覆盖区域半径不变)为半径作圆,其覆盖区域用 $A_{T-\text{red}}$ 表示,其面积用 $S_{A_{T-\text{red}}}$ 表示。$A_{T-\text{red}}$ 与用户簇区域 C_0 的交叠区域用 $A_{T-\text{red}} \bigcap C_0$ 表示,其面积用 $S_{A_{T-\text{red}} \cap C_0}$ 表示。

分析可知,上述三个 tUAV-BS 部署位置点 $p(x_p, 0, z_p)$、$p_{\text{blue}}(x_p, \Delta y, z_p)$ 和 $p_{\text{red}}(x'_p, y'_p, z_p)$ 的高度相同,其在地面上的覆盖区域半径和面积大小相等,即 $S_{A_T} = S_{A_{T-\text{blue}}} = S_{A_{T-\text{red}}}$。由于 $|OT| = |OT_{\text{red}}| < |OT_{\text{blue}}|$,所以 $S_{A_T \cap C_0} = S_{A_{T-\text{red}} \cap C_0} > S_{A_{T-\text{blue}} \cap C_0}$。此时,tUAV-BS 部署位置点 $p(x_p, 0, z_p)$ 和点 $p_{\text{red}}(x'_p, y'_p, z_p)$ 要优于部署位置点 $p_{\text{blue}}(x_p, \Delta y, z_p)$。

当系留基站部署在点 $p(x_p, 0, z_p)$ 时,其系缆长度 $t_p = \sqrt{(x_p - x_b)^2 + (z_p)^2}$,系缆倾角 $\theta_p = \arctan\left(\dfrac{z_p}{\sqrt{(x_p - x_b)^2}}\right)$;当系留基站部署在点 $p_{\text{red}}(x'_p, y'_p, z_p)$ 时,系缆长度 $t_{p_{\text{red}}} = \sqrt{(x'_p - x_b)^2 + (y'_p)^2 + (z_p)^2}$,系缆倾角 $\theta_{p_{\text{red}}} = \arctan\left(\dfrac{z_p}{\sqrt{(x'_p - x_b)^2 + (y'_p)^2}}\right)$。分析地面站 $G(x_b, 0)$ 与 tUAV-BS 部署投影点 $T(x_p, 0)$ 和 $T_{\text{red}}(x'_p, y'_p)$ 的位置关系,可知 $x'_p < x_p < x_b$ 且 $y'_p \neq 0$。因此,$t_p < t_{p_{\text{red}}}$

且 $\theta_p > \theta_{p_{\text{red}}}$。所以,tUAV-BS 部署位置点 $p(x_p, 0, z_p)$ 要优于部署位置点 $p_{\text{red}}(x'_p, y'_p, z_p)$。

综上所述,系留基站部署位置点 $p(x_p, 0, z_p)$ 要优于部署位置点 $p_{\text{red}}(x'_p, y'_p, z_p)$ 和点 $p_{\text{blue}}(x_p, \Delta y, z_p)$,即系留基站最优部署位置的投影点位于 x 轴上,位于直线 OG 上。

命题 2:点 $p_1(x_{p_1}, 0, z_{p_1})$ 和 $p_2(x_{p_2}, 0, z_{p_2})$ 是 tUAV-BS 盘旋区域内两点,如果 $z_{p_2} = z_{p_1}$ 且 $x_{p_2} < x_{p_1}$,那么对于 tUAV-BS 有效覆盖区域面积,部署在点 p_2 要优于部署在点 p_1。

证明:如图 9.24 所示,在 $x \sim y$ 平面上,假设用户所在的簇中心位于原点 $O(0,0)$,簇覆盖区域用表示 C_0 表示,地面站位于点 $G(x_b, 0)$。点 $p_1(x_{p_1}, 0, z_{p_1})$ 和 $p_2(x_{p_2}, 0, z_{p_2})$ 是 tUAV-BS 盘旋区域内两点,它们在 $x \sim y$ 平面上的投影点分别为 $T_1(x_{p_1}, 0)$ 和 $T_2(x_{p_2}, 0)$。因为 $z_{p_1} = z_{p_2}$,所以系留基站部署在点 p_1 和点 p_2 时,其在地面上的覆盖区域大小和半径均是相等。分别以点 T_1 和 T_2 为圆心、以 R 为半径作圆,其覆盖区域分别用 A_{T_1} 和 A_{T_2} 表示,覆盖面积分别用 $S_{A_{T_1}}$ 和 $S_{A_{T_2}}$ 表示,则 $S_{A_{T_1}} = S_{A_{T_2}}$。由于 $x_{p_2} < x_{p_1}$,那么 $|OT_2| < |OT_1|$。因此,A_{T_2} 与 C_0 的交叠区域面积 $S_{A_{T_2} \cap C_0}$ 大于 A_{T_1} 与 C_0 的交叠区域面积 $S_{A_{T_1} \cap C_0}$,即 $S_{A_{T_2} \cap C_0} > S_{A_{T_1} \cap C_0}$。所以,tUAV-BS 部署在点 p_2 要优于部署在点 p_1。

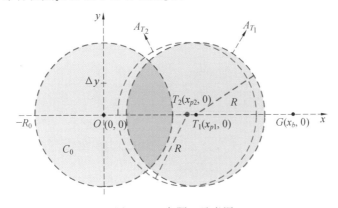

图 9.24　命题 2 示意图

命题 3:如果点 $p_{\text{opt}}(x_{\text{opt}}, y_{\text{opt}}, z_{\text{opt}})$ 是系留基站最优部署位置,那么 $0 \leqslant x_{\text{opt}} \leqslant x_b$。

证明:在 $x \sim y$ 平面上,假设用户所在的簇中心位于原点 $O(0,0)$,簇覆盖区域用表示 C_0 表示,地面站位于点 $G(x_b, 0)$。如果点 $p(x_p, y_p, z_p)$ 是系留基站最优部署位置,那么根据命题 1,可得 $y_p = 0$,因此它在 $x \sim y$ 平面上的投影点可表示为 $T(x_p, 0)$。

如果 $x_p \geqslant x_b > 0$,那么始终可以找到点 p 关于平面 $\{x = x_b\}$ 的对称点 p'

$(x_{p'}, y_{p'}, z_{p'})$，其中 $x_{p'} = 2x_b - x_p$、$y_{p'} = 0$、$z_{p'} = z_p$，而且点 p' 也同样是 tUAV-BS 盘旋区域内一点。由于 $z_{p'} = z_p$ 且 $x_{p'} < x_p$，由命题 2 可知，tUAV-BS 位于点 p' 时要优于位于点 p 时，即系留基站位于点 p' 时其覆盖区域与 C_0 的交叠区域面积要大于位于点 p 时其覆盖区域与 C_0 的交叠区域面积（或者两者均为 0，但点 p' 更趋近簇中心）。因此，对于系留基站部署，点 p' 明显优于点 p，即如果点 p_{opt} $(x_{opt}, y_{opt}, z_{opt})$ 是系留基站最优部署位置，那么 $x_{opt} \leqslant x_b$。

如果 $x_p < 0$，那么始终可以找到点 p 关于平面 $\{x = 0\}$ 的对称点 p'' $(x_{p''}, y_{p''}, z_{p''})$，其中 $x_{p''} = -x_p > 0$、$y_{p''} = 0$、$z_{p''} = z_p$，而且点 p'' 也同样是 tUAV-BS 盘旋区域内一点。由于 $z_{p''} = z_p$，所以系留基站分别位于点 p 和点 p'' 时，其在地面的覆盖区域大小和半径是相等的。又因为点 p 和点 p'' 在地面的投影点均位于 x 轴原点 O（簇中心）两侧且与原点 O 等距，所以位于点 p'' 时系留基站覆盖区域与 C_0 的交叠区域面积与位于点 p 时系留基站覆盖区域与 C_0 的交叠区域面积相等。但是，相较于点 p''，点 p 与地面站的水平距离更大。此时，系留基站部署在点 p 和点 p'' 时的系缆长度和倾角分别表示为 t_p、θ_p 和 $t_{p''}$、$\theta_{p''}$，那么，$t_p > t_{p''}$ 且 $\theta_p < \theta_{p''}$。因此，对于系留基站部署，点 p'' 明显优于点 p，即如果点 p_{opt} $(x_{opt}, y_{opt}, z_{opt})$ 是系留基站最优部署位置，那么 $x_{opt} \geqslant 0$。

假设系留基站部署位置用点 $p(x_p, y_p, z_p)$ 表示，系缆长度用 t_p 表示，系缆倾角用 θ_p 表示，那么可知 $x_p = x_b - t_p \cos(\theta_p)$、$y_p = 0$ 且 $h = z_p = h_b + t_p \sin(\theta_p)$。基于上述三个命题的结论，用 t_p、θ_p 替代 x_p、y_p 和 z_p，可以将系留基站优化部署问题简化如下：

$$\max_{p(x_p, 0, h) \in \mathbf{R}^3} \{S_{A_T \cap C_0}\}$$

s. t.

$$\begin{cases} A_T = \{(x, y): (x - x_p)^2 + y^2 \leqslant R^2\} \\ C_0 = \{(x, y): x^2 + y^2 \leqslant R_0^2\} \\ p(x_p, 0, h) \in \mathcal{M}' \\ (h, R): \mathrm{PL}(h, R) = \mathrm{PL}_{th} \end{cases} \tag{9.29}$$

式中，

$$\mathcal{M}' = \left\{ \begin{array}{c} p(x_p, y_p = 0, h) \in \mathbf{R}^3: t_p = \sqrt{(x_p - x_b)^2 + (h - h_b)^2} \leqslant T_{\max}, \\ \theta_{\min} \leqslant \theta_p = \arcsin\left(\dfrac{h - h_b}{t_p}\right) \leqslant \dfrac{\pi}{2}, \\ t_p \cos(\theta_p) \leqslant x_b \end{array} \right\} \tag{9.30}$$

实际上，式（9.29）运用了命题 1 和命题 3 的结论，对式（9.28）的解空间进行了进一步压缩。同时，也顾及 $x_b < T_{\max}\cos(\theta_{\min})$ 和 $x_b \geqslant T_{\max}\cos(\theta_{\min})$ 两种情形。

命题 4：系留基站部署位置 $p(t_p, \theta_p)$ 的最优解 p_{opt} 位于 $\mathcal{M}'$ 的上边界 $\mathcal{H}_{opt}$ 上，

即 $p_{\text{opt}} \in \mathcal{H}_{\text{opt}}$。其中，

$$\mathcal{H}_{\text{opt}} = \begin{cases} \left\{ (t,\theta) : \theta_{\min} \leqslant \theta \leqslant \dfrac{\pi}{2}, t = T_{\max} \right\} & x_b \geqslant T_{\max} \cos(\theta_{\min}) \\[3mm] \left\{ (t,\theta) : \arccos\left(\dfrac{x_b}{T_{\max}} \right) \leqslant \theta \leqslant \dfrac{\pi}{2}, t = T_{\max} \right\} & x_b < T_{\max} \cos(\theta_{\min}) \end{cases}$$

$$(9.31)$$

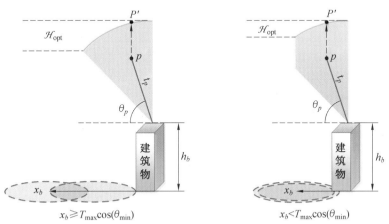

图 9.25　命题 4 示意图

证明：如图 9.25 所示，无论是 $x_b \geqslant T_{\max} \cos(\theta_{\min})$ 时，还是 $x_b < T_{\max} \cos(\theta_{\min})$ 时，均用 $\mathcal{H}_{\text{opt}}$ 表示二维区域 $\mathcal{M}'$ 上边界的圆弧线区域。在 $\mathcal{M}'$ 内任取一点 p (t_p, θ_p)（或表示为 $p(x_p, y_p, z_p)$），满足 $p \in \mathcal{M}'$ 但 $p \notin \mathcal{H}_{\text{opt}}$，点 p 垂直向上在 $\mathcal{H}_{\text{opt}}$ 上的投影点为 $p^*(x_{p^*}, y_{p^*}, z_{p^*})$。那么，有 $x_{p^*} = x_p$、$y_{p^*} = y_p = 0$ 且 $z_{p^*} > z_p$，即分别部署在点 p^* 和点 p 时，tUAV-BS 在地面上的投影点相同（重合），但点 p^* 的高度要大于点 p 的高度。所以，系留基站部署在点 p^* 时的覆盖半径要大于部署在点 p 时的覆盖半径。因此，对于系留基站有效覆盖区域面积，位置点 p^* 优于位置 p。

命题 4 将系留基站最优部署位置的解空间进一步压缩至 $\mathcal{M}'$ 的上边界 $\mathcal{H}_{\text{opt}}$，即 tUAV-BS 需将系留线缆全部放出，使其长度保持最大（即 $T_{\max}$），但其系缆倾角则需搜索求解，使得 tUAV-BS 有效覆盖面积最大。

综上所述，可以将该部署问题进一步简化如下：

$$\max_{p \in \mathbf{R}^3} \{ S_{A_T \cap C_0} \}$$

s.t.

$$\begin{cases} A_T = \{ (x,y) : (x - x_p)^2 + y^2 \leqslant R^2 \} \\ C_0 = \{ (x,y) : x^2 + y^2 \leqslant R_0^2 \} \\ p(x_p, 0, h) \in \mathcal{H}_{\text{opt}} \\ (h, R) : \text{PL}(h, R) = \text{PL}_{\text{th}} \end{cases} \qquad (9.32)$$

9.3.4 代表性仿真结果

在系留基站系统中,地面用户成簇分布,服从二维 Matern 簇过程分布。簇中心分布服从泊松点过程,簇内用户以父节点为中心,在圆内均匀分布,用户数量服从泊松分布。为不失一般性,以其中一个簇C_0的中心为原点,指向安装地面站的建筑物(或车载平台)所在地点方向为 x 轴正向,垂直向上为 z 轴正向,建立三维直角坐标系。

用户所在簇C_0的半径为R_0,建筑物的坐标位置为$(x_b,0,0)$,建筑物的高度为h_b。系留基站通过系缆与地面站连接,系缆长度为t_p(最大长度为T_{max}),系缆倾角为θ_p(最小倾角为θ_{min})。系留基站位于点 $p(x_p,0,h)$ 或 $p(t_p=T_{max},\theta_p)$,其中 $x_p=x_b-T_{max}\cos(\theta_p)$、$y_p=0$、$h=z_p=h_b+T_{max}\sin(\theta_p)$。tUAV-BS 在地面($x\sim y$平面)上的投影点为 $T(x_p,0,0)$,其覆盖区域用A_T表示,覆盖区域半径为 R。tUAV-BS 有效覆盖区域是其覆盖区域A_T与用户所在的簇区域C_0之间的交叠区域。

通常,系留基站部署使用有四种环境:郊区、市区、密集市区和高楼市区。这四种环境中,建筑物的平均高度h_b分别为 8 m、15 m、20 m 和 50 m[7]。基于以上假设,对 tUAV-BS 优化部署进行仿真分析。

1. 命题 1、2 和 4 中相关结论的仿真验证

受最大系缆长度T_{max}和最小系缆倾角θ_{min}的约束,系留基站只能在盘旋区域M内飞行或悬停。假设系留基站部署在盘旋区域M内一点 $p(x_p,y_p,z_p)$,如图9.26、9.27 和 9.28 所示,对 tUAV-BS 有效覆盖区域面积与点 p 中x_p、y_p和z_p的关系进行了仿真,其目的在于验证命题 1、2 和 4 中的相关结论。仿真中,用户分布簇区域C_0的半径$R_0=400$ m,系缆最大长度 $T_{max}=400$ m,系缆最小倾角 $\theta_{min}=0°$,系统载波频率 $f=2\ 000$ MHz,其他参数详见相关示意图。

(1)综合分析。

①从高楼市区到密集市区,再到市区、郊区,无线电波传播环境逐渐改善,部署在同一位置 $p(x_p,y_p,z_p)$ 的系留基站,其有效覆盖区域面积逐渐增大。

②当x_p和z_p不变时,以$y_p=0$ 为分界线,随着y_p的减小($y_p<0$)或增大($y_p>0$),tUAV-BS 有效覆盖区域面积逐渐减小;当且仅当$y_p=0$ 时,tUAV-BS 有效覆盖区域面积最大。由此可验证命题 1 中结论:如果点$p_{opt}(x_{opt},y_{opt},z_{opt})$是系留基站最优部署位置,那么$y_{p_{opt}}$的值一定为 0,即 tUAV-BS 最优部署位置在 $x\sim y$ 平面上的投影点 T 一定位于 x 轴上。系留基站最优部署位置由三维区域M压缩至二维区域。

③当z_p和y_p不变时,随着x_p的增大,tUAV-BS 有效覆盖区域面积逐渐减小,反之则增大。由此可验证命题 2 中结论:点 $p_1(x_{p_1},0,z_{p_1})$ 和 $p_2(x_{p_2},0,z_{p_2})$ 是 tUAV-BS 盘旋区域内两点,如果$z_{p_2}=z_{p_1}$且$x_{p_2}<x_{p_1}$,那么对于有效覆盖区域面

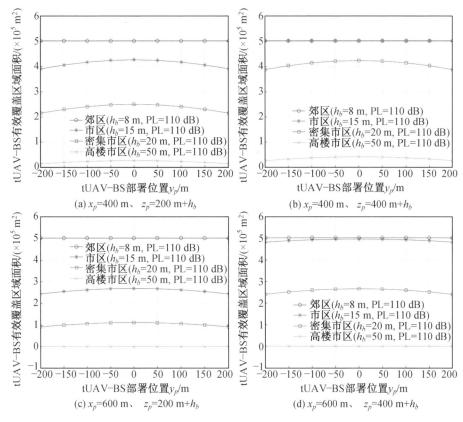

图 9.26 命题 1 相关结论仿真验证示意图

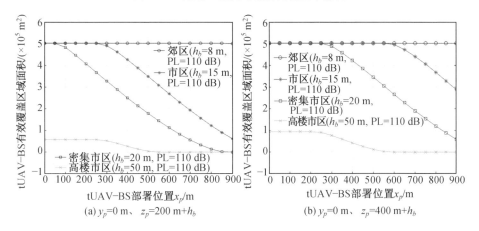

图 9.27 命题 2 相关结论仿真验证示意图

积，tUAV-BS 部署在点 p_2 要优于部署在点 p_1。综合命题 3 的结论，系留基站最优部署位置进一步压缩至二维区域 $\mathcal{M}'$。

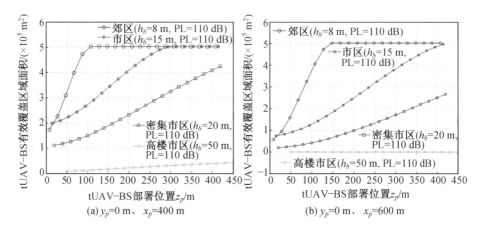

图 9.28　命题 4 相关结论仿真验证示意图

④当 x_p 和 y_p 不变时,随着 z_p 的增大,tUAV-BS 有效覆盖区域面积逐渐增大,反之则减小。由此可验证命题 4 中结论:系留基站最优部署位置由二维区域 $\mathcal{M}'$ 压缩至其上边界区域 $\mathcal{H}_{opt}$(一段圆弧线)。

(2)特殊情况。

①由于用户分布簇区域 C_0 的半径 $R_0 = 400$ m,其区域面积约为 5.03×10^5 m²。当系留基站处于郊区环境时,无线电波传播环境较友好,其覆盖区域半径 $R > R_0$,使得系留基站与簇中心水平间距为 900 m 时,系留基站覆盖区域仍能够完全覆盖簇区域 C_0。即使处于市区或其他环境,只要系留基站部署高度足够高、与簇中心的水平距离尽量小,其覆盖区域也能完全覆盖簇区域 C_0。因此,仿真中 tUAV-BS 有效覆盖区域面积最大显示约为 5×10^5 m²。

②当系留基站处于高楼林立的市区环境时,其无线电波传播环境较为恶劣,即使系留基站处于 450 m 的高度,相对其他环境,其覆盖半径也小得多。当系留基站与簇中心水平间距相对较大时(如 600 m),由于其覆盖半径较小,tUAV-BS 覆盖区域与簇区域 C_0 没有交叠,即 tUAV-BS 有效覆盖区域面积为 0。当系留基站与簇中心水平间距相对较小(如 400 m)时,由于其覆盖半径较小,tUAV-BS 覆盖区域与簇区域 C_0 的交叠区域也较小,即 tUAV-BS 有效覆盖区域面积较小。

③当系留基站部署高度较低时,市区环境的有效覆盖区域面积比郊区环境的有效覆盖区域面积略大。这主要是因为系留基站部署高度增加(建筑物平均高度从 8 m 增加到 15 m)对系留基站覆盖半径增大的影响,超过了环境因素对系留基站覆盖半径减小的影响。但是,随着系留基站部署高度的再增加,对系留基站覆盖半径增大的影响则反过来了,郊区环境的优势就愈发明显。

2. 覆盖半径 R、部署高度 h、系缆长度 t_p、系缆倾角 θ_p 之间的关系仿真分析

随着系留基站在其盘旋区域 $\mathcal{M}$ 内部署位置的变化,其部署高度 h 和覆盖半径 R 均会相应增大或减小。为不失仿真结论的一般性,分别在通用的三维区域

$\mathcal{M}$ 和最优的圆弧线区域 $\mathcal{H}_{\text{opt}}$ 范围内,对 tUAV-BS 覆盖半径 R、部署高度 h、系缆长度 t_p、系缆倾角 θ_p 之间的关系进行仿真分析。

①在盘旋区域 $\mathcal{M}$ 内,仿真了四种环境下系留基站部署高度 h、覆盖半径 R 与系缆长度 t_p、系缆倾角 θ_p 之间的关系,如图 9.29 和 9.30 所示。

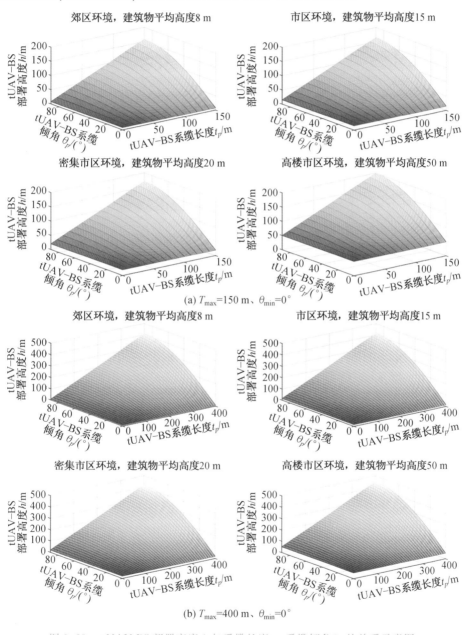

图 9.29　tUAV-BS 部署高度 h 与系缆长度 t_p、系缆倾角 θ_p 的关系示意图

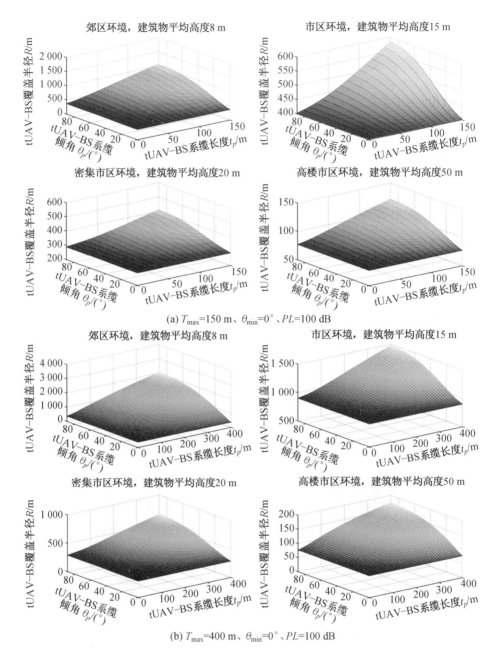

图 9.30　tUAV-BS 覆盖半径 R 与系缆长度 t_p、系缆倾角 θ_p 的关系示意图

②在最优解空间 $\mathcal{H}_{opt}$ 内,仿真了四种环境下系留基站部署高度 h、覆盖半径 R 与系缆倾角 θ_p(系缆长度 $t_p = T_{max}$)之间的关系,如图 9.31、9.32 和 9.33 所示。

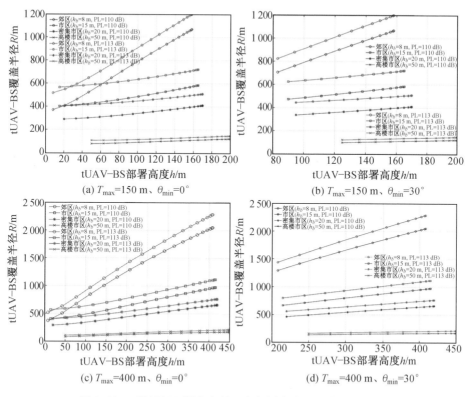

图 9.31　tUAV-BS 覆盖半径 R 与部署高度 h 的关系示意图

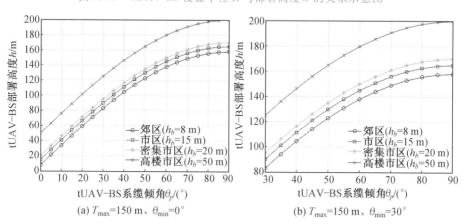

图 9.32　tUAV-BS 部署高度 h 与系缆倾角 θ_p 的关系示意图

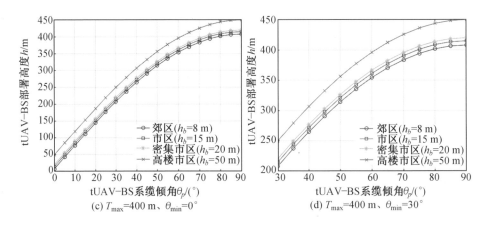

续图 9.32

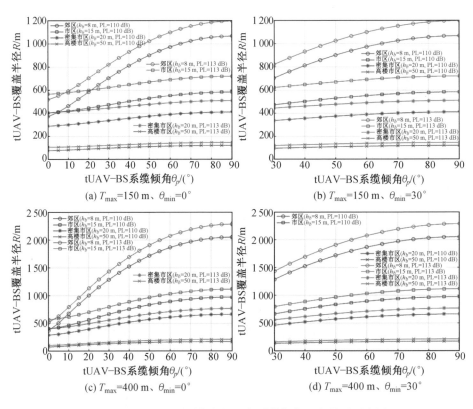

图 9.33　tUAV-BS 覆盖半径 R 与系缆倾角 θ_p 与关系示意图

综合分析可得以下结论。

a. 系留基站覆盖半径 R 与其部署高度 h、最大路径损耗和所处环境等密切相关。系留基站覆盖半径 R 是其部署高度 h 的递增函数,随着部署高度 h 的增加,

覆盖半径 R 会增大,反之则会减小。从高楼市区到密集市区,再到市区和郊区,随着所处环境的改善,系留基站覆盖半径 R 及其部署高度 h 都会逐渐增加,反之则会减小。相同环境下,随着最大路径损耗的增大,系留基站覆盖半径 R 及其部署高度 h 也都逐渐增加,反之则会减小。

b. 当系缆长度 t_p(含 $t_p = T_{\max}$)不变时,系缆倾角 θ_p 越大,系留基站部署高度 h 越高,其覆盖半径 R 也越大,反之则越小。

c. 当系缆倾角 θ_p(含 $\theta_p = \theta_{\min}$)不变时,系缆长度 t_p 越长,系留基站部署高度 h 越高,覆盖半径 R 越大,反之则越小。

d. 当且仅当系缆长度 $t_p = T_{\max}$、系缆倾角 $\theta_p = \dfrac{\pi}{2}$ 时,系留基站部署高度 h 最高、覆盖半径 R 最大。

上述仿真数据及其结论与其理论分析完全一致,不但印证了化简和求解系留基站优化部署问题时的假设前提,而且为系留基站有效覆盖相关问题的仿真验证提供了理论和实证支持。

3. 基于最大有效覆盖的 tUAV-BS 最优部署仿真分析

假设系留基站最优部署位置为 $p_{\mathrm{opt}}(t_{\mathrm{opt}}, \theta_{\mathrm{opt}})$(或表示为 $p_{\mathrm{opt}}(x_{\mathrm{opt}}, y_{\mathrm{opt}}, z_{\mathrm{opt}})$),那么 $p_{\mathrm{opt}} \in \mathcal{H}_{\mathrm{opt}}$,且 $t_{\mathrm{opt}} = T_{\max}$,$y_{\mathrm{opt}} = 0$,$x_{\mathrm{opt}} = x_b - T_{\max}\cos\theta_{\mathrm{opt}}$、$z_{\mathrm{opt}} = T_{\max}\sin\theta_{\mathrm{opt}} + h_b$。这些都与系留基站所在的建筑物(或车载平台)的水平位置 x_b 和高度 h_b 密切相关。因此,基于最大有效覆盖的系留基站最优部署仿真,就是针对不同的水平间距 x_b 和高度 h_b,在 $\mathcal{H}_{\mathrm{opt}}$ 内搜索一个最优系缆倾角 θ_{opt},使得 tUAV-BS 有效覆盖区域面积最大。主要从两个方面进行仿真分析。

(1)不同环境和不同最小系缆倾角 $\theta_{\min}$ 条件下,系留基站最优部署仿真。

仿真环境有郊区、市区、密集市区和高楼市区四种,最小系缆倾角 $\theta_{\min}$ 分别设置 $0°$、$30°$、$45°$ 和 $60°$ 四种,系统载波频率 $f = 2\,000$ MHz,系统允许的最大路径损耗 PL $= 113$ dB。当用户分布簇区域 C_0 的半径 $R_0 = 400$ m,最大系缆长度 $T_{\max} = 400$ m 时,tUAV-BS 最优部署仿真如图 9.34 和 9.35 所示;当用户分布簇区域 C_0 的半径 $R_0 = 600$ m,最大系缆长度 $T_{\max} = 150$ m 时,tUAV-BS 最优部署仿真如图 9.36 和 9.37 所示。

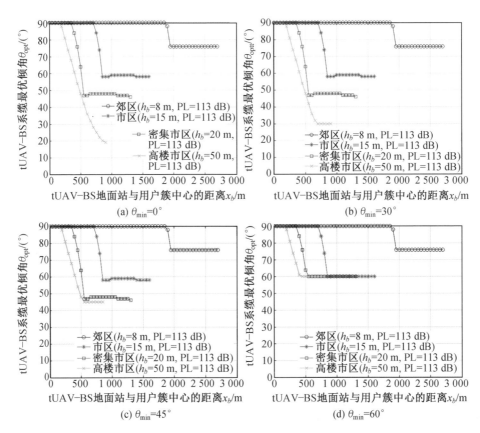

图 9.34　tUAV-BS 最优倾角 θ_{opt} 示意图($R_0 = 400\ m$、$T_{max} = 400\ m$)

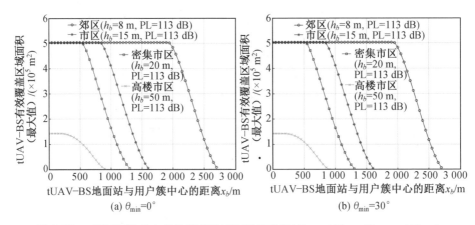

图 9.35　tUAV-BS 最大有效覆盖区域面积示意图($R_0 = 400\ m$、$T_{max} = 400\ m$)

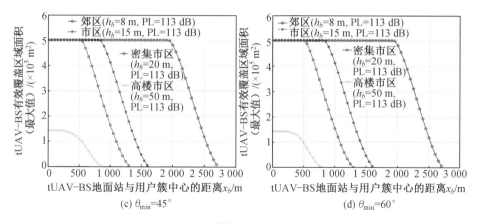

续图 9.35

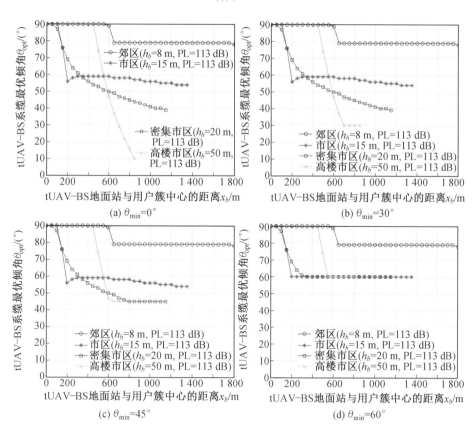

图 9.36　tUAV-BS 最优倾角 θ_{opt} 示意图($R_0 = 600$ m、$T_{max} = 150$ m)

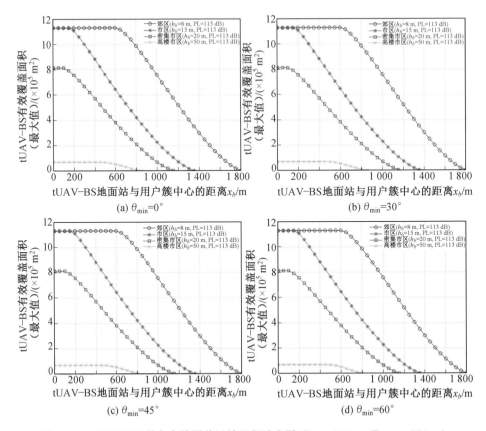

图 9.37　tUAV-BS 最大有效覆盖区域面积示意图（$R_0 = 600$ m、$T_{max} = 150$ m）

（2）不同环境和不同簇半径 R_0 条件下，系缆最优倾角 θ_{opt} 分布仿真。

仿真环境有郊区、市区、密集市区和高楼市区四种，系统载波频率 $f =$ 2 000 MHz，系统允许的最大路径损耗 PL＝113 dB，用户分布簇半径 R_0 分别设置为 100 m、200 m、400 m、800 m 和 1 600 m 五种。因为需要仿真 θ_{opt} 的分布，所以 θ_{min} 设置为最小值 0°。当最大系缆长度 $T_{max} = 150$ m 时，tUAV-BS 最优倾角 θ_{opt} 分布仿真如图 9.38 所示；当最大系缆长度 $T_{max} = 400$ m 时，tUAV-BS 最优倾角 θ_{opt} 分布仿真如图 9.39 所示。当最大系缆长度 $T_{max} = 1 000$ m 时，tUAV-BS 最优倾角 θ_{opt} 分布仿真如图 9.40 所示。

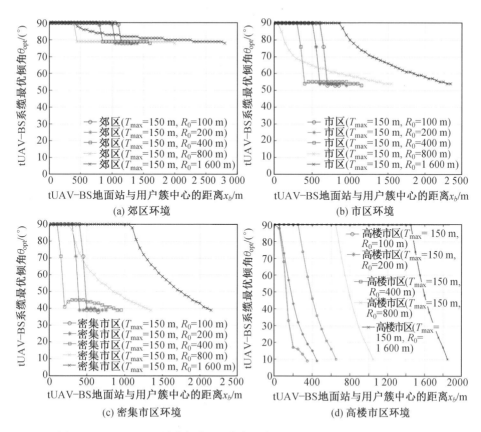

(a) 郊区环境　　　　　　　　　(b) 市区环境

(c) 密集市区环境　　　　　　　(d) 高楼市区环境

图 9.38　tUAV-BS 最优倾角 θ_{opt} 分布示意图(T_{max} = 150 m、θ_{min} = 0°)

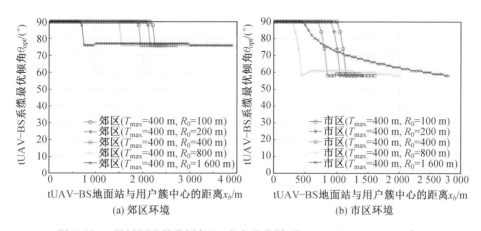

(a) 郊区环境　　　　　　　　　(b) 市区环境

图 9.39　tUAV-BS 最优倾角 θ_{opt} 分布示意图(T_{max} = 400 m、θ_{min} = 0°)

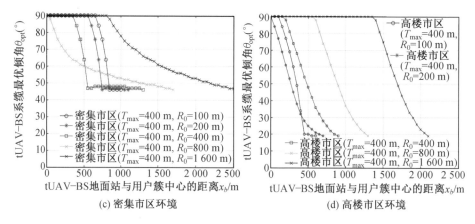

(c) 密集市区环境 （d) 高楼市区环境

续图 9.39

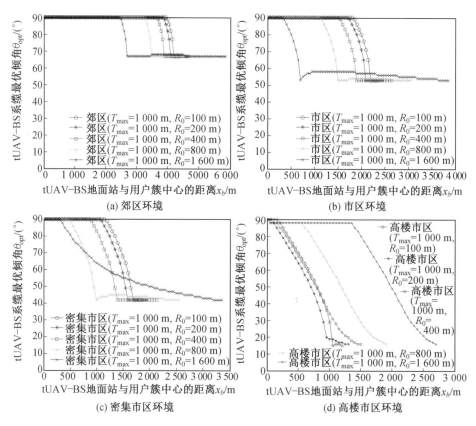

(a) 郊区环境 （b) 市区环境

(c) 密集市区环境 （d) 高楼市区环境

图 9.40　tUAV-BS 最优倾角 θ_{opt} 分布示意图（$T_{max} = 1\ 000$ m、$\theta_{min} = 0°$）

综合分析可得以下结论。

a. 无论用户簇半径 R_0 多大、最大系缆长度 T_{max} 多长，tUAV-BS 最大有效覆盖区域面积仿真结果与理论分析具有一致性。从高楼市区到密集市区,再到市区,最后到郊区,无线电波传播环境不断改善,tUAV-BS 最大有效覆盖区域面积不断增大;随着地面站与用户簇中心的距离 x_b 的增大,tUAV-BS 最大有效覆盖区域面积不断减小,直至系留基站覆盖区域与簇区域 C_0 没有交叠,即 tUAV-BS 最大有效覆盖区域面积为 0。

b. 最小系缆倾角 $\theta_{\min}$ 对系留基站最优部署影响较小。在郊区、市区、密集市区三种环境下,当 $R_0 = 400$ m、$T_{\max} = 400$ m 时,系留基站处于最优部署时的最优倾角 θ_{opt} 均大于 40°;当 $R_0 = 600$ m、$T_{\max} = 150$ m 时,系留基站处于最优部署时的最优倾角 θ_{opt} 均大于 35°。即使在高楼市区环境下,当 $R_0 = 400$ m、$T_{\max} = 400$ m 时,最小系缆倾角 $\theta_{\min}$ 从 0° 增大到 60° 时,tUAV-BS 最大有效覆盖区域面积减小不多,而且保持这个面积不为 0 的水平间距 x_b,仅从 900 m 减少到了 800 m;当 $R_0 = 600$ m、$T_{\max} = 150$ m 时,相同的条件下,保持这个面积不为 0 的水平间距 x_b,仅从 850 m 减少到了 800 m。

c. 最优系缆倾角 θ_{opt} 随着地面站与用户簇中心的距离 x_b 的不断增加而逐渐减小,但并非无限制减小。用 θ_{opt_min} 表示在不同 x_b 和不同 R_0 条件下最优倾角的最小值,当 $T_{\max} = 150$ m 时,郊区、市区、密集市区和高楼市区对应的 θ_{opt_min} 分别约为 78°、53°、38° 和 9°;当 $T_{\max} = 400$ m 时,郊区、市区、密集市区和高楼市区对应的 θ_{opt_min} 分别约为 76°、58°、46° 和 19°;当 $T_{\max} = 1\ 000$ m 时,郊区、市区、密集市区和高楼市区对应的 θ_{opt_min} 分别约为 67°、53°、42° 和 15°。虽然,最优倾角 θ_{opt} 有一个下限值 θ_{opt_min},但是这个下限值 θ_{opt_min} 并非固定,而是随着不同条件有些波动,但都在一个合理的范围之内。最优系缆倾角 θ_{opt} 及其最小值 θ_{opt_min} 的确定,可以适当减少系留基站优化部署算法的搜索工作量。

综上所述,基于最大有效覆盖的策略,系留基站点对用户簇优化部署算法是切实可行的,其优化部署问题假设、化简和求解是有效的。它把系留基站优化部署的解空间,从三维盘旋区域 M 到二维平面区域 M',再到最优的圆弧线区域 $\mathcal{H}_{opt}$,进行了逐步的大量的压缩,为系留基站点对用户簇优化部署工程应用落地打下了坚实基础。

9.4　多系留基站组网优化部署

当多个系留基站被用于空中通信时,除了关注单个基站的覆盖能力、路径损耗、功率效益和有效覆盖之外,还必须考虑系留基站与系留基站之间、系留基站与地面基站之间协同组网问题,包括网络连通、部署安全、协同覆盖、相互干扰、资源分配等。

从网络的连通性和部署的安全性来说,应当对系留基站与地面用户之间的距离、相邻系留基站之间的距离、相邻地面站之间的距离进行约束。一是受最大允许路径损耗PL_{max}限制,为确保地面用户能够与至少一个系留基站保持通信连接,两者之间的距离不应该超过PL_{max}允许的最大传输距离,称为 tUAV-BS 最大通信距离,记为d_{max};二是受最大允许路径损耗PL_{max}限制,为确保系留基站能够与至少一个其他系留基站保持通信连接,两者之间的距离也不应该超过PL_{max}允许的最大传输距离,称为 tUAV-BS 最大连接距离,记为L_{max};三是为了避免相邻系留基站的系缆之间相互缠绕而出现安全事故或潜在隐患,两个相邻地面站(GS)之间应保持某一安全距离,称为 tUAV-BS 最小安全距离,记为L_{min}。 其中,tUAV-BS 最大通信距离d_{max}已在系留基站覆盖能力仿真分析中明确,不再赘述。

9.4.1 tUAV-BS 最小安全距离

文献[11]对 tUAV-BS 最小安全距离进行了分析,本书对其进行扩展,如图 9.41 所示。系留基站 1 的地面站和无人机分别位于G_1和U_1,系留基站 2 的地面站和无人机分别位于G_2和U_2;系缆最大长度分别为T_1和T_2,最小倾角分别为θ_1和θ_2。那么,$|G_1U_1|=T_1$、$|G_2U_2|=T_2$,$\angle G_2G_1U_1=\theta_1$、$\angle G_1G_2U_2=\theta_2$,两 GS 之间的距离可用$|G_1G_2|$表示。

当$T_1\sin\theta_1 \geqslant T_2\sin\theta_2$时,相较于$U_2$,$U_1$具有较高的部署位置。 此时,可以分为两种情况进行分析。

一是当$T_1 \geqslant T_2\cot\theta_1$时,过点$G_2$作$G_1U_1$的垂线相交于点 C,则 $\triangle G_1CG_2$ 为直角三角形,且$|CG_2|=T_2$,$L_{min}=|G_1G_2|=T_2/\sin\angle G_2G_1C=T_2/\sin\theta_1$。

二是当$T_1 < T_2\cot\theta_1$时,连接G_2U_1,过点U_1、U_2作G_1G_2的垂线,分别相交于点 A 和 B,则 $|G_2U_1|=T_2$,$L_{min}=|G_1G_2|=|G_1A|+|AG_2|=T_1\cos\theta_1+\sqrt{T_2^2-(T_1\sin\theta_1)^2}$。

当$T_1\sin\theta_1 < T_2\sin\theta_2$时,相较于$U_1$,$U_2$具有较高的部署位置。 此时,可以分为两种情况进行分析。

一是当$T_2 \geqslant T_1\cot\theta_2$时,过点$G_1$作$G_2U_2$的垂线相交于点 C,则 $\triangle G_1CG_2$ 为直角三角形,且$|CG_1|=T_1$,$L_{min}=|G_1G_2|=T_1/\sin\angle G_1G_2C=T_1/\sin\theta_2$。

二是当$T_2 < T_1\cot\theta_2$时,连接G_1U_2,过点U_1、U_2作G_1G_2的垂线,分别相交于点 A 和 B,则 $|G_1U_2|=T_1$,$L_{min}=|G_1G_2|=|G_2B|+|BG_1|=T_2\cos\theta_2+\sqrt{T_1^2-(T_2\sin\theta_2)^2}$。

综上所述,tUAV-BS 最小安全距离L_{min}可表示为:

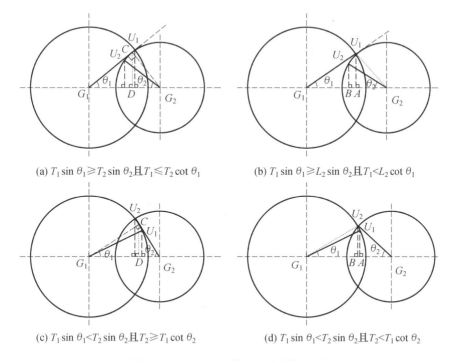

(a) $T_1 \sin\theta_1 \geqslant T_2 \sin\theta_2$ 且 $T_1 \leqslant T_2 \cot\theta_1$　　　　(b) $T_1 \sin\theta_1 \geqslant L_2 \sin\theta_2$ 且 $T_1 < L_2 \cot\theta_1$

(c) $T_1 \sin\theta_1 < T_2 \sin\theta_2$ 且 $T_2 \geqslant T_1 \cot\theta_2$　　　　(d) $T_1 \sin\theta_1 < T_2 \sin\theta_2$ 且 $T_2 < T_1 \cot\theta_2$

图 9.41　tUAV-BS 最小安全距离示意图

$$L_{\min} = \begin{cases} T_2/\sin\theta_1, & T_1\sin\theta_1 \geqslant T_2\sin\theta_2 \text{且} T_1 \geqslant T_2\cot\theta_1 \\ T_1\cos\theta_1 + \sqrt{T_2^2 - (T_1\sin\theta_1)^2}, & T_1\sin\theta_1 \geqslant T_2\sin\theta_2 \text{且} T_1 < T_2\cot\theta_1 \\ T_1/\sin\theta_2, & T_1\sin\theta_1 < T_2\sin\theta_2 \text{且} T_2 \geqslant T_1\cot\theta_2 \\ T_2\cos\theta_2 + \sqrt{T_1^2 - (T_2\sin\theta_2)^2}, & T_1\sin\theta_1 < T_2\sin\theta_2 \text{且} T_2 < T_1\cot\theta_2 \end{cases}$$

$$(9.33)$$

为了避免相邻系缆之间发生缠绕,确保系留基站安全,两个地面站之间的距离应不小于 tUAV-BS 最小安全距离 $(L_{\min})$,即 $|G_1 G_2| \geqslant L_{\min}$。

9.4.2　tUAV-BS 最大连接距离

图 9.42 所示为 tUAV-BS 连接距离示意图。其中,两个地面站分别位于 G_1 和 G_2,对应的系留无人机分别位于 $U_1(x_1, y_1, z_1)$ 和 $U_2(x_2, y_2, z_2)$;系缆长度分别为 T'_1 和 T'_2,系缆倾角分别为 θ'_1 和 θ'_2。那么,$|G_1 U_1| = T'_1$、$|G_2 U_2| = T'_2$、$\angle G_2 G_1 U_1 = \theta'_1$、$\angle G_1 G_2 U_2 = \theta'_2$,两个系留基站之间的空中距离记为 $|U_1 U_2|$。

为了确保一个系留基站至少与一个其他系留基站之间能够保持通信连接,两者之间的空中距离应不大于 tUAV-BS 最大连接距离 $L_{\max}$,即

$$|U_1 U_2| = \sqrt{(x_1 - x_2)^2 + (y_1 - y_2)^2 + (z_1 - z_2)^2} \leqslant L_{\max} \qquad (9.34)$$

图 9.42 tUAV-BS 连接距离示意图

当系留基站部署在空中时,其高度越高,视线越好,路径传播损耗可近似为自由空间路径损耗[8]。假设两系留基站之间通信的最大允许路径损耗为 PL_{max}(单位为 dB),那么 tUAV-BS 最大连接距离 L_{max} 可表示为:

$$L_{max} = \frac{\lambda}{4\pi} 10^{\frac{PL_{max}}{20}} \tag{9.35}$$

式中,最大允许路径损耗 PL_{max} 可由系留基站之间的空中通信链路预算获得。

9.4.3 连续覆盖优化部署

当发生地震、水灾等自然灾害时,地面通信基础设施易遭损毁,易出现"断网、断电、断路"等情况,可以采用多套系留基站进行组网,实现受灾区域的连续覆盖,满足救灾指挥调度和受灾用户入网通信的需要。

当多系留基站独立组网通信时,网络的建设成本往往是需要考虑的重要因素之一。覆盖相同面积的陆地区域,所需的基站数量越少,网络建设成本就越小,效费比就越高;反之,则网络建设成本就越大,效费比就越低。基于最少系留基站数量优化其三维部署,实际上就是使用数量尽可能少的系留基站,完成指定陆地区域的连续覆盖,确保地面上的任何一个用户可以与空中的至少一个系留基站保持通信连接,同时确保空中的系留基站之间是连通的。

图 9.43 所示为多系留基站通信组网示意图。假设,在地面区域 $[X_{min}, X_{max}; Y_{min}, Y_{max}]$ 内,分布着若干个用户,该用户群体用 U 表示,用户总数量记为 $|U|$,任意第 i 个用户的位置表示为 $I(x_i, y_i, 0)$;在同一区域内,部署了多套系留基站,该系留基站群体用 T 表示,总数量记为 $|T|$,任意第 t 个和第 k 个系留基站的部署位置记为 $P_t(x_t, y_t, h_t)$ 和 $P_k(x_k, y_k, h_k)$,在地面上的投影分别为 $T_t(x_t, y_t, 0)$ 和 $T_k(x_k, y_k, 0)$。地面站的部署位置分别记为 $G_t(x_{gt}, y_{gt}, 0)$ 和 $G_k(x_{gk}, y_{gk}, 0)$。那么,第 i 个用户与第 t 个系留基站之间的距离 $d_{it} = |IP_t| = \sqrt{(x_t - x_i)^2 + (y_t - y_i)^2 + h_t^2}$,第 t 个和第 k 个系留基站之间的距离 $L_{tk} = |P_t P_k| = \sqrt{(x_t - x_k)^2 + (y_t - y_k)^2 + (h_t - h_k)^2}$,第 t 个和第 k 个系留基站的地面站之间的距离 $L_{G,tk} = |G_t G_k| = \sqrt{(x_{gt} - x_{gk})^2 + (y_{gt} - y_{gk})^2}$。

为了确保地面上任何两个用户之间可以通过空中的系留基站保持实时连接和可靠通信,保持系留基站网络的安全性和连通性,需从以下三个方面对系留基

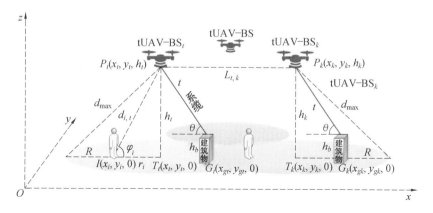

图 9.43　多系留基站通信组网示意图

站的部署进行约束。

（1）系留基站之间的安全约束。

为了避免空中的系留基站之间相互缠绕而出现安全问题，任意两个地面站之间的距离 $L_{G,tk}$ 应不小于 tUAV-BS 最小安全距离 $L_{\min}$，即 $L_{G,tk} \geqslant L_{\min}$。

（2）系留基站之间的连接约束。

在空中，任何一个系留基站至少与一个其他的系留基站保持通信连接（如果需要），两者之间的空间距离 L_{tk} 应不大于 tUAV-BS 最大连接距离 $L_{\max}$，即 $L_{tk} \leqslant L_{\max}$，从而确保空中的所有 tUAV-BS 之间是连通的。

（3）系留基站对地面用户的覆盖约束。

地面用户接收来自系留基站发射的无线信号，其信号强度和质量，不但受地形、地物和周围环境的影响，而且还与地面用户与空中系留基站之间的位置关系、距离远近密切相关。地面用户可能接收到一个或多个系留基站发送的信号，依据接收信号质量（信噪比或信干噪比）好坏，地面用户会与信号质量最好的系留基站保持通信连接。而且，在地面上的任何一个用户至少要与空中的一个系留基站保持通信连接，两者之间的空间距离应不大于 tUAV-BS 最大通信距离，即 $d_{it} \leqslant d_{\max}$，从而确保地面用户与空中某一系留基站之间是连通的。

在确保上述安全约束、连接约束和覆盖约束的基础之上，如果构建系留基站网络所用的基站数量越少，其建设成本就越小，建设效费比就越高；反之，其建设成本就越大，建设效费比就越低。因此，需要按照所需系留基站数量最少的原则，优化地面站和系留基站的部署位置，确保系留基站之间是连通的安全的，确保地面用户均在系留基站网络的覆盖范围之内[12]。该优化问题可以作如下描述：

$$\min_{U,T,G}\{|T|\}$$

s. t.

$$
\begin{cases}
\displaystyle\sum_k N_{tk} \geqslant 1 & \forall\, t \in |T|, t \neq k \\[2mm]
\displaystyle\sum_t U_{it} \geqslant 1 & \forall\, i \in |U|, \forall\, t \in |T| \\[2mm]
N_{tk} = \begin{cases} 1 & L_{tk} \leqslant L_{\max} \\ 0 & L_{tk} > L_{\max} \end{cases} & \forall\, t, k \in |T|, t \neq k \\[3mm]
U_{it} = \begin{cases} 1 & d_{it} \leqslant d_{\max} \\ 0 & d_{it} > d_{\max} \end{cases} & \forall\, t \in |T|, \forall\, i \in |U| \\[3mm]
L_{G, tk} \geqslant L_{\min} & \forall\, t, k \in |T|, t \neq k \\[2mm]
X_{\min} \leqslant x_n \leqslant X_{\max}, Y_{\min} \leqslant y_n \leqslant Y_{\max} & \forall\, n \in |T|\, \text{or}\, \forall\, n \in |U|
\end{cases}
$$

$$(9.36)$$

该优化问题是一个非线性的 NP 难问题,可以采用遗传算法[9,10]对其进行分析和求解。

9.4.4 协同组网优化部署

在乡村地区覆盖增强、热点区域流量卸载和城市区域超密集组网等应用场景中,空中的系留基站(tUAV-BS)通常与地面基站(TBS)协同组网,满足地面用户的各类通信业务需要。例如,在城市环境下,用户分布通常是不均匀的,在学校、商场、医院、车站等场所,用户集中、密度较大,容易形成网络业务的热点区域。

在协同组网中,需要根据用户分布来部署 tUAV-BS。城市区域的用户分布可近似为混合均匀分布,在学校、商场、医院、车站等小区域范围内,用户呈均匀分布,用户密度更高一些;在城市其他区域,用户亦呈均匀分布,用户密度更低一些。城市环境下系留基站和地面基站协同组网如图 9.44 所示[13]。

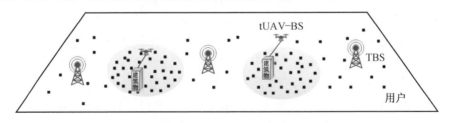

图 9.44　tUAV-BS 与 TBS 协同组网示意图

当系留基站和地面基站协同组网时,系留基站被部署在数十米至数百米高的空中,随着部署高度的升高,系留基站与系留基站之间、系留基站与地面基站之间、系留基站与地面用户之间建立 LoS 路径的概率也会增大,它们之间的相互干扰也会增加。因此,除了考虑系留基站与系留基站之间的安全约束、连接约束和系留基站对地面用户的覆盖约束之外,还需特别关注系留基站和地面基站对地面用户的协同覆盖、相互干扰、资源分配等问题。

(1)协同覆盖。

系留基站和地面基站对地面用户的协同覆盖,首先需要解决的是系留基站和地面基站的选址问题。对于地面基站的选址,通常位于楼顶、灯杆或铁塔,多沿街道走向分布。而对于系留基站的选址,其地面站通常也位于楼顶,不同的是系留基站被部署在数十米至数百米的空中,其选址问题涉及地面站位置选取和系留基站优化部署,两者之间受系缆长度及其所处环境的约束。但是,系留基站和地面基站的选址问题并非一个理想的圆形堆积与覆盖问题,其协同覆盖规划会受到诸如通信速率、覆盖概率、相互干扰、能源消耗、建设成本等其他因素的制约和影响。同时,还会受协同覆盖方式的制约和影响,即系留基站和地面基站之间是异构重复覆盖,还是异构互补覆盖,等等。

(2)相互干扰。

由于系留基站部署在空中,空地之间有利的传播条件会使得系留基站之间、系留基站与地面用户之间、系留基站与地面基站之间 LoS 路径概率增大,不仅使得期望的信号功率更大,而且干扰信号的功率也会更大。系留基站接收到来自其他系留基站、地面基站和非本小区用户的干扰,而且系留基站对其他系留基站、地面基站、非本小区用户的干扰也会增大,从而使得系留基站、地面基站、地面用户接收信号的质量(如 SINR)下降。为了抑制或减弱相互之间的干扰,常用的方法包括:CoMP 传输与接收、干扰抑制合并、网络辅助的干扰消除与抑制、功率控制等技术。

(3)资源分配。

系留基站和地面基站协同组网,主要的资源包括:工作频率、收发时隙、发射功率、部署位置、IP 地址等。其中,与系留基站、地面基站、地面用户之间的相互干扰最为密切的是工作频率。对相邻或相近的小区基站,如果采用相同的工作频率,则会产生较强的同频干扰;如果采用相邻的工作频率,则会产生较强的临道干扰。因此,各个基站与所属用户的通信频率分配至关重要。

当然,协同覆盖、相互干扰、资源分配三者之间不是孤立的,而是有其内在的紧密联系和相互制约。不能简单地把它们当作三个独立问题分别加以解决,而应把它们放在系留基站与地面基站协同组网这个整体场景下,进行综合优化和折中解决,从而使得系留基站和地面基站组网覆盖最优、资源分配最佳和相互干扰最小。

本章参考文献

［1］KISHK M A，BADER A，ALOUINI M S. On the 3-D placement of airborne base stations using tethered UAVs［J］. IEEE transactions on communications，2020，68(8)：5202-5215.

［2］ALZENAD M，EL-KEYI A，LAGUM F，et al. 3-D placement of an unmanned aerial vehicle base station（UAV-BS）for energy-efficient maximal coverage［J］. IEEE wireless communications letters，2017，6(4)：434-437.

［3］叶文，范洪达，朱爱红. 无人飞行器任务规划［M］. 北京：国防工业出版社，2011.

［4］汪卫，王文平，汪嘉业. 求一个包含点集所有点的最小圆的算法［J］. 软件学报，2000，11(9)：1237-1240.

［5］郎为民，邹力，王振义，等. 系留无人机通信系统部署问题研究［J］. 电信快报，2021(11)：1-7.

［6］AL-HOURANI A，KANDEEPAN S，JAMALIPOUR A. Modeling air-to-ground path loss for low altitude platforms in urban environments［C］// 2014 IEEE Global Communications Conference. December 8-12，2014. Austin，TX，USA. IEEE，2014：2898-2904.

［7］ITU-R，Rec. P. 1410-6，Propagation data and prediction methods required for the design of terrestrial broadband radio access systems operating in a frequency range from 3 GHz to 60 GHz. P Series：Radiowave propagation，2023.

［8］KIRUBAKARAN B，HOSEK J. Optimizing tethered UAV deployment for on-demand connectivity in disaster scenarios［C］//2023 IEEE 97th Vehicular Technology Conference（VTC2023-Spring）. June 20-23，2023. Florence，Italy. IEEE，2023：1-6.

［9］CHO J W，KIM J H. Performance comparison of heuristic algorithms for UAV deployment with low power consumption［C］//2018 International Conference on Information and Communication Technology Convergence（ICTC）. October 17-19，2018. Jeju. IEEE，2018：1067-1069.

［10］ALBADR M A，TIUN S，AYOB M，et al. Genetic algorithm based on natural selection theory for optimization problems［J］. Symmetry，2020，

12(11)：1758.

[11] ZHANG S，LIU W Q，ANSARI N. On tethered UAV-assisted heterogeneous network[J]. IEEE transactions on vehicular technology，2022，71(1)：975-983.

[12] KIRUBAKARAN B，HOSEK J. Optimizing tethered UAV deployment for on-demand connectivity in disaster scenarios[C]//2023 IEEE 97th Vehicular Technology Conference (VTC2023-Spring). June 20-23，2023. Florence，Italy. IEEE，2023：1-6.

[13] KHEMIRI S，KISHK M A，ALOUINI M S. Coverage analysis of tethered UAV-assisted large-scale cellular networks [J]. IEEE transactions on aerospace and electronic systems，2023，59 (6)：7890-7907.

第 10 章

可持续组网模型

在无人机基站组网应用中,除了考虑通信网络模型以及无人机平台带来的优势,还必须考虑组网的可持续保障问题,在灵活性和可持续性方面进行折中,提供满足场景需求的可持续运行能力。

10.1　无人机基站可持续运行研究现状与问题

10.1.1　基本现状与问题

无人机基站与地面固定基站相比,它具有快速部署和灵活移动的独特优势,但是这是以牺牲基站的持久运行能力为代价的,无人机的飞行时间通常很短而且不足以提供长期连续无线网络覆盖,这决定了无人机基站组网更多应用在临时性、应急性和区域性网络覆盖的场景。考虑尺寸、重量和功耗(SWAP)限制,一般情况下,典型的旋翼无人机飞行时间在 1 h 内,实际场景中组网应用需要仔细考虑无人机的能量和飞行限制。这里主要针对旋翼无人机基站组网可持续运行进行分析,目前从理论研究方面来看,大量组网模型都在无人机平台运行理想化的前提下来研究通信网络构建的问题,即只讨论组网本身,而忽略能耗对网络构建与运用的限制。尽管不少研究者指出能耗限制问题,也从优化无人机移动路径、降低无人机上通信设备发射功率等角度提出改进方案[1-4],但是对于应用场景下解决可持续组网远远不够,因为无人机基站能耗主体是支撑平台飞行的动力能耗[5-7]。针对旋翼无人机电池供电的限制,太阳能、激光、无线电能传输等充电机制被提出[8-10],这也是未来支撑无人机可持续运行具有潜力的方向。文献

[7]在 UAV-BS 组网研究中认为街道的一点位(如电线杆)可以为无人机充电,考虑了无人机到最近充电点的距离约束,从而提出了能量优化的无人机基站部署模型。

在此方面,文献[11]进行了针对性探索,总结提出了一些思路:一是在网络附近设定充电站,以其为出发点,多个无人机基站循环交替来覆盖任务区域,提供持续不间断的网络服务,但是可能存在充电速度跟不上消耗,从而需要备用更多无人机节点资源;二是网络附近地域设定电池更换操作点,对单个无人机基站进行电池模块热插拔替换,但是在电池替换期间存在网络服务短暂的中断;三是网络附近部署激光或无线充电装置,为无人机基站进行充电,保证其可持续运行,但该方式目前的效率和工程实用性仍需进一步研究。

文献[12]也提出了多个无人机基站替代的方式来提供持续网络服务,将无人机基站交替组网等效为一个空中接送优化问题。在地面安排备用无人机基站,当空中一个无人机基站因电能耗尽需替换时,采用地面备用基站对其替换可能不是最优的,更好的方案是通过空中另一个无人机基站移动至待替换点,地面备用基站再对后一个点位进行补充。该方案实施较为复杂,在做调整决策时,需要获知较多的先验信息,同时可能面临无人机节点间频繁的联动调整,对功耗和无线信号传输可能造成不利影响。文献[13,14]针对 UAV-BS 能耗优化,以及为显著延长对用户的网络覆盖,阐述了使用降落式基站(the Landing Stations,LSs)的思路,即无人机低空基站能够降落在网络区域内一个特定的位置点,如建筑物顶部、路灯柱或特别设计的平台等,为地面用户提供网络覆盖。由于无须悬停在空中,这种方式能够显著降低 UAV-BS 能耗且增加网络服务时间,与地面固定基站相比,UAV-BS 保持了应用的灵活性,可以根据应用场景需要或在不同时段变换降落位置。但降落的位置点不一定是对网络优化的部署点位,而且一些降落的位置点需要使用授权,而且在一些野外场景中也可能难以找到合适的降落位置点。

在 3GPP[15]中,对 UAV 作为移动无线接入平台提供持续的网络服务进行了阐述。UAV 无线接入网络一般应用在地面无线接入设备难以安装的地方,因此 UAV 往往要从基地飞行一段距离到达需要构建网络的地域,并且在供电耗尽前要返回基地,如图 10.1 所示。无人机基站的网络服务时间要小于其最大飞行时间。为了在应用区域获得持续的网络服务,需要准备更多的无人机,以便在上一个无人机基站供电耗尽前实现替代,以野外应急救援 UAV 无线接入网络应用为例,其流程如下[15]。

(1)12:00 AM:UAV1(配置无线接入设备,下同)从基地出发飞向救援区域。

(2)12:15 AM:UAV1 到达救援区域,无线接入设备开始运行,地面终端接入网络,并通过回程链路连接到远程控制服务器,为节省能耗,无线接入网络需要根据服务用户调整覆盖范围。

(3)12:25 AM:UAV2从基地出发飞向救援区域。

(4)12:40 AM:UAV2到达预定区域,其配置的无线接入设备开始运行,与UAV1配置的无线接入网络进行切换,并使得对地面终端的影响最小化,接下来由 UAV2 为地面终端提供网络服务,如图 10.2 所示。

(5)12:41 AM:UAV1 离开救援区域。

(6)12:50 AM:UAV3 从基地出发准备替代 UAV2。

(7)12:56 AM:UAV1 返回基地并开始充电。

在上述过程中,考虑 UAV 最大飞行时间为 1 h,通过多个 UAV 之间的调度协作实现对救援区域的持续的网络覆盖。

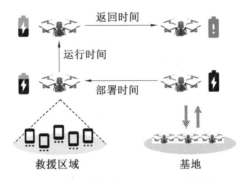

图 10.1　UAV-BS 运行的时间分析[15]

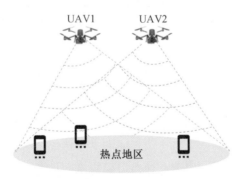

图 10.2　UAV-BS 的轮替变化[15]

10.1.2　面向可持续运行的组网设计思路

基于非系留旋翼无人机平台的空中基站(以下简称非系留基站)具有部署灵活和动态调整的能力,但是平台能耗受限致其滞空时间不足;基于系留旋翼无人机平台的空中基站(以下简称系留基站)一般通过线缆连接地面控制站供电,具有较好的持久性。如果全部采用系留基站方式,自身即可实现可持续部署,它的适用场景是:具有充足的系留基站资源,所有基站部署点位可通过车载、携行到达,部署时效性适中。当然时间或空间受限时,也可以采用次优方案,将系留基站部署在尽量靠近算法定位点的位置。如果全部采用非系留基站方式,受限于平台能耗,需要解决可持续部署问题,适用场景:部署时效性要求高,不受地形交通限制。如果采用混合方式,即系留基站和非系留基站混合组网,结合系留基站持续覆盖和非系留基站轮替,实现不间断网络覆盖。基于此,主要针对非系留基站、系留非系留基站混合网络,面向实际应用,提出可持续组网模型。

在设计可持续组网中,本书考虑的场景条件是:采用多个 UAV-BS 轮替的方式,并尽可能降低 UAV 数量和网络运行成本,当一个 UAV-BS 去替代另一个 UAV-BS 时,返回地面的 UAV-BS 只需更换电池,而不是实时充电,从而即时成为可以替代使用的 UAV-BS。此种运行模式相较于其他轮替方式的优势:一是能够减少备用 UAV 数量,只需准备更多的电池,并且可以对多块电池进行充电,具有更高的能量补充效率和更低的维持成本;二是具有使用的灵活性,当前充电设施可以对电池充电,必要时也能摆脱充电设施,若一个无人机电池箱可以装载 8 块电池,那么 2 个电池箱即可支撑 2 个 UAV-BS 7 个批次的轮换,提供超过 5 h 的网络运行。

因此,假设无人机电池数量足够或充电效率满足无等待能量补充需求,只须考虑空中 UAV-BS 和地面备用 UAV-BS 的数量关系。如果任务区域覆盖网络所需要 UAV 定位点(对应 UAV-BS 数量)为 n,地面待机用于轮替的 UAV-BS 数量为 m,如果实现可持续网络所需 $m>n$,即所需要的轮替 UAV-BS 数量多于空中构网 UAV-BS 数量,尽管理论上也能实现可持续网络运行,但同时表明无人机将花更多的时间成本在空地往返路线上,能耗用于网络通信运行的时间占比较低,也表明无人机的地面定位点到空中部署定位点距离过远。因此,下面仅对 $m \leqslant n$ 的情况进行分析,即地面待机 UAV-BS 不超过空中构网的 UAV-BS 数量,也即网络中一个 UAV-BS 最多只需一个 UAV-BS 进行备用替换。在分析过程中,将无人机基站能量水平表征为节点滞空时间(包括飞行移动和悬停)。

10.2　非系留基站双机轮替模型

10.2.1　应用场景

双机轮替模型考虑 $m=1, n=1$,即两个非系留基站通过轮换实现对任务区域的不间断覆盖,其典型应用场景:首先确定一个地面定位点 Q,作为非系留基站的出发点与能量补充点,安排两个非系留基站(分别标记为 U 和 V),在起始时刻(记为网络部署的起始时刻)一个非系留基站(U)升空到区域覆盖定位点 P,称为网络运行的空中定位点,非系留基站悬停于此提供网络覆盖,地面有另一个非系留基站(V)处于待机状态。当空中的非系留基站电池能量下降至一定门限时,地面待机的非系留基站升空移动至定位点 P'(靠近 P,主要是避免 U 和 V 碰撞,对于区域网络覆盖可以等同于 P),与此同时 U 从 P 点返回至地面定位点 Q,更换满电量电池并保持待机状态,当 V 电池能量下降至门限时,再去轮替。两个非系留基站交互操作,依此类推,即可维持非系留基站始终存在和网络可持续覆盖,如图 10.3 所示。

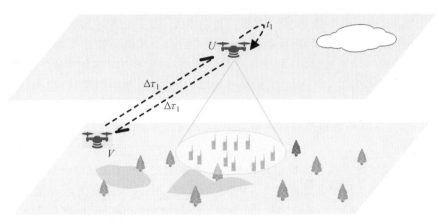

图 10.3　双机轮替示意图

在上述场景中,为了便于分析,做如下假设。

①非系留基站采用电池供电方式,补充能量的方式是更换电池。为了充分利用电池的能量,通过调度使待补充能量的非系留基站落地时,其电池能量刚好耗尽,即非系留基站从地面定位点装载满电状态电池出发、到达空中定位点、悬停提供网络服务,到返回地面定位点时其电量耗尽,在补充能量时采用满电量电池更换,不考虑更换电池的时间。

②非系留基站所依托的旋翼无人机平台在实际飞行中,一般是垂直起降和水平移动,后续部分模型分析中,简化为点对点直线移动。

③非系留基站从地面定位点出发,到达空中定位点的移动时间记为 $\Delta\tau_1$,由于往返距离相同,则其从空中定位点返回到地面定位点的移动时间也为 $\Delta\tau_1$,并设置非系留基站在空中定位点维持有效网络覆盖的时间为 t_1。若不区分非系留基站移动和悬停的能耗差别,设非系留基站总滞空时长为 t_0,即有 $t_0 = t_1 + 2 \cdot \Delta\tau_1$。对于每个非系留基站装载相同的满电量状态电池升空后,其总滞空时间一定,若其移动时间长,则能够在空中定位点维持有效网络覆盖的时间就缩短。

④处于空中定位点的非系留基站电池能量下降至一定门限时,地面定位点待机的非系留基站开始升空去轮替。这里的门限是指非系留基站电池剩余能量刚好支持在地面定位点和空中定位点间移动一个来回,即剩余滞空时间为 $2 \cdot \Delta \tau_1$。

⑤UAV-BS 总的能耗来自两个部分:一是通信相关能耗,用于各种通信功能,如信号发射、计算和处理等;二是平台动力相关能耗,主要用于维持 UAV 移动和悬停。通信相关能耗远低于平台动力能耗,在整个非系留基站的总能耗中占比较小,不同 UAV-BS 因通信功率调整带来的滞空时间差异很小,这里忽略不计。

10.2.2 建模与仿真

1. UAV 调度模型

基于此,非系留基站双机轮替模型的调度过程如图 10.4 所示。

按时间来调度:①初始构网时,非系留基站 U 出发,记为时刻 0,在时刻 $(0 + \Delta \tau_1)$ 到达空中定位点,承担基站网络覆盖功能;②为保证在空中定位点的基站无缝轮替,当时刻 t_1 时,地面待机状态的非系留基站 V 提前出发,同时 U 开始返回,V 移动至空中定位点,到达时刻为 $(t_1 + \Delta \tau_1)$,并代替 U 提供基站覆盖;③U 返回地面时刻为 $(t_1 + 2 \cdot \Delta \tau_1)$,满足其总滞空时间要求,此时其电池能量耗尽,更换满电状态电池,并进入地面待机状态,并在 V 出发时刻延后时间 t_1 开始升空去替代,依此类推,完成可持续的调度。

在双机轮替模型的调度框架下,无人机基站网络的初始构建时间 t_0 为非系留基站 U 到达空中定位点的时间,有 $t_0 = \Delta \tau_1$。同时,为了保证 UAV 之间轮替与能量补充能够有效衔接,在时间线上,每个非系留基站应满足待机状态在开始升空之前,即图中红色的待机时刻在出发之前,可以得到

$$t_1 \geqslant 2 \cdot \Delta \tau_1 \tag{10.1}$$

结合前述假设③的 $t_0 = t_1 + 2 \cdot \Delta \tau_1$,得到

$$\Delta \tau_1 \leqslant \frac{t_0}{4} \tag{10.2}$$

对于双机轮替模型,约束(10.1)或(10.2)是关键约束条件。若非系留基站在空中定位点维持时间 t_1 小于 2 倍移动时间 $\Delta \tau_1$,即 $t_1 < 2 \cdot \Delta \tau_1$,则返回地面定位点的非系留基站在补充能量后,不能及时到达空中定位点,而已位于空中定位点的非系留基站因为能耗下降到既定门限必须返回,从而导致出现网络服务中断,则此调度框架不足以持续运行。

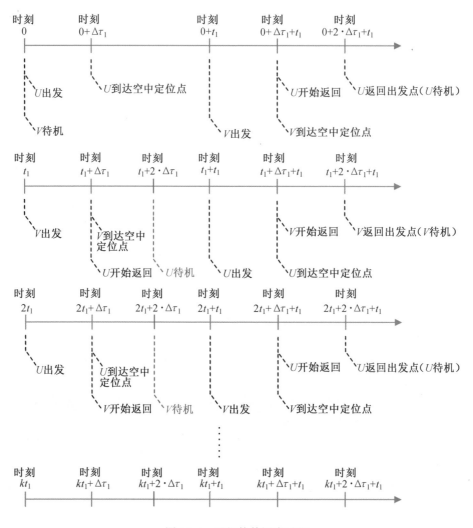

图 10.4 双机轮替调度过程

2. 可持续组网最大半径

文献[16]中,对 UAV-BS 最大覆盖半径问题进行了建模分析,构建了最大覆盖半径与部署高度的关系,这对于后续该领域的研究提供了理论基础。但是,在实际应用中,系留 UAV 由于线缆限制一般在 200 m 左右,能够部署的高度远低于理论最佳高度,非系留 UAV 由于滞空时间有限,难以在最佳高度提供持续的最大网络覆盖。因此,实际应用中考虑可持续组网最大半径,UAV-BS 覆盖范围不仅与空中定位点有关,与地面定位点也相关。如图 10.5(a)所示,地面定位点位于空中定位点垂直下方,此时可持续组网最大半径等同于理论最大覆盖半径。尽管如此,UAV-BS 应用的复杂场景决定了大部分情况下,地面定位点 Q 必须靠

近基础设施或车载平台(以获取持续组网的电能供应),远离空中定位点,如图
10.5(b)所示。

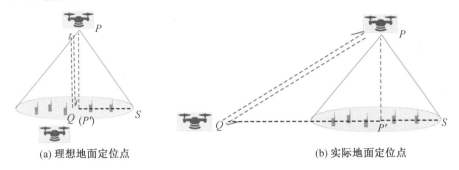

| (a) 理想地面定位点 | (b) 实际地面定位点 |

图 10.5　可持续组网覆盖示意

可持续组网覆盖范围区分为两个层面:一是可持续组网最大半径,它是以地
面定位点 Q 为圆心,以 $\overline{QS}$ 为半径的区域,表征立足地面定位点,通过可持续组网
能够覆盖的最远距离,如图 10.6 所示;二是实时覆盖范围,它是以 P' 为圆心,以
$\overline{P'S}$ 为半径的区域,表示 UAV-BS 在空中定位点能够覆盖的范围。

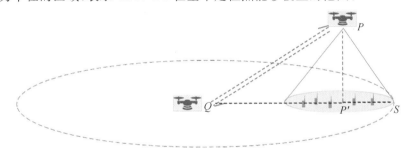

图 10.6　可持续组网最大半径和实时覆盖范围

下面分析第一个层面:可持续组网最大半径。考虑以下双机轮替组网场景:
地面定位点具有可持续的电能供应和足够数量的电池更换,以支持 UAV-BS 返
回地面定位点时即刻更换。假设 Q 为基准点,空中定位点与 Q 的水平距离 dist
$(Q, P') = d$,部署高度为 dist $(P, P') = h$,实时覆盖半径 dist $(P', S) = r$,则
UAV-BS 可持续组网能够覆盖的半径 $R = d + r$,对于可持续组网最大半径有如
下模型:

$$\underset{d, h, r}{\text{maximize}} R = d + r \tag{10.3}$$

$$\text{s. t.}$$

$$\begin{cases} \dfrac{\sqrt{d^2+h^2}}{v} \leqslant \dfrac{t_0}{4} & (10.3.\text{a}) \\[3mm] L(h,r) \leqslant L_{\text{th}} & (10.3.\text{b}) \\[3mm] h_0 \leqslant h \leqslant h_{\max} & (10.3.\text{c}) \end{cases}$$

其中,$L(h,r) = \dfrac{A}{1+a\exp(-b(\arctan(h/r)-a))} + 10\lg(h^2+r^2) + B, A = \eta_{\text{LoS}} - \eta_{\text{NLoS}}, B = 20\lg\dfrac{4\pi f}{c} + \eta_{\text{NLoS}};h_{\max}$是在损耗门限为$L_{\text{th}}$时理论最大覆盖半径对应的部署高度。式(10.3)是非线性约束优化问题,本书在仿真场景中进行求解验证。考虑在一个典型郊区环境(传播环境常数 $a = 4.88$ 和 $b = 0.43$)部署 UAV-BS,LoS 传播和 NLoS 传播在自由空间传输损耗基础上的附加损耗 $\eta_{\text{LoS}} = 0.1$ 和 $\eta_{\text{NLoS}} = 21$。UAV-BS 最大滞空时间 50 min,飞行移动速度 20 m/s。基站发射频率工作在 2 GHz 频段,终端接收功率门限 -90 dBm,基站发射功率 $10 \sim 30$ dBm,则信号传输损耗门限为 $100 \sim 120$ dB,仿真结果如图 10.7 所示。图 10.7(a) 展示了不同信号传输损耗门限下得到可持续组网最大半径时 UAV-BS 水平移动距离和空中定位点的覆盖半径,同时图 10.7(b) 展示了理论最大半径对应高度和可持续组网部署高度。可以看出 UAV-BS 水平移动距离对于获得可持续组网最大半径占比更大,但随着信号传输损耗门限增加,UAV-BS 水平移动距离没有明显变化,而部署高度和相应定位点覆盖半径对可持续组网最大半径的影响逐步增加,同时也能得出可持续组网部署高度不超过理论最大半径对应高度,且信号传输损耗门限越大差异越明显,图 10.7(c) 展示了各种给定信号传输损耗门限下可持续组网最大半径。

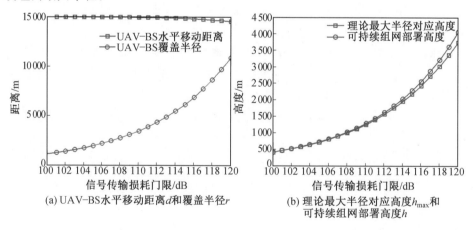

(a) UAV-BS水平移动距离d和覆盖半径r

(b) 理论最大半径对应高度$h_{\max}$和可持续组网部署高度h

图 10.7 郊区环境下不同信号传输损耗门限可持续组网覆盖仿真结果

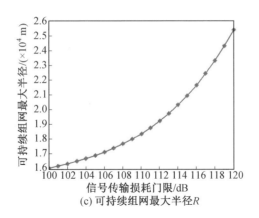

(c) 可持续组网最大半径R

续图 10.7

此外,考虑在市区(传播环境常数 $a=9.61$ 和 $b=0.16$,$\eta_{LoS}=1.0$ 和 $\eta_{NLoS}=20$)和密集市区(传播环境常数 $a=11.95$ 和 $b=0.136$,$\eta_{LoS}=1.6$ 和 $\eta_{NLoS}=23$)部署 UAV-BS,相对应的仿真结果如图 10.8 和 10.9 所示。通过对比分析,空中定位点覆盖半径在整个可持续组网最大半径中占比影响更低,其部署高度与理论最大半径对应高度相差更加明显,这主要是由于在市区和密集市区环境中,空地链路 NLoS 传输概率更高,相同部署高度的空中定位点覆盖半径更小,因此其对应的可持续组网最大半径也更小。

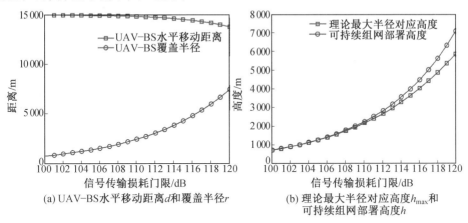

(a) UAV-BS水平移动距离d和覆盖半径r

(b) 理论最大半径对应高度h_{max}和
可持续组网部署高度h

图 10.8　市区环境下不同信号传输损耗门限可持续组网覆盖仿真结果

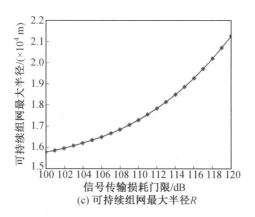

(c) 可持续组网最大半径R

续图 10.8

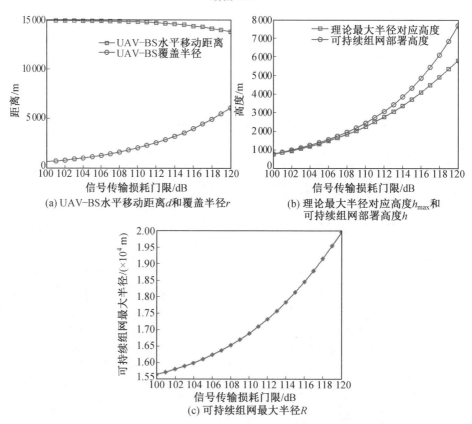

(a) UAV-BS水平移动距离d和覆盖半径r

(b) 理论最大半径对应高度h_max和
可持续组网部署高度h

(c) 可持续组网最大半径R

图 10.9　密集市区环境下不同信号传输损耗门限可持续组网覆盖仿真结果

仿真表明,式(10.3)能够在给定地面定位点和信号传输损耗门限的条件下,得到可持续组网最大半径以及对应的 UAV-BS 空中定位点,为设计组网方案提供了参考。

当考虑 UAV 实际的移动轨迹,一般 UAV 的飞行路线不是沿着 PQ 的斜直线,而是先垂直上升到 Q',再水平移动到 P,返回时路线完全相反,如图 10.10 所示。同时,UAV 垂直起降与水平移动的能耗是不同的,它对于滞空时间的影响存在差异。为简化问题处理,假设无人机总能量能支持悬停时长为 t_0,悬停时推动力等于飞行器自身重力,此时对应无人机功耗为 $P(0)$。当推动力大于飞行器自身重力时将向上移动,记功耗为 P_{up},当推动力小于飞行器自身重力时将向下移动,记功耗为 P_{down},垂直起降时向上移动速度与向下移动速度相等 $v_{up} = v_{down} = v_1$,因此上升时间与降落时间也相等 $t_{up} = t_{down}$。为简化处理,近似认为起降(上升与降落)平均功率 $\overline{P} = \dfrac{P_{up} + P_{down}}{2} \approx P(0)$。因此,起降持续时间 T 与悬停时间 T 耗能近似相同,而以速度 v_2 平飞时间 T 的耗能相当于悬停时间 $\dfrac{P(v_2)}{P(0)} T$ 的耗能。其中,$P(v_2)$ 可以根据下式计算[17],且当 $v_2 = 0$ 时,为悬停功耗 $P(0)$。

$$P(v_2) = P_0 \left(1 + \frac{3}{U_{\text{tip}}^2} \frac{v_2^2}{} \right) + P_i \left(\sqrt{1 + \frac{v_2^4}{4 v_0^4}} - \frac{v_2^2}{2 v_0^2} \right)^{1/2} + \frac{1}{2} d_0 \rho s A v_2^3 \quad (10.4)$$

式中,P_0 和 P_i 分别表示悬停状态下的叶片剖面功率和诱导功率;U_{tip} 表示旋翼叶尖速度;v_0 称为悬停状态下的平均旋翼诱导速度;d_0 和 s 分别表示机身阻力比和旋翼稳固性;ρ 和 A 分别表示空气密度和旋翼盘面积,详细的参数说明请参考文献[17]。

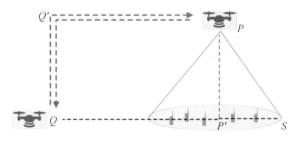

图 10.10　UAV-BS 实际移动路线

根据实际的飞行路线及能耗差异,得到新的模型

$$\underset{d,h,r}{\text{maximize}} R = d + r \quad (10.5)$$

s. t.

$$\frac{h}{v_1} + \frac{d}{v_2} \cdot \frac{P(v_2)}{P(0)} \leqslant \frac{t_0}{4} \quad (10.5.\text{a})$$

$$L(h,r) \leqslant L_{\text{th}} \quad (10.5.\text{b})$$

$$h_0 \leqslant h \leqslant h_{\max} \quad (10.5.\text{c})$$

其中,约束(10.5.a)按照新的移动路线进行调整。设置垂直起降速度为

5 m/s,水平移动速度 20 m/s,根据式(10.4),为简化处理,考虑其他参数设置使得 $P(v_2) \approx P(0)$ 的情形[①],选择郊区环境部署 UAV-BS,则可持续组网最大半径仿真结果如图 10.11 所示。与 UAV-BS 理想移动路线的可持续组网最大半径相比,不同参数值变化趋势规律类似,但也有少许差异:水平移动距离在不同信号传输损耗门限下出现更明显的变化,空中定位点覆盖半径影响进一步降低,且组网部署高度与理论最大半径对应高度相差甚大,最终同等条件下可持续组网最大半径也明显减小。

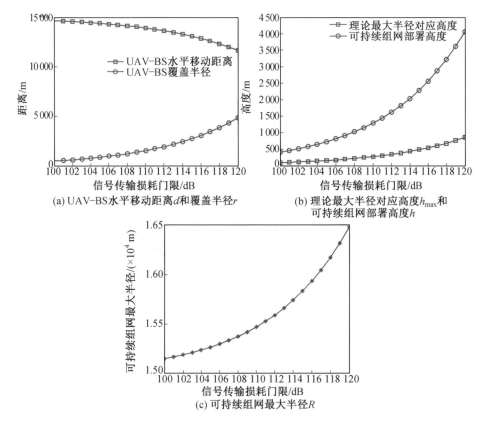

图 10.11 郊区环境下不同信号传输损耗门限可持续组网覆盖仿真结果

上述分别分析了 UAV-BS 理想移动路线和实际移动路线下可持续组网最大半径,它回答了在给定地面定位点和信号传输损耗门限时,能够覆盖的最远距离,可以作为极限参考,当用户离地面定位点超过该距离时,无法为其提供有效

① 参考文献[17],存在参数配置,使得无人机以某一水平速度移动时,其功耗等于悬停功耗。

的可持续组网覆盖。

3. 面向可持续组网的用户最优覆盖

理论上,无人机低空基站可以对可持续组网最大半径内的地面用户提供不间断的网络覆盖。但是,当区域内分布多个用户需要接入时,它不能保证同时对所有的用户提供网络覆盖,基站即时的网络覆盖范围由其部署的空中定位点决定。因此,针对区域内多个用户,基站组网的目标是确定空中定位点,覆盖区域内尽可能多的用户,并且往返飞行时间最短。假设地面定位点位置(a_0,b_0),空中定位点位置表示为(x,y,h),区域内地面用户位置为(a_i,b_i),$i=1,2,\cdots,n$,用$u_i=1$表示第i个用户处于基站空中定位点覆盖范围内,若$u_i=0$则在覆盖范围外。

单次往(返)飞行时间占总滞空时间的占比为$\dfrac{\sqrt{(x-a_0)^2+(y-b_0)^2+h^2}}{v\,t_0}$,应尽可能降低往返飞行时间占比,因此,优化模型构建如下:

$$\underset{x,y,h,u_i}{\mathrm{minimize}}-\lambda_1\sum_{i=1}^{n}u_i+\lambda_2\frac{\sqrt{(x-a_0)^2+(y-b_0)^2+h^2}}{v\,t_0} \tag{10.6}$$

s. t.

$$
\begin{cases}
u_i\in\{0,1\}, \quad \forall i & (10.6.\text{a})\\[2mm]
\sqrt{(x-a_0)^2+(y-b_0)^2+h^2}\leqslant v\cdot\dfrac{t_0}{4} & (10.6.\text{b})\\[2mm]
L\left(h,\sqrt{(x-a_i)^2+(y-b_i)^2}\right)\cdot u_i\leqslant L_{\text{th}}, \quad \forall i & (10.6.\text{c})\\[2mm]
h_0\leqslant h\leqslant h_{\max} & (10.6.\text{d})
\end{cases}
$$

式中,λ_1和λ_2是两个优化指标的权重值。若考虑垂直起降和水平移动的飞行路线,式(10.6)中的目标表达式和约束(10.6.b)应调整为$\underset{x,y,h,u_i}{\mathrm{minimize}}-\lambda_1\sum\limits_{i=1}^{n}u_i+\lambda_2$

$\left[\dfrac{\dfrac{h}{v_1}+\dfrac{\sqrt{(x-a_0)^2+(y-b_0)^2}}{v_2}}{t_0}\right]$和$\dfrac{h}{v_1}+\dfrac{\sqrt{(x-a_0)^2+(y-b_0)^2}}{v_2}\cdot\dfrac{P(v_2)}{P(0)}\leqslant\dfrac{t_0}{4}$。

式(10.6)是非线性 0-1 混合整数规划问题,将其转换成式(10.7),即

$$\underset{x,y,h,u_i}{\mathrm{minimize}}-\lambda_1\sum_{i=1}^{n}u_i+\lambda_2\frac{\sqrt{(x-a_0)^2+(y-b_0)^2+h^2}}{v\,t_0} \tag{10.7}$$

s. t.

$$
\begin{cases}
0\leqslant u_i\leqslant 1, \quad \forall i & (10.7.\text{a})\\[2mm]
\sqrt{(x-a_0)^2+(y-b_0)^2+h^2}\leqslant v\cdot\dfrac{t_0}{4} & (10.7.\text{b})\\[2mm]
L\left(h,\sqrt{(x-a_i)^2+(y-b_i)^2}\right)\leqslant(1-u_i)M+L_{\text{th}}, \quad \forall i & (10.7.\text{c})\\[2mm]
h_0\leqslant h\leqslant h_{\max} & (10.7.\text{d})
\end{cases}
$$

其中，M 为数值较大的数；u_i 为整数解，可以结合 Matlab 的非线性优化函数 fmincon 和分支定界法求解。

在仿真场景中，持续的电能供应基地（即地面定位点）的位置为（0,0），与地面定位点相距超过 2 km 的 12 km×12 km 的区域，随机分布 10 个地面终端，传输环境为郊区（$a=4.88$ 和 $b=0.43$），LoS 传播和 NLoS 传播在自由空间传输损耗基础上的附加损耗 $\eta_{LoS}=0.1$ 和 $\eta_{NLoS}=21$，基站发射频率工作在 2 GHz 频段，空地无线信号传输损耗门限为 115 dBm。UAV-BS1 首先从地面定位点出发，为地面终端提供最大化的网络覆盖，然后由 UAV-BS2 替换，两个 UAV-BS 提供可持续网络服务。通过式（10.7）的仿真与求解，可以最多覆盖 9 个地面终端，得到图 10.12 所示的 UAV-BS 三维定位与网络覆盖结果，其地面定位点与空中定位

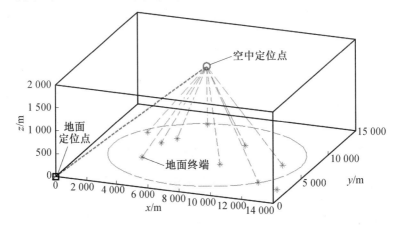

图 10.12　UAV-BS 三维定位与网络覆盖

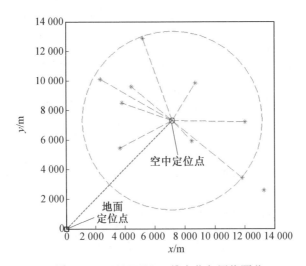

图 10.13　UAV-BS 二维定位与网络覆盖

点之间连线是 UAV-BS1 与 UAV-BS2 轮替时往返移动的路线，空中定位点与地面终端之间的连线表明 UAV-BS 能够为其提供网络连接，其对应的二维定位与网络覆盖结果如图 10.13 所示。图 10.14 展示了 UAV-BS1 与 UAV-BS2 的轮替调度过程，将它们对应的悬停工作状态对应时间（蓝色虚线）连接起来，可以在时间上无缝地维持网络存在。在相同场景下，20 个地面终端随机分布时，仿真结果表明可持续组网最大覆盖 18 个地面终端，如图 10.15 和 10.16 所示。

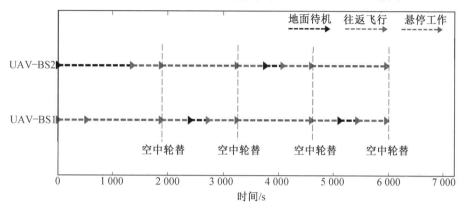

图 10.14　UAV-BS1 和 UAV-BS2 可持续组网调度

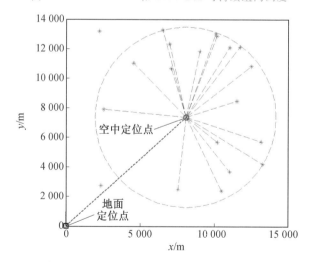

图 10.15　20 个用户随机分布时 UAV-BS 二维定位与网络覆盖

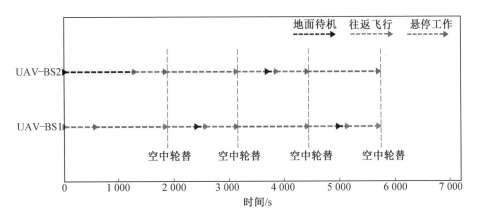

图 10.16　20 个用户随机分布时 UAV-BS1 和 UAV-BS2 可持续组网调度

当地面用户发生整体移动时,会驱动无人机基站发生位置变化,根据需要地面定位点位置也可能会相应地变化,如图 10.17 和 10.18 所示。非系留基站从地面定位点出发,到达空中定位点的移动时间为 $\Delta\tau_1$,由于空中定位点的变化或地面定位点的调整,因此往返距离不同,记从空中定位点返回到地面定位点的移动时间为 $\Delta\tau'_1$,并设置非系留基站在空中定位点维持有效网络覆盖的时间为 t'_1。此时 $\Delta\tau_1$ 与 $\Delta\tau'_1$ 不一定相等且两个非系留基站的移动时间和有效覆盖时间也不一定相等。尽管如此,仍然可以采用类似的轮替机制,但需要进行调整变化。

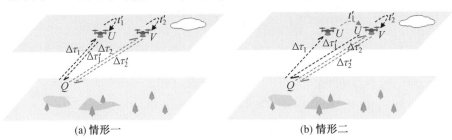

(a) 情形一　　　　　　　　　　　　(b) 情形二

图 10.17　空中定位点发生变化

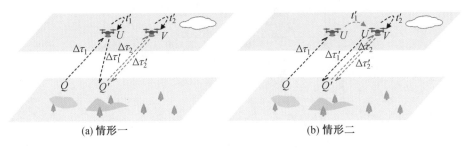

(a) 情形一　　　　　　　　　　　　(b) 情形二

图 10.18　空中定位点与地面定位点都发生变化

10.3　非系留基站"单机-多机"轮替模型

10.3.1　应用场景

非系留基站多机轮替模型考虑 $m=1, n>1$，即在多个非系留基站构建对地覆盖网络时，备用一个非系留基站对其他基站进行轮换替代实现对区域的不间断覆盖，其典型应用场景：确定一个 UAV 地面定位点 Q，安排多个无人机基站升空至区域覆盖定位点构建网络，记升空无人机基站集合为 $U=\{U_1, U_2, \cdots, U_n\}$，其对应的空中定位点分别为 $P_1, P_2, \cdots, P_n$。此外，地面有一个 UAV（无人机 V）处于待机状态，当出现空中的 UAV 能量下降至某个门限时，无人机 V 升空移动至定位点 P'（靠近待替换 UAV 的定位点），待新升空 UAV 到达 P'，同时待替换 UAV 从定位点返回至地面定位点 Q，补充能量并成为新的待机状态 UAV，再出现空中 UAV 能量下降至门限时，实施新的轮替，依此类推，即可实现无人机基站始终存在和网络可持续覆盖，如图 10.19 所示。

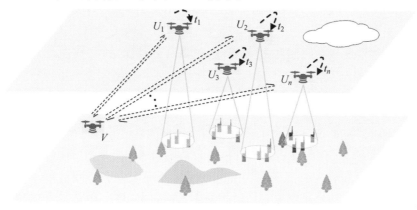

图 10.19　"单机-多机"轮替示意图

假设在多无人机基站网络构建中，不区分 UAV 移动和空中定位点悬停的能耗差别，尽管各个无人机基站定位点到出发点距离不同，但可以认为所有无人机基站滞空时间相同。

10.3.2　模型描述

无人机基站 $U_1, U_2, \cdots, U_n$ 从地面定位点到各自空中定位点的移动时间分别为 $\Delta\tau_i, i=1, 2, \cdots, n$，由于往返距离相同，则各无人机基站从空中定位点返回地面定位点具有相同的移动时间，并设置各无人机基站到达空中定位点维持有效

网络覆盖的时间为 $t_i, i=1,2,\cdots,n$。无人机基站在满电状态下总滞空时长为 t_0，即有 $t_0=t_i+2\cdot\Delta\tau_i, i=1,2,\cdots,n$。

相对于双机轮替的情况，多机轮替存在一个初始组网的无人机基站升空调度问题。当地面只有一个无人机基站 V 作为替换时，其他多个无人机基站在最初升空组网时，不能出现同时升空的情况，必须采用一定次序升空，否则会出现同一时刻两个无人机基站能耗同时下降到门限而导致没有足够的无人机替换。这个升空次序需满足一定规则，首先考虑轮替过程中最极端的情况，例如，当 U_1 耗能到一定门限（剩余滞空时间为 $2\cdot\Delta\tau_1$），V 从出发点升空至空中定位点（位于 P_1 附近），耗时为 $\Delta\tau_1$，待 V 到达该定位点的同时，U_1 返回地面定位点，耗时为 $\Delta\tau_1$，U_1 能量刚好耗尽，补充能量（即更换满电状态电池），此时 U_2 能耗下降到门限（剩余滞空时间为 $2\cdot\Delta\tau_2$），而 U_1（即替换无人机基站）升空至空中定位点（位于 P_2 附近），耗时为 $\Delta\tau_2$，待 U_1 到达该定位点的同时，U_2 返回地面定位点，耗时为 $\Delta\tau_2$，U_2 能量刚好耗尽并补充能量，然后再对 U_3 进行替代，依此类推，最后 U_{n-1} 对 U_n 进行替代，U_n 再对最初的 V 进行替代。从这一过程分析可以得到，在一定次序的替代过程中，这里设置了最极端的情况，满足：

$$t_i=2\sum_{j=1}^n\Delta\tau_j \tag{10.8}$$

各无人机基站到达空中定位点后维持网络覆盖的滞空时间为所有无人机基站到空中定位点移动时间和的 2 倍，这也是下限情况，满足多机轮替的约束条件为：

$$t_i\geqslant 2\sum_{j=1}^n\Delta\tau_j \tag{10.9}$$

约束(10.9)对 $i=1,2,\cdots,n$ 均成立，这也是约束(10.1)在多机轮替情况的扩展。满足约束(10.9)的多机轮替过程分为初始建网和轮替两个阶段，如图 10.20 所示。

从 U_1 出发开始网络部署为网络构建的初始时刻，即时刻 0，到所有 n 个无人机基站均达到空中定位点完成网络构建。图中展示了各无人机基站到达时刻，但并不是按图中的刻度存在明确的先后关系，因此，最后达到定位点时刻代表了网络初始建网时间，记为 T_0，则

$$T_0=\max\Big\{\Delta\tau_1,3\cdot\Delta\tau_2,2\cdot\Delta\tau_2+3\cdot\Delta\tau_3,\cdots,$$
$$2\sum_{j=2,3,\cdots,n-1}\Delta\tau_j+\Delta\tau_{n-1},2\sum_{j=2,3,\cdots,n}\Delta\tau_j+\Delta\tau_n\Big\} \tag{10.10}$$

对于网络构建与应急使用，总是希望网络初始建网时间越小越好，因此尽可能先部署距离地面定位点远的点位。依据该模型可以优化网络初始构建阶段各无人机基站的调度次序。

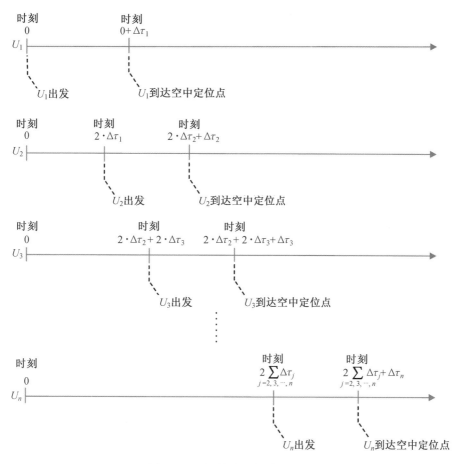

图 10.20 初始建网部署过程

接下来分析无人机基站的轮替阶段,该阶段主要发生在网络初始构建完成后,其轮替过程的调度模型如图 10.21 所示。

图中展示了地面无人机 V 轮替 U_1、U_1 补充能量后轮替 U_2、U_2 补充能量后轮替 U_3,……,U_{n-1} 补充能量后轮替 U_n。该轮替过程中与网络初始构建阶段是对应的,如网络初始构建阶段,U_2 相对于 U_1 延后了 $2 \cdot \Delta\tau_2$ 出发,从而在轮替阶段,U_1 返回在地面补充能量后,U_2 还能支持 $2 \cdot \Delta\tau_2$ 的滞空时间,在该时间段内 U_1 能移动至空中定位点并且 U_2 能够返回地面出发点,其他相邻无人机基站的轮替也符合相同的规则。

此外,考虑到 U_n 补充能量后轮替 V,轮替 V 的无人机时间门限为时刻 $2\,t_1$,而其被 U_{n-1} 轮替下来,返回地面补充能量的时刻是 $t_n + 2 \cdot \Delta\tau_n + 2 \sum\limits_{j=2,3,\cdots,n} \Delta\tau_j$,因此必须满足:

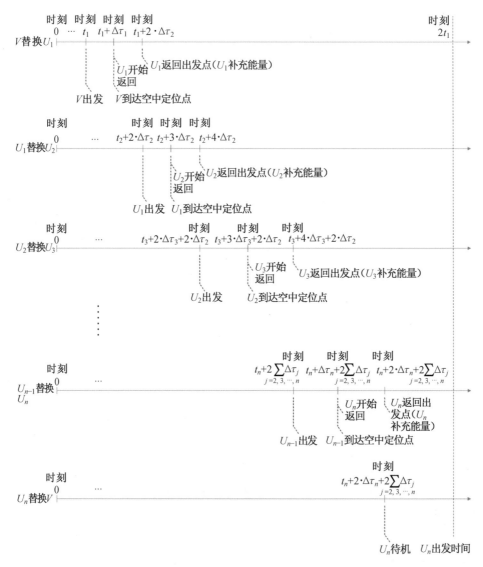

图 10.21 无人机基站轮替阶段的调度过程

$$2t_1 \geqslant t_n + 2 \cdot \Delta\tau_n + 2 \sum_{j=2,3,\cdots,n} \Delta\tau_j \tag{10.11}$$

由于 $t_0 = t_1 + 2 \cdot \Delta\tau_1 = t_n + 2 \cdot \Delta\tau_n$，约束（10.11）与约束（10.8）相同，对于其他 t_i 与 $\Delta\tau_i$ 都满足相同的关系。基于该条件式，可以看出，U_n 补充能量后不一定需要立即出发去轮替 V，而是可以在地面待机一段时间，假设时间差 $\sigma_i = t_i - 2\sum_{j=1}^{n}\Delta\tau_j$，且有 $\sigma_{\min} = \{t_i - 2\sum_{j=1}^{n}\Delta\tau_j, i = 1, 2, \cdots, n\}$。因此，$U_n$ 补充能量后可以在地面待机时间为 $\sigma_{\min}$，才能确保条件对所有无人机基站成立。但是，U_n 在地面待机

时间为 σ_{min} 会带来一种现象：部分无人机基站在空中定位点维持网络覆盖，能耗未下降到门限时会被轮替下来，各无人机基站离门限的滞空时差分别为 $\sigma_i-\sigma_{min}$，$i=1,2,\cdots,n$，这种现象不会影响基站网络的可持续运行。

在可持续组网"单机－多机"轮替过程中，一个实际的问题是地面定位点优选，其典型场景：根据区域用户分布和组网覆盖优化，可以确定多个 UAV-BS 的空中定位点（前文中已阐述了多 UAV-BS 组网定位模型），假设 n 个空中定位点位置 (x_j,y_j,h)，为维持可持续调度，根据 UAV-BS 空中定位点来对地面定位点位置 (x,y) 进行优选。为简化处理，将 UAV 从地面定位点到空中定位点的移动路线视为直线，其移动速度为 v。

在确定地面定位点时，要尽可能使地面定位点到所有空中定位点的距离和最小，即可使 $\sum_{j=1,2,\cdots,n}\Delta\tau_j$ 尽可能小，这对于网络构建和满足轮替约束条件具有意义，模型如下：

$$\underset{x,y}{minimize}\sum_{j=1,2,\cdots,n}\Delta\tau_j \qquad (10.12)$$

s. t.

$$\begin{cases} \Delta\tau_i=\dfrac{\sqrt{(x-x_i)^2+(y-y_i)^2+h^2}}{v}, \quad \forall i & (10.12.a) \\[3mm] t_0-2\cdot\Delta\tau_i\geqslant 2\sum_{j=1}^{n}\Delta\tau_j, \quad \forall i & (10.12.b) \end{cases}$$

式（10.12）也是一个判断条件，若存在优化解则说明备份 1 个 UAV-BS 和通过调度程序可以支撑多个 UAV-BS 的可持续组网；若无解则表明对于此场景下多 UAV-BS 组网通过"单机－多机"轮替是不可行的，应考虑备份多个 UAV-BS 进行替换。

10.4　其他模型

10.4.1　非系留基站"多机－多机"轮替

当前面的式（10.12）无法得到满足约束的优化解时，表明一个 UAV-BS 待机难以对已部署的多个空中定位点（无人机）进行轮替。此时，在资源配置上可以考虑部署多个替代的 UAV-BS，即满足 $n\geqslant m>1$，如图 10.22 所示，在地面定位点备份多个用于替换的无人机基站。

此种情形下，为减少多机串行调度造成基站组网建网时间过长或提高轮替过程效率，可以采用并行轮替机制，针对多个待替换无人机设置不同的组，并行

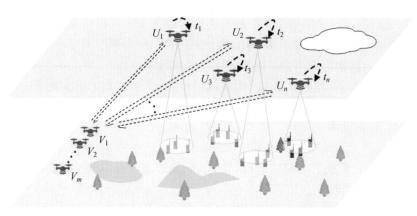

图 10.22　非系留基站"多机-多机"轮替场景示意

处理多个定位点的补充。将 n 个空中定位点位置 (x_j, y_j, h) 分为 m 组,一个备份非系留基站对应一组,即在每组内等同于"单机-多机"或双机轮替模型。用 $u_{i,j}$ 表示第 j 个空中定位点与第 i 组的关系,$i = 1, 2, \cdots, m, j = 1, 2, \cdots, n$,若 $u_{i,j} = 1$,则表明第 j 个空中定位点属于第 i 组。考虑的目标是所需的轮替 UAV-BS 数量尽可能少,且 $\sum\limits_{j=1,2,\cdots,n} \Delta\tau_j$ 最小。 可以构建如下优化模型:

$$\underset{x,y,u_{i,j}}{\mathrm{minimize}}\{m, \sum_{j=1,2,\cdots,n} \Delta\tau_j\} \tag{10.13}$$

s.t.

$$u_{i,j} \in \{0,1\}, \quad \forall i,j \tag{10.13.a}$$

$$\sum_{i=1}^{m} u_{i,j} = 1, \quad \forall j \tag{10.13.b}$$

$$t_0 - 2 \cdot \Delta\tau_j \geqslant 2\, u_{i,j} \sum_{k=1}^{n} u_{i,k} \Delta\tau_k, \quad \forall i,j \tag{10.13.c}$$

$$\Delta\tau_j = \frac{\sqrt{(x-x_j)^2 + (y-y_j)^2 + h^2}}{v}, \quad \forall j \tag{10.13.d}$$

式中,m 的取值范围为 $1 \sim n$,考虑实际多无人机基站组网数量有限,可以采用对 m 从小到大进行搜索求解,对于 m 的特定取值,模型即可以转化为单目标优化问题求解。

10.4.2　混合组网的可持续网络覆盖

在一个系留基站和非系留基站混合组网的场景中,可以充分利用系留基站的供能优势,通过短暂的功率调整来维持网络覆盖:在非系留无人机基站因能耗需要返回地面定位点更换电池过程中,通过扩大系留基站发射功率增加覆盖范围来填补所缺点位的对应区域,待无人机补充电能完毕返回空中定位点后,系留基站再恢复原来发射功率,无须备用无人机基站。对于上行链路(地面移动终端到基站的链路),基于系统功率控制机制可以进行自动调整,因此主要考虑基站下行发射功率调整。一个典型的场景:在区域临时部署一个多无人机基站网络,其中只有一个为系留基站且部署定位在区域相对居中的位置,如图 10.23 所示。

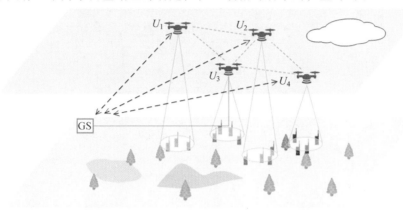

图 10.23　系留基站与非系留基站混合配置网络

图中,$U_1 \sim U_4$ 这四个基站共同为该区域提供网络服务,且有各自对应的覆盖范围,其中 U_3 为系留基站,由于其通过地面光电复合线缆具有持续的电能供应,无须考虑其电能替换补充问题,而另外三个基站节点由于电能耗尽需要定期返回地面定位点更换补充电源模块,在 U_1、U_2、U_4 返回替换期间,增加 U_3 的发射功率,网络平面覆盖范围调整示意如图 10.24 所示。实线部分是功率调整前 $U_1 \sim U_4$ 各自的覆盖范围,待 U_1、U_2、U_4 暂时无法提供网络服务时,U_3 的覆盖范围可扩展到虚线部分,较好地弥补缺失点位的区域,确保边缘用户基本的无线接入。

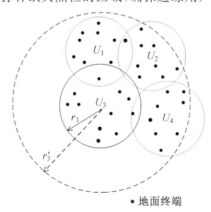

图 10.24　功率调整前后基站覆盖范围变化示意图

这种方式可以扩展到更复杂的场景,即混合组网中配置多个系留无人机基站,如图 10.25 所示。图中$U_1 \sim U_7$构建区域网络,同时对这些基站区分使用不同的频率(图中通过不同颜色表示)且进行频率复用,以降低基站间干扰和提升频谱利用率,基站节点之间构成一个连通的骨干网。

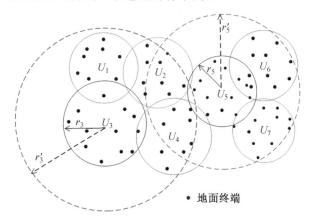

图 10.25　含多系留基站的混合组网

U_3和U_5是系留无人机基站,当其他非系留基站因为电能耗尽需要返回地面定位点补充或更换能量时,为了维持整个区域的网络覆盖,U_3和U_5需要在此期间增加发射功率。此外,还需要处理两个问题:一是可能要调整基站频率,原来U_3和U_5因为其他基站的隔离可以同频运行,当只剩下它们的时候,将U_5的频率调整(图 10.26 中U_5颜色变化表示频率改变),以使得它们之间成为异频而避免同频干扰,此外还需要增加它们之间中继链路的功率,维持骨干网的连通性,如图所示。

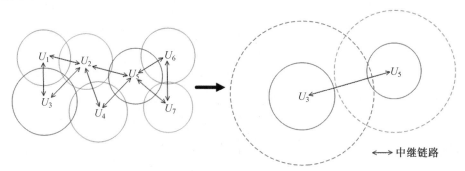

图 10.26　伴随功率控制的基站节点频率调整与骨干网变化

本章参考文献

[1] SUN J C，MASOUROS C. Deployment strategies of multiple aerial BSs for user coverage and power efficiency maximization[J]. IEEE transactions on communications，2019，67（4）：2981-2994.

[2] WANG L，HU B，CHEN S Z. Energy efficient placement of a drone base station for minimum required transmit power［J］. IEEE wireless communications letters，2020，9（12）：2010-2014.

[3] FOTOUHI A，QIANG H R，DING M，et al. Survey on UAV cellular communications：Practical aspects，standardization advancements，regulation，and security challenges[J]. IEEE communications surveys & tutorials，2019，21（4）：3417-3442.

[4] MOZAFFARI M，SAAD W，BENNIS M，et al. A tutorial on UAVs for wireless networks：Applications，challenges，and open problems[J]. IEEE communications surveys & tutorials，2019，21（3）：2334-2360.

[5] FOTOUHI A，DING M，HASSAN M. Understanding autonomous drone maneuverability forInternet of Things applications［C］//2017 IEEE 18th International Symposium on A World of Wireless，Mobile and Multimedia Networks（WoWMoM）. June 12-15，2017. Macau，China. IEEE，2017：1-6.

[6] 3GPP. Evolved universal terrestrial radio access（E-UTRA）；Further enhancements to LTE time division duplex（TDD）for（DL-UL）interference management and traffic adaptation［R/OL］. 3GPP TR 36. 828 V11. 0. 0，2012. http：//www. 3gp. org.

[7] HUANG H L，SAVKIN A V，DING M，et al. Optimized deployment of autonomous drones to improve user experience in cellular networks［EB/OL］. 2017：1712. 02124. https：//arxiv. org/abs/1712. 02124v1

[8] ABUBAKAR A，AHMAD I，OMEKE K，et al. A survey on energy optimization techniques in UAV-based cellular networks：From conventional to machine learning approaches[J]. Drones，2023，7（3）：214.

[9] BOUKOBERINE M N，ZHOU Z B，BENBOUZID M. A critical review on unmanned aerial vehicles power supply and energy management：Solutions，strategies，and prospects[J]. Applied energy，2019，255：113823.

［10］ OUBBATI O S，LAKAS A，GUIZANI M. Multiagent deep reinforcement learning for wireless-powered UAV networks［J］. IEEE Internet of Things journal，2022，9(17)：16044-16059.

［11］ GALKIN B，KIBILDA J，DASILVA L A. UAVs as mobile infrastructure：Addressing battery lifetime［J］. IEEE communications magazine，2019，57(6)：132-137.

［12］ÖZÇEVIK Y，CANBERK B. Energy aware endurance framework for mission critical aerial networks［J］. Ad hoc networks，2020，96：101992.

［13］ GANGULA R，GESBERT D，KUELZER D F，et al. A landing spot approach for enhancing the performance of UAV-aided wireless networks［C］//2018 IEEE International Conference on Communications Workshops (ICC Workshops). May 20-24，2018. Kansas City，MO，USA. IEEE，2018.

［14］ ABUBAKAR A I，MOLLEL M S，ONIRETI O，et al. Coverage and throughput analysis of an energy efficient UAV base station positioning scheme［J］. Computer networks，2023，232：109854.

［15］ 3GPP TR 22. 829 V17. 1. 0. Enhancement for unmanned aerial vehicles，2019.

［16］ AL-HOURANI A，KANDEEPAN S，LARDNER S. Optimal LAP altitude for maximum coverage［J］. IEEE wireless communications letters，2014，3(6)：569-572.

［17］ ZENG Y，XU J，ZHANG R. Energy minimization for wireless communication with rotary-wing UAV［J］. IEEEtransactions on wireless communications，2019，18(4)：2329-2345.